水电站
电力生产准备

主　编　刘海波

副主编　马　龙　罗红俊　张　舸　栾　俊

中国电力出版社

CHINA ELECTRIC POWER PRESS

内 容 提 要

水电站投产发电前,运行管理单位需要做充分的电力生产准备。电力生产准备包括哪些工作?各方面工作如何推动?有哪些好的经验做法?这些问题在本书都可以找到答案。

《水电站电力生产准备》一书,系统回顾了世界水电和中国水电事业的发展历程,全面总结提炼了水电站电力生产准备从顶层设计到具体实践、从系统筹备到全面参建、从组织管理到全方位保障等各方面经验,对后续水电站的电力生产准备乃至运行管理具有十分重要的借鉴意义。需要特别指出的是,书中穿插了当今世界第二大水电站——白鹤滩水电站的丰富实践案例,为读者提供了真实的参考范本。

图书在版编目(CIP)数据

水电站电力生产准备/刘海波主编. --北京:中国电力出版社,2024.12. --ISBN 978-7-5198-9520-4

Ⅰ.TV7

中国国家版本馆 CIP 数据核字第 20242VP228 号

出版发行:中国电力出版社

地　　址:北京市东城区北京站西街 19 号(邮政编码 100005)

网　　址:http://www.cepp.sgcc.com.cn

责任编辑:孙建英(010-63412369)　董艳荣

责任校对:黄　蓓　郝军燕

装帧设计:张俊霞

责任印制:吴　迪

印　　刷:三河市万龙印装有限公司

版　　次:2024 年 12 月第一版

印　　次:2024 年 12 月北京第一次印刷

开　　本:787 毫米×1092 毫米　16 开本

印　　张:18

字　　数:355 千字

印　　数:0001—1000 册

定　　价:180.00 元

本书编委会

主　编　刘海波

副主编　马　龙　罗红俊　张　舸　栾　俊

编　委　鲍　鹏　史　军　王桥智　张永生　陈　舰
　　　　　周玉国　袁玉比　李能昌　王　斌　杨府学
　　　　　吴　晶　赵　爽　宋晶辉　周丽凰

参　编　熊荣刚　邹林峰　袁双双　严　喆　董团结
　　　　　倾天佑　吉元涛　陆现波　乔　鹏　何宏江
　　　　　何　鑫　李　秘　幸绍凯　陶福云　李汶珈
　　　　　陈典龙　周静位　陈加威　李　浪　徐翠梅
　　　　　李　美　王　凯　董　亚　张丽芳　蒋　伟
　　　　　晏和帅　黄雯怡　郑　霞　刘腾彬　刘　扬

组　编　白鹤滩水力发电厂

序

在追溯中国水电发展的辉煌历程时，我们不禁被这一个多世纪的沧桑巨变所震撼。从1910年依托国外技术兴建的第一座水电站石龙坝水电站，到1971年自主设计建设当时世界最大的径流式水电站葛洲坝水电站，到当今世界第一大水电站三峡水电站，再到拥有自主研发制造、全球单机容量最大功率百万千瓦水轮发电机组的白鹤滩水电站，中国水电创造了一个又一个里程碑。

在从跟跑到并跑、再到领跑的伟大跨越中，中国水电不但实现了材料、工艺、设计、安装、调试、运行等各个环节的重大突破，也实现了管理模式的多次迭代升级，逐渐创建出符合自身实际的现代生产管理模式。电力生产准备工作，是水电站首批机组投产前需要完成的一系列工作，关乎机组能否按期投产和保持安全稳定运行，其重要性不言而喻。三峡电厂在筹建伊始，就创新提出"建管结合、无缝交接"的管理理念。白鹤滩电厂传承和借鉴行业相关经验，又创新提出"三零"引领＋"三跨"驱动的电力生产准备管理模式，保障了白鹤滩水电站这一新时代大国重器顺利投产和安全稳定运行。

《水电站电力生产准备》一书，结合白鹤滩水电站实践案例，深入剖析了电力生产准备工作的理论与实践经验，阐述了电力生产准备工作的内涵、方法和要点。本书不仅注重理论阐述，更是结合了丰富的实践案例。读者在阅读的过程中，能够更直观地理解电力生产准备工作的实际应用，从而更好地将理论与实践相结合。本书对于水电站建设与管理领域的从业者来说，具有重要的参考价值。无论是电站的建设者，还是运行管理者，都可以从中汲取经验和智慧。对于相关学术研究者和学生而言，也是一份不可多得的研究资料。

可以看出，本书编写组投入了大量的时间和精力，力求为水电建设与管理领域提供一本颇有价值的参考书籍。

张定降

2024 年 6 月 28 日

前　言

电力生产准备工作质量关乎电站工程的长周期安全稳定运行和枢纽综合效益的充分发挥。从三峡工程建设以来，业内对水电工程的建设及运行管理做了大量探索与总结，也针对"建管结合"模式及电力生产准备工作进行了分析与研究。

白鹤滩水电站是党的十八大以来核准并开工建设的巨型水电工程。作为新时代大国重器，白鹤滩水电站的电力生产准备工作具有意义非凡、使命光荣、时间紧迫、任务艰巨等特点。白鹤滩水力发电厂（简称白鹤滩电厂）作为白鹤滩水电站的运行管理单位，早在筹建之初即将电厂运行管理目标与"精品工程"创建目标紧密结合起来，传承和借鉴行业相关经验，创新提出"三零"引领＋"三跨"驱动的电力生产准备管理模式，有效破解了上述难题。

2021年6月28日，白鹤滩水电站首批机组安全准点投产发电。中共中央总书记、国家主席、中央军委主席习近平发来贺信，表示热烈的祝贺。习近平总书记在贺信中指出："白鹤滩水电站是实施'西电东送'的国家重大工程，是当今世界在建规模最大、技术难度最高的水电工程。全球单机容量最大功率百万千瓦水轮发电机组，实现了我国高端装备制造的重大突破。"

2022年12月20日，白鹤滩水电站全部机组投产发电，标志着世界最大清洁能源走廊全面建成，为助力构建新型电力系统，实现我国经济社会全面绿色转型提供了坚强支撑。

为系统总结水电站电力生产准备工作经验，为水电行业电力生产准备贡献智慧和力量，白鹤滩电厂组织编写《水电站电力生产准备》一书，全面客观地总结提炼了水电站电力生产准备从顶层设计到具体实践、从系统筹备到全面参建、从组织管理到全方位保障等各方面经验，并结合白鹤滩水电站电力生产准备实例进行了细致的阐述，以期为后续水电站的电力生产准备和运行管理提供可借鉴的经验。

编者水平有限，难免有不足之处，望批评指正。

编　者

2024年6月

目　录

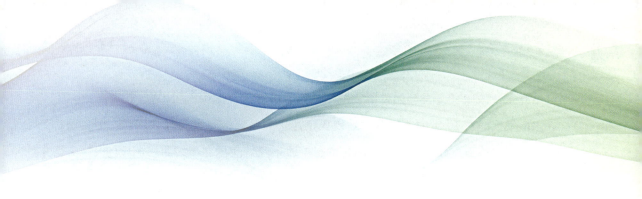

第一章 概　　述

　　水能作为优质的可再生能源，在国家的能源安全战略中占据越来越重要的位置。随着世界能源需求增长和全球气候变化，世界各国均将水电开发作为能源发展的重要优先领域。世界水电发展至今，在开发建设、运行管理、技术革新等方面均实现了巨大飞跃，在电力生产准备方面也积累了大量经验。本章介绍了世界水电发展概况和中国水电发展历程，简述了水电站电力生产准备的相关工作内容，旨在让读者对水电站电力生产准备有个整体的认识。

第一节　水电发展概况

　　人类利用水能进行发电已有超过 140 年的历史，我国水电发展的历史也超过了 110 年。2021 年 6 月 28 日，白鹤滩水电站首批单机容量百万千瓦水轮发电机组投产发电，开启了世界水电发展的新高度。本节介绍了世界水电发展概况和中国水电发展历程。

一、世界水电发展

　　数千年前，人类就利用水力机械进行提水灌溉和产品加工等生产活动。水力发电是在发电机和输电技术发明并得到应用之后才发展起来的。水力发电的出现，始于 1880 年前后，当时法国的塞尔美兹制糖工厂、英国的下屋化学工厂、美国的可拉矿山等都建立了小规模水电厂，主要用于自备的动力驱动。1882 年前后，美、英、法等国出现了专门供电的水电厂，其中以爱迪生在美国威斯康星州创建的亚伯尔水电站（装机容量 10.5kW）较为著名，被称作是水电站诞生的正式代表。此后，水电技术在全球范围内传播开来。1891 年德国制造了第一个三相水力发电系统，1895 年澳大利亚建成了南半球的第一座水电站，1891 年日本在京都市建立了该国的第一座水电站（装机容量 0.45 万 kW）。19 世纪末期，水电技术迅速发展，1895 年，美国纽约州尼亚加拉水电站发电，装机容量达 14.7 万 kW，成为当时世界上最大的水电站。

　　中国水电建设起步较晚，20 世纪初，水电技术传播到中国。1910 年 8 月，云南省石龙坝水电站开工，1912 年 5 月开始发电，电站最初装机容量为 0.048 万 kW。

在水电发展的前 40 年中，虽然电站规模迅速扩大，装机容量有较大增长，但各国都处于单目标、单电站孤立开发、独立管理的状态。1933 年，美国在田纳西河流域的开发方案中首次提出多目标梯级开发的主张，并加以实施。此后，康伯兰河、密苏里河、哥伦比亚河、科罗拉多河、阿肯色河等相继进行多目标梯级开发。20 世纪上半叶，美国和加拿大在水电工程技术领域处于领先地位。1941 年，位于美国华盛顿州哥伦比亚河干流上的大古力水电站完成了一期工程的建设，容量达到 197.4 万 kW（扩建后总容量 680 万 kW），成为当时世界上最大的水电站。与此同时，苏联在 1931—1934 年完成了伏尔加河的梯级开发规划，并付诸实施。水电发展的第二个 40 年是梯级开发迅猛发展的时代，大多数发达国家在这一时期都以开发水能作为各自国家能源建设的重点。1978 年，苏联在叶尼塞河上建设的萨扬-舒申斯克水电站首台机组投产发电，1985 年全部投产，总装机容量 640 万 kW，成为苏联和亚洲在 20 世纪的最大水电站。

发达国家水电建设从 20 世纪 70 年代以后开始走向平稳发展阶段，而拉美一些发展中国家则从 20 世纪 60 年代开始了水电建设的高潮，梯级开发进展迅速。巴西在 1958—1986 年间，对巴拉那河及其支流进行了一系列的梯级开发，共建成梯级水电站 17 座，总装机容量达 3958 万 kW。在最近 40 年里，巴西和中国已逐渐发展成为世界水电行业的引领者。由巴西和巴拉圭两国共同建设的位于巴拉那河上的伊泰普水电站于 1975 年开工建设，1983 年第一台机组发电，1991 年全部建成，总装机容量 1400 万 kW。目前世界上装机容量最大的水电站是中国的三峡水电站，该电站于 1994 年开工建设，2003 年首批机组投产发电，2012 年全部建成，总装机容量 2250 万 kW。

根据《BP 世界能源统计年鉴》2021 年报告，2020 年全球水力发电占总发电量的 16.0%，低于燃煤发电（35.1%）和燃气发电（23.4%），居第三位。世界上水力发电量最多的国家是中国，其次是巴西、加拿大、美国和俄罗斯。2020 年中国水力发电量占中国发电总量的 17.0%，占全球水力发电总量的 30.8%。尽管中国水力发电量达到世界第一，但是中国尚有 47% 的水力资源没有开发。

二、中国水电发展

从 1912 年中国第一座水电站——云南石龙坝水电站建成至今，中国水电事业已有 110 多年的历史。1949 年我国水电装机容量仅为 36 万 kW，居世界第 20 位；该年发电量为 12 亿 kW·h，居世界第 21 位。

新中国成立之后，国家十分重视水利、水电事业的发展，水电事业迎来了快速发展的新阶段。新中国成立 70 多年来，中国水电先后经历了艰苦奋斗创基业、改革开放大发展和自主创新促引领三个阶段，从自主建设的新安江、葛洲坝水电站，到三峡、龙滩、小湾、向家坝、溪洛渡、锦屏一级、锦屏二级、拉西瓦、两河口、乌东德等一大批巨型水电站，再到如今单机容量世界第一的白鹤滩水电站以及拥有世界最高坝的双江口水电站等，中国水电装机容量和发电量均呈现跨越式增长，逐步实现了在世界水电行业中从"跟跑者"到"并行者"再到"引领者"的飞跃，取得了"世界水电看中国"的伟大成就。

（一）艰苦奋斗创基业

1948 年东北解放之后，我国首先对丰满水电站进行了维修、加固和改扩建工作。

1957 年 4 月开工建设的新安江水电站，是中国自行设计、自制设备、自主建设的第一座大型水电站，也是我国第一座百米高的混凝土重力坝。新安江水电站的建设不仅在各方面都达到了设计目标，而且实现了许多重大的技术创新，如宽缝重力坝、溢流式坝后厂房等，这些新技术为我国的水电建设带来了巨大的经济和社会效益。

1958 年 9 月，我国首座百万千瓦级的水电站——刘家峡水电站在黄河上游开工建设，同时，下游的盐锅峡、八盘峡水电站也相继开工兴建。1975 年，总装机容量 122.5 万 kW 的刘家峡水电站建成，成为中国水电史上的重要里程碑。此后中国又陆续建成了一批百万千瓦级的水电站，并逐步掌握了 100m 级混凝土坝、100 万 kW 电站的关键技术。

20 世纪 80 年代，葛洲坝水电站的建成，标志着我国的水利水电工程建设已经达到了新高度。葛洲坝水电站不仅是当时我国最大的水电站，而且还是在长江干流上的第一座水电站。葛洲坝水电站装机容量为 271.5 万 kW（后期增容至 321 万 kW），多年平均年发电量为 157 亿 kW·h。

（二）改革开放大发展

中国实施改革开放后，在经济体制、电力体制改革的大背景下，水电也开始了体制改革的探索，水电建设经历了工程概算总承包责任制、项目业主责任制和项目法人责任制三个阶段。

20 世纪 80 年代初，水电建设实行工程概算总承包制，相继开工了红石、白山和太平湾水电站。工程概算总承包首次在水电施工领域打破大锅饭体制，为后来水电改革打下了一定基础。随着体制改革的不断深化，国家开放水电建设市场，利用外资建设水电。鲁布革水电站是中国在 20 世纪 80 年代初首次利用世界银行贷款建设的水电项目，工程建设按照国际惯例实行招标投标制，首次在水电建设中引入竞争机制，打破长期以来的自营建设体制，被誉为中国水电建设对外开放的"窗口"电站。

岩滩（装机容量 121 万 kW）、隔河岩（装机容量 120 万 kW）、漫湾（一期装机容量 125 万 kW）、水口（装机容量 140 万 kW）及广州抽水蓄能电站（一期装机容量 120 万 kW）

等水电站是新时期水电建设的典型代表。新的管理体制和运行机制，一改以往水电建设工期、质量、造价难以控制的种种弊端，纷纷取得了令人瞩目的成果，为探索具有中国特色的水电建设新道路和"高速、优质、低耗"建设大型水电站提供了宝贵的经验。

20 世纪 90 年代到 21 世纪初，既是中国水电改革的深化期，也是水电建设的调整期，这一时期我国水电的最大亮点是三峡水电站。三峡水电站于 1994 年动工修建，2003 年首批机组投产发电，2020 年通过竣工验收，是当今世界第一大水电站，单机容量 70 万 kW，总装机容量 2250 万 kW。2020 年，三峡水电站全年累计发电量 1118 亿 kW·h，刷新了单座水电站年发电量的世界纪录。总计 32 台、单机容量 70 万 kW 巨型水电机组的市场，吸引了当时世界水电装备制造龙头企业同台竞技，招标成果代表了当时最为先进的设计、制造技术。正是从三峡工程开始，中国水电装备制造走出了一条引进、吸收和创新的发展之路。

(三) 自主创新促引领

2000 年以来，水电投资领域引入竞争机制，投资主体多元化，梯级开发流域化，现代企业管理的制度创新，加快了水电开发建设的步伐。国家实施西部大开发和"西电东送"战略，为西部水电开发带来了难得的机遇。雅砻江、大渡河、澜沧江、金沙江、乌江等水能基地按照流域规划有序开发，龙滩、小湾、溪洛渡、向家坝、锦屏一级、锦屏二级、瀑布沟、拉西瓦等水电站在国家西部大开发和"西电东送"战略实施之后相继开工并陆续投产，我国水电在装机容量与发电量、设计与施工、设备制造与运行管理等方面全面发展，突飞猛进。2004 年，随着公伯峡水电站的投产，我国水电总装机容量突破 1 亿 kW，成为世界第一。

截至目前，我国 2003 年投产的三峡水电站是世界上装机容量最大的水电站，总装机容量为 2250 万 kW；2007 年投产的龙滩水电站，有世界上最高的碾压混凝土坝，坝高 216.5m；2008 年投产的水布垭水电站，有世界上最高的混凝土面板堆石坝，坝高 233m；2013 年投产的锦屏一级水电站，有世界上最高的混凝土双曲拱坝，坝高 305m；还有目前我国正在建设的双江口水电站，其堆石坝建成后高达 312m，将成为世界上最高的大坝。这些世界之最充分说明，中国水电走在了世界前列，掌握了高坝工程技术、高边坡稳定技术、地下工程施工技术、长隧洞施工技术、泄洪消能技术以及高坝抗震技术等一系列尖端的工程技术。在水电机组制造方面，从三峡水电站 70 万 kW 巨型水轮发电机组，到向家坝水电站 80 万 kW 机组、乌东德水电站 85 万 kW 机组，一直到白鹤滩水电站世界最大单机容量 100 万 kW 机组，中国具备了自主研制大型和超大型水轮发电机组的技术水平和能力。目前，不仅世界上单机容量 70 万 kW 以上的水轮发电机组绝大部分都安装在中国，而且单机容量达到 80 万 kW 及以上的水轮发电机组也全部安装在中国。

我国水电设备的国产化历程，选择了引进先进设备和引进核心技术并举的方针，充分发挥了国家重大工程对水电科技创新和重大技术装备创新的带动作用，引进、消化、吸收、再创新，依托三峡、溪洛渡、向家坝、白鹤滩等重大工程的建设，加强自主开发，创建了中国特色水电机电设备国产化的模式，在水电建设和水电设备制造企业中，充分发挥了科学技术是第一生产力的作用，坚持以科技引领制造业发展和创新的战略方针，指导着中国水电设备制造业走出了一条国产化的道路。

在技术领先的基础上，中国企业已具备了先进的水电开发及运营管理能力，以及包括设计、施工、重大装备制造在内的完整产业链整合能力。近年来，中国水电企业还积极深化推进"一带一路"政策，积极"走出去"，打造国际合作新平台。经过多年的海外经营和发展，水电业务已经遍及全球 140 多个国家和地区，参与建设的海外水电站约 320 座，总装机容量达到 8100 万 kW，占据了海外 70％以上的水电建设市场份额，以绝对优势占据国际水利水电市场，成为国际上一张亮丽的"中国名片"。

中国水电经过 110 多年的发展壮大，历经了从无到有、从小到大、从弱到强的发展历程，不仅在水电工程技术、大型装备制造、电站运行管理等方面取得了许多显著的成就，在电力生产准备方面同样积累了诸多宝贵的经验。

2022 年 12 月 20 日，白鹤滩水电站百万机组全面投产发电，16 台巨型水轮发电机组均由国内厂家设计、制造和安装。电站建成后创造了六项世界第一（无压泄洪洞规模世界第一、单机容量 100 万 kW 世界第一、地下洞室群规模世界第一、圆筒式尾水调压井规模世界第一、300m 级高拱坝抗震参数世界第一、首次在 300m 级拱坝全坝段使用低热水泥）、两项世界第二（总装机容量 1600 万 kW 世界第二、拱坝总共水推力 1650 万 t 世界第二）、两项世界第三（枢纽泄洪功率世界第三、拱坝坝高世界第三）。2023 年，白鹤滩水电站在全面投产发电后的首年既实现"五百五零"目标，即电能质量合格率 100％、自动开停机成功率100％、泄洪设施启闭成功率 100％、输变电设备操作成功率 100％、继电保护及安全自动装置正确动作率 100％，零设备非计划停运、零人身伤害事故、零质量事故、零设备障碍、零安全环保事件。这一优异成绩离不开中国水电建设者多年的技术累积、经验总结和革新创造，也离不开白鹤滩水电站运行管理者前期扎实的电力生产准备工作和丰富的电站运行管理经验。

第二节　水电站电力生产准备概述

水电站电力生产准备工作是水电站生产运行管理的重要前期工作，是一项复杂的系统性工程，具有周期长、涉及面广、生产组织复杂、与相关方接口多等特点，目的是为实现水电站从工程建设到运行管理的顺利过渡，为电站投产后的安全稳定运行打下坚实基础。本节介绍了水电站电力生产准备管理模式、工作原则、工作内容，阐述了电力生产准备与工程建设的关系，并介绍了白鹤滩水电站电力生产准备相关经验。

一、电力生产准备管理模式

早期国内大多数水电工程的建设普遍采用"建管分离"的模式，在工程建设期间，运行管理方（电厂或电厂筹建处，以下简称电厂）不参与或较少地参与工程建设的实施过程，建设管理方（也称业主方）在完工后将工程整体移交给电厂。"建管分离"有利于电站建设的成本控制，弊端是由于建设、运行管理相对分离，不利于电站投产后的稳定运行。尤其是投产初期，由于工程设备设施的使用条件与最终用户的要求存在差距，导致技术改造项目多、持续时间长、难度大、重复投入资金较多，甚至可能影响发电设备的运行可靠性和效益的发挥。

为避免"建管分离"模式的上述弊端，部分水电工程陆续采用了"建管合一"的模式，水电站建设和运行管理由同一主体分阶段负责，该模式可从根本上克服设计、施工和运行相互脱节等问题，但"建管合一"的模式对管理人员需求量大，对建设管理人员的综合素质要求高。

"建管结合"介于"建管分离"和"建管合一"之间，在工程建设期间，电厂提前介入工程建设，参与工程设计、设备监造、安装与调试等工作，配合建设方做好工程建设管理，实现工程由建设向运行管理的顺利过渡。"建管结合"模式具备"建管分离""建管合一"两种模式优点的同时，又在最大程度上解决了两种模式存在的不足，已成为目前国内水电工程建设的主流模式。

三峡电厂在筹建之初提出了"建管结合、无缝交接"的理念，在工程相关设计、招标与合同执行、设备监造与验收、安装监理与调试等方面全面参与工程建设（简称参建），做到"建""管"紧密配合，实现工程项目的"无缝"交接。三峡工程之后，行业内对水电工程的建设及运行管理又做了大量探索与总结，也针对"建管结合"模式及电力生产准备工作进行了诸多分析与研究。

本书主要介绍"建管结合"模式下，水电站的电力生产准备工作。

二、电力生产准备工作原则

水电站电力生产准备是指新建水电站的电厂在机组投入商业运行前所做的相关准备工作，包括生产管理模式确定、组织机构设置及人员配备、生产管理制度体系建设、生产技术准备、人员培训、生产物资及后勤准备、生产运行准备、设备试运、验收及设备设施接管等各方面内容。

水电站电力生产准备工作宜遵循以下原则。

（1）生产准备工作要整体策划，要具有前瞻性、先进性和可行性。电厂与建设管理、设计、监理、施工、设备厂家等建设各方应始终保持有效的沟通与协作。

（2）生产准备工作要坚持建设过程的全过程参与，从招标采购、设计审核到生产制造、安装调试，再到试运行投产，生产准备人员都要深度参与，确保从建设到生产运行的顺利过渡。

（3）电力生产准备工作要全面、系统地推进，包括人力资源的获取和培训、制度体系的建立、生产技术体系建设、生产物资及后勤保障准备等工作。要坚持与工程现场建设实际紧密结合的原则，分阶段推进，并建立相应的节点目标。

三、电力生产准备工作内容

本书所介绍的水电站电力生产准备主要包括生产管理准备、生产技术准备、安全管理准备、参与工程建设、接机发电及相关保障措施准备等几个大的方面。

生产管理准备首先需要确定生产管理模式，建立该模式下对应的标准化管理体系，并开展相关的制度建设。

生产技术准备需要建立技术标准体系，主要包括相关设备设施的技术方案、技术规程及各项作业指导书，还需要针对各设备设施开展技术建议及重点问题的梳理和跟踪，建立技术台账。

安全管理准备主要包括安全管理体系建设、风险分级管控及隐患排查综合治理双重预防机制的建立、应急管理体系建设及安全文化创建等工作，这些工作贯穿整个电力生产准备阶段。

参与工程建设需要提前做好参建管理的相关组织工作，包括人员安排及各项业务的分工，具体参建工作包含设计审查、设备监造、联合开发、安装监理、无水调试等。

接机发电是在相关的内外部条件具备后，电厂作为生产管理单位为确保设备顺利投产开展的重要工作，主要包括运行管理准备、并网调试、设备设施接管等工作。

电力生产准备的保障措施主要包括人力资源、后勤资源、信息化及文化保障、安全保卫等方面工作。

本书第二章至第七章就以上各方面内容进行了详细阐述。

四、电力生产准备与工程建设的关系

在"建管结合"模式下，电厂是电力生产准备的责任主体，也是水电站投产后的运行管理方，负责电站建成后的电力安全生产及设备设施的运行维护管理。电厂在施工建设期的主要任务是参与工程建设的各阶段工作，做好设备设施投产运行的接管准备。建设管理方是工程建设的责任主体，负责统筹设计、厂家、监理、施工等各方，按要求及相关标准完成电站工程的各项建设工作，确保电站按计划安全顺利投产发电。

水电站建设根据工程进展主要分为工程可研及核准、工程截流及主体建设、附属配套工程建设、工程蓄水及首批机组投产、工程验收等阶段，水电站电力生产根据机电设备安装投运进度主要分为机电设计、招标采购、设备生产制造及系统开发、设备安装调试、接机发电等阶段，电力生产准备需要介入的各阶段如图1-1所示。

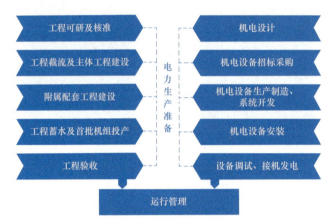

图1-1　水电站电力生产准备阶段

电力生产准备与工程建设是水电站建设的两个方面，生产准备与工程建设各自独立，但又相互衔接、紧密联系，两者均为电站建成投产后的安全运行服务。

生产准备各项工作的开展不能脱离工程建设实际，生产准备计划应以工程建设计划为依据，并根据工程建设进展情况适时优化调整，生产准备工作宜在工程建设阶段及早展开。若电力生产准备与工程建设的结合不够紧密，可能导致电站投产运行后出现各种问题。

电厂应从以下几个方面介入工程建设：

（1）生产设施规划阶段参与规划方案审查，为生产运营期人员办公、营地生活、物资仓储等生产活动的开展做好充分的规划。

（2）设备选型初期参与机电设备的招评标、合同谈判、设计联络会等，结合运行管理经验分析设计缺陷，共同做好设备的选型设计。

（3）设备制造阶段分阶段、分批次参与驻厂监造、出厂调试、出厂验收等，有效避免设备运行安全隐患，同时避免因制造问题返厂等造成的工期延误。

（4）设备安装调试阶段参与现场机电设备的安装与调试，准确掌握设备信息、结构特点和相关操作方法，及时协调校正安装缺陷。组织电力生产准备人员梳理反事故措施、安全性评价材料，落实国家、行业和电网调度相关管理规定和技术要求等。

五、白鹤滩水电站实例分析

白鹤滩电厂于2018年3月成立筹建处，为统筹推进生产准备工作，组织编制了《白鹤滩电厂电力生产准备方案》，以打造本质安全型电站为主线，以创建世界一流水电厂为愿景，以保障安全准点接机发电为目标，系统梳理了组织机构与队伍建设、参与工程建设、生产与技术管理、安全管理等各方面工作，并明确时间节点和责任人，针对方案内容，制定了《电力生产准备工作完成情况跟踪表》，定期跟踪工作进展，最终高标准高质量完成了各项准备工作。

（一）模式创新

白鹤滩电厂在深入践行"建管结合、无缝交接"管理模式的基础上，在电力生产准备阶段，即将电站的运行管理目标与白鹤滩水电站"精品工程"创建、长周期安全稳定运行目标紧密结合，创新提出"三零"引领＋"三跨"驱动的电力生产准备管理模式，即从设计源头参与打造本质安全型电站，实现"设计零疑点"的前提下，通过严控设备制造、安装、调试过程质量，实现"过程零偏差"，最终达到"运行零非停"的目标；为保障"三零"目标顺利实现，创新采取了跨区域储备培养人才、跨期间参与工程建设、跨年度倒排工作计划的"三跨"驱动，为实现"三零"目标提供了人才支撑、技术支撑和管理支撑。"三零"引领＋"三跨"驱动电力生产管理模式如图 1-2 所示。

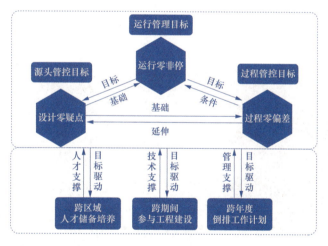

图 1-2　"三零"引领＋"三跨"驱动电力生产准备管理模式

"三零"引领＋"三跨"驱动的电力生产准备管理模式，保障了新时代大国重器白鹤滩水电站电力生产准备高质量完成，为首批机组安全准点投产发电和电站长期安全稳定运行奠定了坚实基础。白鹤滩水电站"三零"引领＋"三跨"驱动的电力生产准备模式创新与实践，探索出了一套可推广复制的电力生产准备管理方式。相关经验已在部分水电站、抽水蓄能项目中得到推广应用，该管理模式也可在行业内电厂筹建与电力生产准备工作中得到推广借鉴。

（二）实施过程

在电厂筹建及参与工程建设等准备过程中，白鹤滩电厂严格按照方案计划逐项落实，并按节点完成相关工作任务。建立了健全的组织机构，人力资源按计划全部到位，满足接机发电工作需要；制定了 42 项综合管理制度、24 项生产技术管理制度和 32 项安全管理制度，搭建了较完善的管理体系、技术标准体系和应急预案体系；累计选派 188 名电力生产技术与管理人员，全面深度参与工程设计、招标采购、驻厂监造、出厂验收和现场安装、设备调试、并网发电等工作，积极提出设计优化建议，有效保障了工程设计、制造和安装质量；提前思考，全面梳理物资需求、有序推进备品备件定额编制，按计划推进并完成物资采购工作，为接机发电和运行管理做好物资保障；提前谋划部署，加强与建设单位的协调沟通，做好后勤保障准备。

在接机发电倒计时一周年之际，白鹤滩电厂组织各专业、各部门、各分部（值）层层梳理接机发电准备工作，对标对表，查缺补漏，编制了《首批机组投产倒计时一周年工作计划》（见附录），明确厂级、部门级、分部（值）级共 1300 余项重点工作的时间表、路线图和责任主体。建立并推进任务督办、闭环机制并严格落实，各分部（值）每日持续推进，各部门定期督查，电厂每月组织推进会，总结工作经验、分析当月形势、明确下一阶段目标，闭环管理、科学有序推进电力生产准备收官工作。

首批机组投产倒计时一周年工作计划手册如图 1-3 所示。

图 1-3　首批机组投产倒计时一周年工作计划手册

接机发电阶段，白鹤滩电厂始终与参建各方保持着良好的沟通协作关系，力争把各项工作做精做细，创造了 10 天内调试完成左、右岸两个开关站、两台百万机组，并顺利完成 72h 试运行的厂站首批机组调试投产新纪录，后续又创造了"三天两投"（三天内两台机组的接机投产发电）的纪录，并且在 2021 年 6 月至 2022 年 12 月共一年半的时间内，安全顺利接管了白鹤滩水电站全部 16 台百万千瓦机组及 500kV 开关站设备，实现电站全面投产发电目标，机组各项运行指标优异，均达到三峡集团"精品机组"标准要求。2021 年白鹤滩水电站百万机组投产首年即实现"年度零非停"，2023 年又在百万机组全部投产运行首年实现了全电站运行"年度零非停"。

第二章　电力生产管理准备

管理准备是水电站电力生产准备工作的重要内容，扎实的管理准备既能保障电力生产准备工作的高效有序推进，也是电站投产发电后电力安全生产、精益运行管理的坚实基础。本章结合白鹤滩水电站实例，介绍了水电站生产管理模式确定、标准化管理体系建设、制度体系建设等方面的经验和做法。

第一节　水电站生产管理模式确定

水电站生产管理模式确定是其他管理准备工作开展的基础，开展电力生产准备工作前首先要确定生产管理模式。本节介绍了我国水电站生产管理模式沿革情况，介绍和分析了国内外典型水电站生产管理模式，介绍了白鹤滩水电站和白鹤滩电厂基本情况，以及白鹤滩水电站生产管理模式的传承与创新。

一、国内水电站生产管理模式沿革

我国水电站生产管理模式经历了借鉴国外模式、建立自己模式、探索与国际接轨模式、创建现代管理模式等发展过程。

20世纪40—50年代，借鉴日本20世纪40年代的生产管理模式，典型代表是牡丹江镜泊湖电厂。运行工作由电气事务所管理，电气事务所下设一个调度、三个值。值班人员只负责电站运行，电气值班人员与机械值班人员分开，机组开停机等在中央控制室操作，没有操作票等制度，采取口头命令方式，但上下级关系严格；设备维护和检修由当时从事施工安装的各个工场负责，检修模式采用事故检修。

20世纪50—60年代，借鉴苏联20世纪50年代的生产管理模式，典型代表是丰满、青铜峡、富春江等电厂。采用运行、维护和检修一条龙的管理方式，电气分场管理电气运行、维护和检修，机械分场管理机械运行、维护和检修；水工分场管理水务、观测和维修。运行值班开始实行操作票、工作票及巡回检查制度。检修模式采用计划检修，到期应修必修、修必修好，已编制主设备检修规程。

20 世纪 60—90 年代，建立我国自己的生产管理模式，典型代表是新安江、柘溪、丹江口、刘家峡、葛洲坝等电厂。20 世纪 70 年代，电力工业部编制、颁发了全国性的水电厂生产运行管理规程和规范，形成了我国自己的运行管理模式。运行与检修分开，一般设置运行分厂、机电分厂、水工分厂，运行分厂只负责运行，机电分厂只负责机电设备维护和检修，水工分厂只负责水工设施维修和水库调度。运行管理方面，严格执行"两票三制"（即操作票、工作票、交接班制、巡回检查制、设备缺陷管理制度）和四项工作制度（安全生产制度、运行分析制度、技术培训制度、生产岗位责任制度）；检修模式采用计划检修，到期应修必修、修必修好；水工方面建立了相应的管理规程和制度，每年进行设备评级，定期进行大坝安全检查。实行安全生产责任制，开展技术监督、质量验收、技术档案等管理制度。

20 世纪 90 年代后，探索出与国际先进水平逐步接轨的生产管理模式，典型代表是广州抽水蓄能、五强溪等电厂。广州抽水蓄能电厂聘任法国厂长，试行法国管理模式，全厂定员只有 80 多人，主要负责运行与维护，不设大修人员。维护工作实行定时巡回检查维护制及厂外随叫随到制；有一套严格的防误操作系统，确保在人少情况下的安全操作和维护；岗位责任制很严格，对人员素质要求很高，要求技术人员一专多能；逐步推行无人值班、少人值守的生产管理模式，与国际先进水平接轨。

21 世纪，创建现代水电生产管理模式，典型代表是三峡、龙滩、小湾、拉西瓦等电厂。2002 年国务院印发电力体制改革方案，实施厂网分开，形成多家大型发电集团，"公司＋电厂"时代开启，"一厂一企"模式结束。各发电集团均建立了专业化水电流域公司，管理职能公司化；公司下辖电厂，负责电站运行管理，机构精简、专业归并、精干定员，购买社会专业服务，使劳动效率显著提高。梯级电站群的调度、运行、检修体制逐步形成，水电生产管理向自动化、智能化、信息化方向快速发展，标准化程度大幅提升。

国内水电站生产管理模式沿革比对表见表 2-1。

表 2-1 国内水电站生产管理模式沿革比对表

年代	模式类型	典型代表	特点
20 世纪 40—50 年代	借鉴日本 20 世纪 40 年代的生产管理模式	牡丹江镜泊湖电厂	设备维护和检修由当时从事施工安装的各个工场负责；没有操作票等制度，采取口头命令；检修模式采用事故检修
20 世纪 50—60 年代	借鉴苏联 20 世纪 50 年代的生产管理模式	丰满、青铜峡、富春江等电厂	采用运行、维护和检修一条龙的管理方式；开始实行操作票、工作票及巡回检查制度；检修模式采用计划检修

续表

年代	模式类型	典型代表	特点
20 世纪 60—90 年代	建立我国自己的生产管理模式	新安江、柘溪、丹江口、刘家峡、葛洲坝等电厂	运行与检修分开；严格执行"两票三制"和四项工作制度；实行安全生产责任制
20 世纪 90 年代后	探索出与国际先进水平逐步接轨的生产管理模式	广州抽水蓄能、五强溪等电厂	电厂主要负责运行与维护，不设大修人员；逐步推行无人值班少人值守的生产管理模式，与国际先进水平接轨
21 世纪	创建现代水电生产管理模式	三峡、龙滩、小湾、拉西瓦等电厂	"公司＋电厂"时代开启；发电集团建立专业化水电流域公司，公司下辖电厂；水电生产管理标准化程度大幅提升

二、典型水电站生产管理模式介绍

即使同属现代水电生产管理模式，不同水电站的生产管理模式也不尽相同，电厂要结合水电站实际情况，选择合适的生产管理模式。以下选取三峡、龙滩、小湾、拉西瓦、二滩、伊泰普、古里等 7 座在国内外有代表性的水电站，对其生产管理模式进行简要介绍。

（一）三峡水电站

三峡水电站（外观形象如图 2-1 所示）位于长江干流上，具有防洪、发电和航运等综合效益，共装机 34 台，最大单机额定容量 70 万 kW，总装机容量 2250 万 kW。

图 2-1　三峡水电站形象图

三峡电厂隶属于中国长江电力股份有限公司（以下简称长江电力），是长江电力下属的生产成本控制中心，负责三峡水电站设备设施管理、运行、维护、小修以及电气二次设备大修工作，水工设施、机械和电气一次设备的大修由长江电力专业检修单位承担。三峡电厂设置综合管理部、党群工作部、纪检工作部、生产管理部、安全监察部、运行部、机械水工维修部、电气维修部 8 个部门，其中综合管理部、党群工作部、纪检工作部合署办公，电厂员工生活基地设在湖北省宜昌市城区，距工作现场约 40km。

长江电力用现代企业制度管理长江流域梯级电站，秉承"精确调度、精益运行、精心维护"的"三精"理念。三峡电厂推行以"诊断运行"和"精益维修"为核心的精益生产策略，通过实施建管结合无缝交接、诊断运行、精益维修、风险防控和科技创新等核心业务措施，确保各工作环节精细高效，实现了按需检修、提升检修质量、缩短检修周期和成本有效控制；明确了"以设备管理为主线，以设备主任为中心"的体系建设思路，技术层与作业层分离，专业设备主任是现场设备的"第一责任人"，专业分部承担设备管理的具体工作。

（二）龙滩水电站

龙滩水电站（外观形象如图 2-2 所示）位于红水河上游的广西天峨县境内，具有发电、防洪、航运等综合效益。电站现一期装机 7 台，单机容量 70 万 kW，总装机容量 490 万 kW，二期建设规模为 140 万 kW，总装机容量 630 万 kW。

图 2-2　龙滩水电站形象图

龙滩电厂隶属于龙滩水电开发有限公司（以下简称龙滩公司），负责龙滩水电站的生产运营管理、龙滩升船机工程、扩机工程建设及新能源项目投资建设工作。设备大修和大型试验通过招标委托社会资源承担。龙滩电厂员工生活基地设在河池市天峨县，距工作现场约 15km。

龙滩公司设置流域集控中心对红水河流域电站进行集中监视调度控制；龙滩电厂实行以电厂点检定修为特色、以设备管理为中心的生产组织模式，技术层与操作层分离，点检员是设备的"主人",既负责设备点检,又负责设备管理,是设备的责任者、组织者和管理者。

(三)小湾水电站

小湾水电站(外观形象如图 2-3 所示)是澜沧江中下游梯级开发的第二级电站,电站以发电为主,兼有防洪、灌溉、拦沙及航运等综合利用效益,具有多年调节能力,是澜沧江中下游河段的龙头电站。电站装机 6 台,最大单机容量 70 万 kW,总装机容量 420 万 kW。

图 2-3　小湾水电站形象图

小湾电厂隶属于华能澜沧江水电股份有限公司(以下简称澜沧江公司),是澜沧江公司下属的生产成本控制中心,负责电站设备设施管理、运行和维护工作,设备大修和大型试验由澜沧江公司检修分公司承担。小湾电厂设有办公室、党建部、生技部、安环部、运维部和水库部 6 个部门,电厂员工生活基地设在云南省昆明市城区,距工作现场约 450km。

澜沧江公司的运行管理基本模式为"大公司、小电厂、远程集控、统一运营"。澜沧江公司集控中心负责流域各梯级电站的电力调度、实时监控、机组开停机操作、闸门启闭操作、负荷实时调整、水情测报、水库调度等,检修分公司负责流域各电站设备检修的管理工作。所属电厂职责则较为单一,主要是运行值守和设备维护管理,实行"无人值班(少人值守),运维合一"管理模式,不设置专业检修部门,仅设置运维部,负责电站现场机电设备运行与维护工作。

(四)拉西瓦水电站

拉西瓦水电站(外观形象如图 2-4 所示)位于青海省贵德县与贵南县交界的黄河干流上,以发电为主,兼顾防洪。电站装机 6 台,单机容量 70 万 kW,总装机容量 420 万 kW。

图 2-4　拉西瓦水电站形象图

拉西瓦发电分公司隶属于黄河上游水电开发有限责任公司（以下简称黄河水电公司），是黄河水电公司下属的生产成本控制中心，负责拉西瓦水电站设备设施的资产管理工作。拉西瓦发电分公司设置有生产部、HSE 部、综合部、经营部四个部门。电站设备操作和安全技术措施由电站运行人员负责实施；二次设备维护检修由电站人员负责和检修公司协配实施；电站机械和电气一次设备维护和 D 级检修由电站人员负责和检修公司协配实施，C 级及以上的设备检修委托检修公司负责实施；大坝构（建）筑物等的维护由大坝中心负责和电站人员协配实施。电厂员工生活基地设在西宁市城区，距工作现场约 140km。

黄河水电公司设立远程水电集控中心，水电集控中心负责黄河水电公司所属水电站设备的远程监控、调度联系和协调工作，负责水电站设备的实时经济运行、远程开停机操作以及检修计划申报等工作，负责雨水情信息的监视、分析和预测以及水库的联合调度等工作。

（五）二滩水电站

二滩水电站（外观形象如图 2-5 所示）位于四川省雅砻江与金沙江的交汇口 33km 处，

图 2-5　二滩水电站形象图

系雅砻江梯级开发的最末一级，以发电为主，兼顾防洪。电站装机 6 台，最大单机容量 55 万 kW，总装机容量 330 万 kW。

二滩电厂是雅砻江流域水电开发有限公司（以下简称雅砻江公司）下属的生产单位，负责二滩水电站设备设施管理、运行、维护、小修以及电气二次设备大修工作，水工设施、机械和电气一次设备的大修委托社会资源承担。二滩电厂设"六部一室"，分别为安全部、生产部、运行部、检修部、水工部、计划财务部、综合办公室，电厂员工生活基地设在四川省成都市城区，距工作现场约 500km。

雅砻江公司以"流域化、集团化、科学化"的模式实施梯级电站运行管理，公司设置集控中心，推行"远程集控、现场值守"运行管理模式；二滩电厂运行部为设备管理主体，运行部除负责设备运行管理外，还设置了设备组，设备组是生产调度中心，负责设备的技术管理，巡检、评估设备状况，提出维修、改造计划等由维修部门执行。二滩电厂建立了电厂生产管理软件 BFS 和设备特征数据分析系统 DAS。

（六）伊泰普水电站

伊泰普水电站（外观形象如图 2-6 所示）位于巴西与巴拉圭交界的巴拉那河上，由巴西与巴拉圭两国共同投资建设，枢纽功能以发电为主。电站装机 20 台，最大单机容量 70 万 kW，总装机容量 1400 万 kW。

图 2-6　伊泰普水电站形象图

伊泰普公司设有工程技术部、运行部、维修管理部、综合事务部 4 个部门，负责电站设备设施管理、运行、维护和检修工作，员工生活基地距现场 10km。

伊泰普电厂的设备维修部是设备管理的主要部门，下设维修技术部和维修执行部。维修技术部主要负责设备维修的技术管理工作，如技术分析、方案编制、作业标准编写、图纸绘制、技术统计等。维修执行部主要负责相应设备维修任务的实施。伊泰普电厂的设备管理采取设备周期性预防性维修策略，主要以检查和保养为主，同时也根据周期性维修检查结果和对设备运行的诊断和分析结果，适时进行非周期性维修，以彻底消除设备缺陷和隐患，预防故障的发生。在检修实施方面，伊泰普电厂特别强调技术部门的作用（进行设备诊断、制定技术方案、强化技术监督等），执行部门则是依据技术文件和作业指导书开展工作。伊泰普水电站首批机组已经运行 40 余年，电厂生产技术管理已从经验管理上升到科学管理，标准化程度高。伊泰普电厂建立了运行维护信息系统 SAM 和物资管理信息系统 CEF，对生产全过程进行管理。

（七）古里水电站

古里水电站（外观形象如图 2-7 所示）是委内瑞拉目前最大的水电工程，该工程以发电为主，兼顾防洪。电站共有 2 座坝后式厂房，共装机 20 台，最大单机容量 70 万 kW，总装机容量 968 万 kW。

图 2-7　古里水电站形象图

古里电厂隶属于委内瑞拉 EDELCA 电力公司，负责枢纽除保护、监控和水工建筑物外的设备管理、运行和检修。保护、监控和水工建筑物的管理、运行和检修由 EDELCA 电力公司其他部门负责。古里电厂设维修工程部、运行部、电气维修部、机械维修部、控制与仪表维修部和综合服务部 6 个部门，员工生活基地距现场 10km。

古里电厂经过长期的实践形成了一套较完善的计划维修管理体系，包括发电计划、设备检修计划和设备定期维护计划，计划文件内容详细，可操作性强，既有工作内容，又有工艺、质量要求。维修工程部负责制定计划，并跟踪计划执行情况，各维修部门认真组织实施。古里电厂的维修计划是设备管理工作的指南，保障了生产的有序开展。一般情况下，计划都会得到较好执行。维修工程部负责跟踪和控制现场进度，如因特殊原因导致计划执行出现偏差，则适时进行调整。

三、水电站生产管理模式分析

（一）生产组织管理模式

从电厂的管理定位和管理范围来看，国内外典型电厂基本上都是定位于所属大型水力发电公司的电力生产单位，负责枢纽发电资产的管理和生产成本控制；各典型水电厂组织机构基本接近，一般可划分为职能管理部门和生产部门两大类。国内电厂在职能管理方面设置综合管理、党群工作、纪检工作、生产技术、安全监察等部门，国外伊泰普、古里电厂的职能部门则主要是负责生产计划和大型技术改造的管理；国内外电厂生产部门基本包括运行部、维修部等。

除拉西瓦电厂外，上述其他典型电厂都负责设备的运行和维护工作，但在设备检修管理方面差异较大，大体上可分为三类：第一类以伊泰普、古里电厂为代表，电厂负责所辖设备的全部检修工作；第二类以龙滩电厂为代表，电厂不负责设备的检修；第三类以三峡、小湾、二滩电厂为代表，电厂负责所辖机械、电气一次设备小修和电气二次设备大修工作。

分析以上检修管理方式，电厂负责全部检修，有利于设备管理的系统性和风险有效控制，不足之处是定员较多，非检修期人力资源的利用率相对偏低；电厂不负责设备检修，可精简定员、降低生产成本，但在设备管理上，尤其是在电气二次设备的精细化、可靠性管理方面较为薄弱；电厂负责机械、电气一次设备小修和电气二次设备大修，机械、电气一次设备大修委托外部资源进行的方式，兼具前两种方式的优缺点，较适合大型水电厂的生产管理。在检修外部委托方面，龙滩、二滩电厂主要以合同方式依托社会资源来完成，三峡、小湾、拉西瓦电厂则由大型水力发电公司的专业化检修队伍承担，这也是目前国内主流的两种检修外部委托管理方式。

（二）生产技术管理模式

龙滩等电厂推行"点检定修"制，即以点检为核心的设备维修管理体制，并形成了行业标准规范，点检、运行、维修三方按照分工协议共同对设备负责，但在点检、运行、维修三者之间，点检员处于核心地位，是设备维修的责任者、组织者和管理者；电厂在设备管理部设专职的"点检员"岗位，负责评估设备状态、制定检修计划、备品管理等工作。三峡等电厂以设备管理为主线，围绕专业设备主任构建技术管理组织体系，生产管理部设置各专业设备主任，全面负责相关专业生产技术管理工作，发挥设备管理核心作用，技术与作业管理相对分离，维修部门负责相关检修维护工作。伊泰普、古里、二滩等电厂在设备管理上同样也设置了技术管理层和作业执行层两个层面，技术管理层负责设备的技术管理、状态评估、制定维修计划，作业执行层注重于贯彻落实计划内容，保证维修工艺和工作质量。

　　分析以上生产技术模式，技术管理层和作业执行层分离模式下，设备管理分工更加专业化，可大大减轻传统水电厂作业班组技术管理的工作量，完善设备管理中各责任主体的制衡、监督机制，有利于促进生产管理的精细化。

（三）生产运维管理模式

　　三峡等电厂采取"运行""维护""检修"分离的模式，运行人员负责巡屏、巡检、On-Call（待令）、现地操作，维护人员负责巡检、消缺、维护和设备小修工作；检修人员负责大型检修技改、工程项目等；此模式下运行、维护、检修人员分工明确，同时各专业分工较细。小湾等电厂推行"运维合一"模式，运维班在运行时负责巡屏、巡检、On-Call、现地操作，在维护时负责巡检、消缺、检修技改、工程项目；此模式改变传统的水电站"运行""维护""检修"分离的管理模式，在电站距离生活基地较远的电厂应用较为广泛，此管理模式可促进员工综合技能提升，提高人力资源效率，还可解决员工工作生活问题。

　　"运维合一"模式针对机组数量少、机组容量小、距离城市较远的电站更适用，但存在行业专家培养困难等问题；运行、维护分离模式，针对机组数量多、机组容量大的电站更适用，更容易进行专业化管理。

四、白鹤滩水电站实例分析

（一）白鹤滩水电站简介

白鹤滩水电站形象图如图 2-8 所示。

图 2-8　白鹤滩水电站形象图

白鹤滩水电站位于四川省凉山彝族自治州宁南县和云南省昭通市巧家县交界的金沙江下游河道上，是实施"西电东送"的国家重大工程，建设期间是世界在建规模最大、技术难度最高的水电工程，建成投产后是仅次于三峡水电站的世界第二大水电站，是金沙江下游各梯级电站中库容最大的水电站，具有高拱坝、大库容、大容量、巨流量等特点。大坝最大坝高289m，正常蓄水位825m，水库总库容206.27亿 m^3，调节库容104.36亿 m^3，防洪库容75亿 m^3。电站左、右岸地下厂房内各安装8台全球单机容量最大功率百万千瓦的水轮发电机组，总装机容量1600万kW，电站多年平均年发电量约624.43亿kW·h。

白鹤滩水电站以发电为主，兼顾防洪、航运，并促进地方经济社会发展。工程于2010年7月开始筹建，2017年7月主体工程开工建设，2021年6月28日首批机组投产发电，2022年12月20日全部机组投产发电。

（二）白鹤滩电厂简介

白鹤滩电厂与三峡电厂同属长江电力下属的电力生产管理单位和生产成本控制中心。白鹤滩电厂是白鹤滩水电站的运行管理单位。主要负责白鹤滩水电站的生产管理、技术管理、运行维修、成本控制和坝区安全保卫、消防、公共资产及基地管理，管理范围主要包括水工建筑物、闸坝金属结构、机电设备、公用及辅助系统等。

白鹤滩电厂设综合管理部、党群工作部、纪检工作部、生产管理部、安全监察部、坝区管理部6个职能部门，其中综合管理部、党群工作部、纪检工作部合署办公；设运行部、电气维修部、机械水工维修部3个生产部门，其中运行部设6个运行值，电气维修部设发电分部、自动分部、保护分部、测控分部4个专业分部，机械水工维修部设机械分部、水工及监测分部、起重金结分部3个专业分部。员工生活基地设在云南省昆明市，距工作现场约306km。白鹤滩电厂组织机构图见图2-9。

白鹤滩电厂定员399人，人均管理装机容量4.01万kW。其中厂领导班子6人，安全总监1人，副总工程师3人，综合管理部（党群工作部、纪检工作部）16人，生产管理部35人，安全监察部5人，坝区管理部15人，运行部100人，电气维修部126人，机械水工维修部92人。根据不同阶段的工作需要，另配置工勤序列辅助管理员。岗位分为管理、专业、咨询、生产、工勤五大序列，共十一个层级。生产分部（运行值）定员中，高级技术师（主值班）、技术师（副值班）、技术助理（助理值班）、技术协理（协理值班）/一级技工及以下岗位按照4∶4∶1∶1的结构比例设置，即高级技术师（主值班）岗不超过40%，技术助理（助理值班）及以下岗不低于20%。

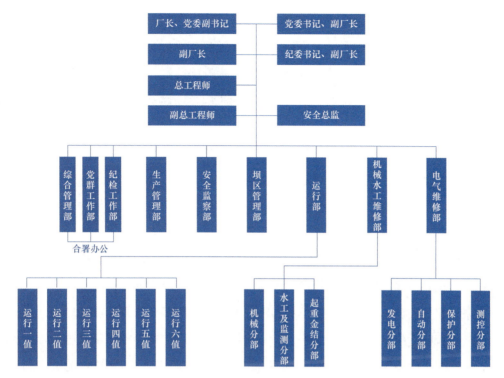

图 2-9　白鹤滩电厂组织机构图

（三）白鹤滩水电站生产管理模式

1. 模式确定

白鹤滩电厂充分借鉴国内外大型水电站的先进管理经验和现代管理技术，传承长江电力成熟管理经验，结合白鹤滩水电站具体情况，以打造本质安全型电站为主线，以创建世界一流水电厂为目标，形成全电站管理、自主维修、技术与作业层相对分离、调控一体化的生产管理模式。

2. 主要特点

（1）履行"全电站责任管理"，优化明晰管理职责。

白鹤滩电厂的职责设计以三峡电厂等其他长江电力所属电厂的成熟模式为基础，明确了电站安全生产责任主体，同时结合电站区域特点，增加电站桥机、机加工、大坝安全监测等管理职责。三峡水利枢纽梯级调度通信中心（以下简称三峡梯调）负责梯级电站调度，负责与电网调度机构等相关方沟通协调。长江电力检修厂以项目管理方式承担电站机械、电气一次及水工设备设施的大型检修、事故抢修和技术改造等工作。

（2）深化"调控一体化"运用，提升调度运行管理水平。

长江电力于 2016 年发布了《金沙江溪洛渡—向家坝梯级电站调度运行规程》，白鹤滩水电站"调控一体化"模式在溪洛渡、向家坝水电站基础上继续深化运用。三峡梯调负责电站的水库调度及与电网调度的联系，电厂负责电站的远程监视与控制。

（3）推行"技术层与作业层相对分离"措施，提升精益生产管理水平。

白鹤滩电厂生产管理继续推行"以设备管理为主线，以设备主任为中心"的生产技术管理模式，技术层与作业层相对分离。深化精益生产管理，并在此基础上，进一步优化管理职责和组织机构设置，进一步强化生产技术标准的适用性和全过程覆盖，推进生产技术管理的精细化和作业管理的规范化，对风险进行双重控制，促进电厂设备和技术管理水平提升。

（4）实施"自主维修"做法，整合检修资源，优化检修策略。

白鹤滩电厂采用"自主维修"做法，电厂负责电气二次设备的全部检修维护，负责所辖其他设备设施的日常维护、C级及以下检修、事故处理，负责组织电站管辖范围内机械设备、金结和水工建筑物、电气一次设备的大修、大型事故处理和技术改造；综合高效运用检修厂、设备厂家、安装厂家、外协单位和当地技术与劳务等多方检修资源。

加强检修策略优化，达到应修必修、修必修好的目标。前期参照溪洛渡电厂、向家坝电厂模式，采用基于设备诊断和评估的预防性维修策略（PMDE）；随着技术的进步和设备逐步进入稳定运行期，将参照三峡电厂，采用基于状态评估的状态检修策略（CBM）。

3. 管理方式

（1）检修管理。白鹤滩电厂是电站机电设备、金属结构和水工建筑物的检修管理主体，负责所辖机械、电气一次设备小修和电气二次设备检修工作。长江电力检修厂或其他外协单位以项目管理方式承担机械、电气一次及水工设备设施的大型检修。依托标准化管理体系和生产管理信息系统等信息化平台，形成"设备检修准则-检修规程、技术改造方案-作业指导书"系列维修技术标准文件，保证包括计划、项目实施、验收评估等维修活动全过程有据可依。

（2）技术管理。白鹤滩电厂技术管理层和作业执行层分离，生产管理部是生产技术管理的主要责任部门，负责生产计划制定、技术文件体系策划和技术管理的日常工作；运行、维修部门负责作业层面的技术管理。白鹤滩电厂成立技术委员会，下设办公室，办公室设在生产管理部；同时下设运行、机械水工、电气三个专业委员会。专业委员会由生产管理部牵头负责，下设专业工作组，其中机械水工专业委员会设机械、水工两个专业工作组，电气专业委员会设电气一次、自动、监控、保护、励磁五个专业工作组。技术委员会、专业委员会及其工作组，可根据实际情况，分层分专业承担相关标准化体系文件、技术标准、技术方案以及作业层技术文件审核等技术工作。

（3）运行管理。白鹤滩电厂运行管理采用"远程监控＋现地值守＋应急 On-Call 值班"

模式。白鹤滩电厂运行人员实行以值为单位的倒班作息方式，每个运行值内由监控人员和现场值守人员组成，其中监控人员由值班主任（副值班主任）与若干值班员组成，在昆明调控中心上班，本值其余人员在白鹤滩现地值守，监控和值守人员定期轮换。运行监控人员采取四班三倒值班模式。现地值守人员采取与远程监控人员同步的"四班三倒"值班模式。On-Call 值以白班、中班为主，在白鹤滩工区实行 24h 待命制，负责现场设备操作、应急处理、设备定期工作、设备巡检、工单办理、隔离措施的布置、配合现场维修调试操作以及落实设备"诊断运行"和"趋势分析"等工作。

第二节 标准化管理体系建设

标准化建设已成为电力企业提升核心竞争力、实现不断转型升级发展的核心支撑之一。本节分析了电力企业标准化建设现状，介绍了标准化管理体系建设主要内容和保障措施，并说明了白鹤滩电厂标准化管理体系建设思路、建设过程和主要创新点。

一、建设现状

电力企业的生产过程复杂，需要加强各部门协同，实现统一的流程管理，强化标准化管理。在电力行业，标准化已成为一项基础工作。健全的企业标准体系和科学的标准化管理，既有利于人、财、物、时间的节约，也有利于改善电力企业的生产环境和服务质量，从而建立有序的作业流程，获得最佳的管理秩序和最优的经济效益。

历经三十余年的探索，我国电力企业经营管理模式已从"单独开发、独立运行、分散管理"的传统模式向"统一规划、分级开发、一体化管理"的集约型模式转变，近年来，很多电力企业以贯彻执行标准化管理制度为准绳，不断采用新技术、新方法，在满足国家及行业相关规定和标准之外寻求发展；一些企业还成立了标准化管理部门，深入研究标准化管理模式；还有一些企业引入 ISO 9001 质量管理体系、ISO 14001 环境管理体系、ISO 45001 职业健康安全管理体系的认证活动。在标准化到信息化、数字化和智能化的发展应用方面，各大电力企业也在积极地探索。

当前电力企业在标准化管理体系建设方面仍容易出现以下问题：

（1）标准化体系不健全。部分企业未能建立同企业发展相匹配的合理、健全的标准化管理体系，标准化工作缺乏系统性与关联性，导致企业各部门、工作各环节间出现权责不清晰、交叉重叠甚至矛盾的情况。

（2）标准化体系协调性差。部分企业标准多而杂，标准升级采取打补丁方式，导致标准系统性弱，逻辑关系混乱；有的标准文件质量不高，缺乏可操作性、针对性。

（3）标准的执行不到位。部分企业在标准执行过程中，由于监督考核机制不够完善，标准化要求与信息平台、办公系统没有很好结合，员工标准化意识不强等原因，导致标准不能很好落地。

二、主要内容

标准化管理体系建设是水电站电力生产准备工作的重要内容，是一项系统的管理组织结构搭建工程，往往在电力生产准备初期就要着手筹划。电厂标准化管理体系建设既要传承行业发展，又要坚持问题导向，聚焦难点痛点进行优化与创新，使标准化管理体系与国家发展趋势、行业引领目标、自身实际等紧密结合，确保安全生产和各项业务的协调统一、标准化管理。标准化管理体系建设主要包括以下内容：

（一）管理框架搭建

电厂要以实际业务为主线，对照质量、环境、职业健康安全管理（以下简称"三标"管理）体系相关要求，使用"三标"过程方法，系统梳理、规划管理过程和内容，搭建管理框架。同时参考《电力企业标准体系表编制导则》（DL/T 485—2018），进一步细化本单位业务，据此校核本单位"三标"管理过程框架，整合业务分级，使其既满足各管理体系和电力企业标准体系要求，也符合本单位工作实际。科学、适用的管理框架为企业标准化管理体系建设及运转提供共同遵循。

（二）管理手册编制

电厂可分层级编制标准化管理手册，以保障管理要求层层落地。单位层级标准化管理手册是管理体系要求与实际工作对应的总索引，要细化上级单位管理体系要求，描述本单位标准化管理体系所涉及的主要过程、要素及其相互关系，明确开展"三标"管理所遵循的方针、管理制度和管理流程，以及各部门的管理职责。部门层级标准化工作手册用以规范部门工作，并为班组提供指引，要细化单位管理要求、辨识部门职责，补充部门其他要求，班组层级工作手册用以规范班组工作，为员工具体工作提供指引，要进一步细化部门管理要求，辨识班组工作，补充班组其他要求。

（三）标准体系建设

标准体系是技术标准、管理标准和岗位标准三类标准共同构筑的管理体系。技术标准、管理标准和岗位标准分别为管目标（物）、管事、管人，共同构建了企业的标准化管理链关系。

1. 技术标准

技术标准体系是行业发展最为成熟的标准体系。电厂技术标准体系要承接上级单位技术标准体系。技术标准应严格落实国家标准、行业标准、企业标准要求，且要随着机组投产发电以及年度检修工作的开展，适时开展修编，动态保持技术标准体系的适宜性。在电力生产准备期就要编制设备设施出厂验收、调试试验及运行管理等各类作业指导书，并根据专业情况细化到可抽取的单独作业模块，指导现场精益管理、精细作业。电厂技术标准一般分为三个层级，如图 2-10 所示。

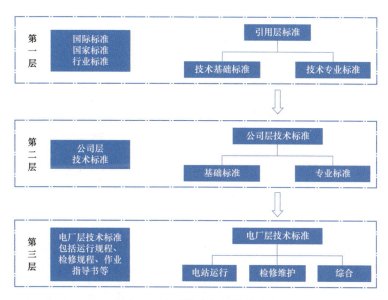

图 2-10　电厂技术标准结构层次

2. 管理标准

管理标准是企业为规范和提升管理水平，行使其管理职能而制定的一系列管理规范和标准，是对管理活动的内容、程序、方法和应达到的要求所做的统一规定。管理标准应当明确电厂的组织结构和职责分工、管理指标和决策程序，可加强电厂风险管理和内部控制；应包括组织架构、生产管理、技术管理、安全管理、质量管理、设备管理、人力资源管理、成本管理、综合事务管理以及标准化管理等方面内容。电厂应充分辨识自身业务相关法律法规、上级文件、监管机构等要求，衔接上级公司管理要求，结合实际业务需要，科学整合管理体系程序文件和企业规章制度，建立统一、规范、系统的企业管理标准体系。

3. 岗位标准

电厂可根据本单位岗位定员及各岗位说明书，结合管理标准、技术标准，编制各层级岗位标准。岗位标准以业务流程为主线，详细规定每一个岗位需开展的主责工作和配合工作，是各岗位职责和工作内容的集合。一般情况下，电厂管理过程中还会成立各类专项组织机构，也可以研究制定专项组织机构工作标准，明确各角色的职责和工作内容、依据等。员工岗位标准和专项组织机构工作标准两者叠加，可将标准化延伸到每个岗位和角色。

（四）标准实施与检查

标准实施是标准化管理的重要一环，标准实施的好坏直接关系到标准化管理体系的运转效果。为提高标准的执行力，电厂须进行必要的标准及专业技能培训，将标准规定的要求转化为流程图、作业卡、作业指导书等，或以信息技术为支撑，提高标准实施效率；也可采取定期或不定期检查、重点检查、专项检查等，对标准执行的充分性、有效性等进行全方位、多角度检查。

（五）标准化贯标认证

"三标"贯标认证是检验电厂标准化建设水平的重要途径。电厂在认证前要组织内部评审，及时发现问题并改进。具备条件后，电厂要向认证机构提交申请。认证机构接收申请后，将对电厂的体系文件进行评审，并进行现场审核，深入评估体系运行情况。如通过认证，认证机构将颁发认证证书；如未通过认证，认证机构将提出改进意见，电厂须进行整改并重新申请认证。

（六）持续改进完善

标准化管理体系建立后，电厂可定期邀请专业机构对体系运行情况进行审核。专业机构会通过听取汇报、提问交谈、查阅文件、随机抽检等方式，全面检查电厂管理体系运行情况，查找需进一步优化的地方。电厂要针对专业机构指出的问题和建议，制定有效措施进行整改，推动标准化管理体系不断完善。

三、保障措施

以下四方面措施有助于促进电厂标准化管理体系建设更好开展。

1. 深入开展调研交流

电厂要在标准化管理体系建设工作启动阶段成立策划组，通过安排标准化管理人员参加电力行业内相关学习交流、邀请外部专家开展标准化管理培训等方式，广泛开展行业对标，充分了解行业标准化建设现状及不足，并结合单位特点采取可行措施，为体系建设打好基础。

2. 充分发挥组织作用

建议由电厂主要负责人担任标准化管理体系建设总负责人，成立标准化管理委员会及工作组、体系策划组、标准编审组等组织机构，成员可包含各部门负责人、主要业务负责人以及业务骨干。各组织机构要明确职责分工：标准化管理委员会统一领导标准化管理体系的建设和管理，确定工作目标和计划，并为各项工作开展提供必要的资源保障等；工作组负责组织建立标准体系，落实工作计划等；体系策划组负责建设思路策划、实施措施制定等；标准编审组负责各类标准编制审核工作。

3. 强化全流程管理

电厂要建立标准化管理体系建设组织机构。要健全标准化管理体系运转流程，如可制定标准化管理工作制度，明确标准化组织机构与职责，标准化工作基本要求、内容与方法等；也可逐级编制标准化管理手册或工作手册，分解细化标准化管理体系所涉及的主要过程、要素及其相互关系，明确总体方针、管理制度和管理流程等，确保要求层层落地。要强化标准执行过程管控监督，定期开展标准化管理体系评估、管理评价和改进。

4. 提升全员标准化意识

全面提升员工的标准化意识是提升标准化体系建设水平的有力举措。电厂可通过内部培训等方式，对员工进行标准化管理意义、思路、成果和方法等教育，并对标准化体系文件进行宣贯。一方面体现单位层面对标准化工作的重视，另一方面使全员参与到标准化建设之中，实现全员标准化意识提升和体系价值认同。

四、白鹤滩水电站实例分析

（一）建设思路

既传承行业、上级公司在管理体系建设和实践方面的经验，又坚持问题导向，聚焦难点痛点进行优化与创新，使标准化管理体系与国家发展趋势、行业引领目标、自身实际等紧密结合，实现安全生产和各项业务的协调统一，并在运行中不断优化改进。同时依托信息化平台建立长效机制，通过文化引领提升员工认同感和使命感，增强电厂核心能力和内在活力。

（二）建设过程

2019年3月，距离白鹤滩水电站首批机组计划投产发电还有不到两年半的时间，白鹤滩电厂启动了标准化管理体系建设工作。建设过程持续了近两年，历经调研分析、体系策划、体系建立、体系运行、体系评审与改进、认证审核6个阶段。2021年，随着接机发电各项业务的铺开，白鹤滩电厂重新识别相关方及其需求，完善更新体系文件，接受专业机构审核，标准化管理体系建设由电力生产筹备变更到电力生产、设备设施维护及防洪保障服务等，为后续接机发电及电力生产运行管理做好了充分准备。图2-11展示了白鹤滩电厂"三标"管理主要过程。

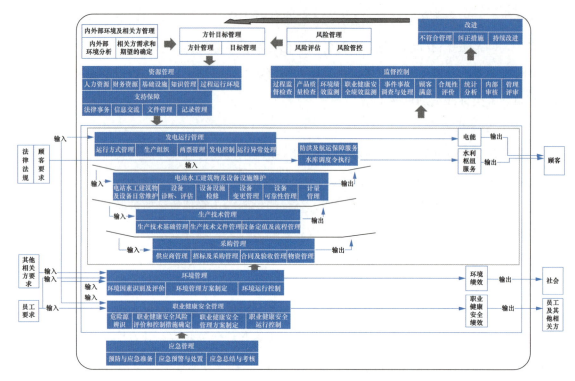

图 2-11　白鹤滩电厂"三标"管理主要过程

（三）主要创新

白鹤滩电厂在标准化建设过程中有很多创新点，下面进行简要介绍：

1. 多管理体系一体化融合

白鹤滩电厂以多管理体系一体化融合为思路，在长江电力"三标"管理体系框架下，以自身"三标"管理分体系为基础，融合电力企业标准体系相关要求，结合企业安全生产标准化达标要求，落实班组标准化建设实践，拓展综合、信息、党建等各项业务，形成一套涵盖全部业务、多管理要求有机融合、标准协调配套、条款准确适用、操作切实可行的"N标"一体标准化管理体系。体系承接与整合示意如图 2-12 所示。

图 2-12　体系承接与整合示意图

2. 实现三种标准高度协调

白鹤滩电厂将应执行的技术标准贯彻到相应的管理标准和岗位标准中，将管理标准内容分解落实到相关岗位标准，通过岗位标准确保技术标准、管理标准的有效实施，实现了技术标准、管理标准、岗位标准高度协调。系统性构建管理标准体系，以业务需要建立标准，细分近 500 项业务，同类业务建立在同一层级上，颗粒度一致，不交叉重叠。同时还创新建立了专项组织机构岗位标准。

3. 积极开展标准信息化探索

白鹤滩电厂在标准化管理体系建设过程中，充分认识到从标准化到信息化，再到数字化和智能化发展应用的重要性，在标准化的信息化实践方面进行了深度探索，在标准建设时即为信息化做好准备（详见本章第三节制度体系建设相关内容），同时研究开发了基于标准化管理体系的一体化管控平台——白鹤滩电厂智能管控平台（平台建设情况详见本书第七章第三节信息化保障部分）。

4. 高度重视标准化文化培育

白鹤滩电厂高度重视标准化文化培育。激励全员参与，将标准化理念渗透到每一位员工的意识。通过岗位标准将体系延伸到最小执行单位，让每个组织、每个人找到在体系中的位置，理解自己的具体职责、工作意义。广泛开展标准化知识培训、宣贯、竞赛等，普及标准化理念，提高员工对标准化的认识。营造标准化气氛，形成懂标准、讲标准、用标准、尊重标准的良好氛围，让员工养成做事有规矩、行为有规范、衡量有标准的习惯。

第三节　制度体系建设

制度体系建设历来是电厂基础管理的重点和难点，健全有效的制度体系是电厂规范管理、高效运转的有力保障。本节介绍了电厂制度体系建设原则、分级与分类、典型制度体系框架，并介绍了白鹤滩电厂在制度体系建设方面的探索与创新。

一、体系建设原则

从电厂整体角度来讲，制度的集合是一个内在有机联系的系统。这个系统基本上可以划分为制度管理体系和制度内容体系两部分，两者相辅相成，共同构成企业制度体系。制度管理体系包括制度建设组织体系及其职责分工，以及制度制定、实施、评估、改进、标准化等管理程序和管理机制，是制度建设的保障系统；制度内容体系是制度建设的本体系统。电厂要根据管理业务和发展规划，建立覆盖所有业务活动和全部业务环节的制度内容体系（以下简称制度体系）。

制度体系建设需兼顾法律法规、上级制度和标准要求、企业管理重点需求，以及层级清晰、无遗漏，不交叉、不重叠等要求。而随着企业对风险管控和合规性管理的日益深入，还需加强其与内控体系和标准体系的有机整合与相互支撑。

二、制度分类分级

电厂一般可根据电站业务，将制度划分为综合事务、党群纪检、成本控制、安全环保及生产运行五大类。另外，针对电力生产准备期间参与工程建设、设备设施管理以及安全管理的特殊性，电厂还需结合实际需要编制《参与工程建设管理规范》《设备安装调试管理细则》《员工进入施工现场安全管理实施细则》《参与工程建设资料管理》等管理制度。

电厂可对上级公司制度进行辨识，满足使用要求的直接引用，需要延伸、细化和补充的则另行编制。制度侧重于具体事务，重在明确和执行，同时需在风险管控和管理成本中取得平衡，重点业务重点管控，一般业务规范管理。电厂制度体系一般分为两级。

一级制度：规定电厂某一方面工作或业务，明确和协调各部门间职责和业务关系的基础制度或重要制度，一般称为"办法"。

二级制度：为协调某一方面业务内各业务面间的工作关系，主要规范某一项业务的专项管理制度，以及规定具体业务或工作的操作方式和程序等内容的管理制度，一般称为"细则"或"规范"。

三、典型体系框架

以"公司＋电厂"的管理模式为例，梳理了制度体系框架，如表 2-2 所示。

表 2-2　　　　　　　　　　　　电 厂 制 度 主 要 框 架

序号	分类	直接引用公司制度	电厂制定制度
1	综合事务	发展战略和规划管理制度	规章制度管理办法
2		统计管理办法	厂长办公会议事规则
3		保密管理办法	公文处理细则
4		外事活动管理办法	印章管理细则
5		法律事务管理办法	岗位管理细则
6		干部人事档案管理细则	绩效管理实施细则
7		领导干部报告个人有关事项实施办法	员工培训管理细则
8		参股企业股权代表管理办法	档案管理细则
9		参股股权管理办法	业务招待管理细则

续表

序号	分类	直接引用公司制度	电厂制定制度
10	综合事务	加入学会工作管理办法	安全保卫管理细则
11		因私出国（境）管理办法	值班工作管理细则
12		劳动合同管理办法	全面风险管理细则
13		劳动争议调解办法	会议管理细则
14		职工福利费管理办法	车辆交通管理细则
15		职业病防治管理办法	劳动防护用品管理细则
16		通信管理办法	办公用品管理细则
17		信息工作办法	办公设备维修管理细则
18		—	食堂管理细则
19		—	值班公寓管理细则
20	党群纪检	党员领导干部调研和联系点实施细则	党委议事规则
21		党建工作责任制实施办法	纪委工作管理办法
22		党建工作考核评价办法	工会工作管理办法
23		民主评议党员办法	所属党组织党建工作责任制实施办法
24		流动党员管理工作实施细则	新闻宣传工作管理细则
25		发展党员工作实施细则	—
26		职工代表大会工作制度	—
27		职工代表管理办法	—
28		职工代表大会会议管理办法	—
29		职工代表大会专门工作委员会工作制度	—
30		职工代表大会提案征集处理办法	—
31		职工代表大会工作细则	—
32		工会财务管理细则	—
33		共青团工作管理办法	—
34		团委议事规则	—
35		团委理论学习细则	—
36		企业文化建设管理办法	—
37		社会责任工作管理办法	—
38		纪检监察管理制度	—
39		违纪违规员工惩戒办法	—
40		纪检监察信访工作管理办法	—
41	成本控制	—	预算管理办法
42		—	招标及采购管理办法
43		—	合同管理办法
44		—	工程项目管理办法
45		—	物资管理办法

序号	分类	直接引用公司制度	电厂制定制度
46	成本控制	—	固定资产管理细则
47		—	备品备件管理细则
48		—	定额管理细则
49		—	资金计划管理细则
50		—	归口费用管理细则
51		—	水工建筑物零星维修项目管理细则
52		—	设备设施检修劳务配合项目管理细则
53		—	机加工项目管理细则
54		—	无形资产管理细则
55		—	工器具管理细则
56		—	物资仓储管理细则
57		—	成本考核目标奖分配实施细则
58	安全环保	安全生产奖惩办法	安全生产管理办法
59		安全费用管理细则	安全生产责任管理细则
60		—	安全生产考核细则
61		—	应急管理细则
62		—	消防安全管理细则
63		—	安全风险分级管控和隐患排查治理实施细则
64		—	安全生产委员会工作规则
65		—	职业健康管理细则
66		—	环境保护管理细则
67		—	施工单位进入电力生产区域工作管理细则
68		—	工程项目安全管理细则
69		—	建设项目安全设施"三同时"管理细则
70		—	特种作业人员管理细则
71		—	安全生产培训实施细则
72		—	事故事件处置、调查细则
73		—	安全生产达标管理细则
74		—	反事故措施与安全技术劳动保护措施管理细则
75		—	安全监督管理细则
76		—	作业安全管理细则
77		—	中央控制室管理细则
78		—	计算机房管理细则
79		—	电缆廊道管理细则
80		—	透平油罐室管理细则
81		—	蓄电池室管理细则

序号	分类	直接引用公司制度	电厂制定制度
82	安全环保	—	风洞管理细则
83		—	特种设备管理细则
84		—	节能管理细则
85	生产运行	技术标准管理办法	设备设施分工管理办法
86		信息系统软件开发管理办法	设备设施管理办法
87		信息化项目管理实施细则	生产技术管理办法
88		信息系统运行维护管理办法	生产运行管理办法
89		信息网络平台管理办法	设备设施接收管理办法
90		信息安全管理办法	质量管理办法
91		—	技术监督管理办法
92		—	大坝运行安全管理细则
93		—	防汛管理细则
94		—	电力可靠性管理规范
95		—	技术图纸管理规范
96		—	设备设施检修工作规范
97		—	设备状态诊断评估管理细则
98		—	计量器具管理规范
99		—	监控系统运行维护管理规范
100		—	精益发电生产管理考核规范
101		—	供水供电运行管理规范
102		—	油化试验管理规范
103		—	预防性试验管理规范
104		—	枢纽泄水安全管理细则
105		—	设备设施防雷接地装置管理规范
106		—	地质灾害防治管理细则
107		—	科研项目管理实施细则
108		—	网络安全考核实施细则
109		—	信息系统资产管理细则
110		—	信息系统安全防护细则
111		—	专业工作组管理规范

四、白鹤滩水电站实例分析

白鹤滩电厂在落实上级公司制度基本要求的前提下，以"可执行、可监督、可考核、力求实用有效"为目标，在制度体系建设方面进行了一系列有益探索。

（一）制度标准化探索

从标准化体系建设方面看，制度体系属于三大标准体系之一的管理标准体系，但实际管理中，制度和管理标准在内容和形式上都有所区别。制度体现管理思想和工作思路，是进行各项管理的规范和准则，以对职责的模块化规定，描述主要业务或职责的目标、原则、框架、组织机构及其职责；管理标准则更侧重于对某一项业务再细化，在具体内容上力求细致、详尽地描述到每一个操作步骤，并配以流程图和具体可量化的评价指标，将重复性的操作类业务以统一形式固定下来。两者互为补充、相辅相成。

白鹤滩电厂以"制度标准化、标准流程化、流程表单化、表单信息化"为原则，将制度尽可能地以管理标准的形式进行编制，为标准化与信息化融合奠定基础。

（二）管理标准形式创新

白鹤滩电厂按照 5W2H（为什么干 why，干什么 what，谁来干 who，何时干 when，在哪干 where，如何干 how do，干到什么程度 how much）表单为主编写管理标准，必要时辅以流程图和文字说明，大大提高可执行性，并为体系的信息化运转做好准备。白鹤滩电厂管理标准组成要素及要求如表 2-3 所示。

表 2-3　　　　　　　　　　白鹤滩电厂管理标准组成要素及要求

（1）原则：简单实用，可执行，可监督，可考核

（2）目标：制度标准化，标准流程化，流程表单化，表单信息化

（3）思路：要素、结构、形式

序号	要素		形式				属性		备注
			表单	流程	文字	图	必选	可选	
1	封面				√	√	√		
2	前言（修订记录）		√				√		
3	目次				√		√		
4	总则	范围			√		√		
		引用文件			√			√	
		术语定义			√			√	
		职责和权限			√		√		
		人员资质		√				√	
5	管理要点	业务框架				√		√	框架图
		子业务 1	√	可选	可选	可选	√		5W2H 定制表格，定制流程图
		子业务 2	√	可选	可选	可选		√	
		⋯	√	可选	可选	可选		√	
		子业务 n	√	可选	可选	可选		√	

续表

序号	要素		形式				属性		备注
			表单	流程	文字	图	必选	可选	
6	监督与考核	考核项目清单	√					√	定制表格
7		记录和报告清单	√					√	
8	附录	流程		√				√	定制总流程图
		权限指引	√					√	
		记录和报告	√					√	
		相关/支持文件	√					√	

（三）风险管控与监督考核设置

白鹤滩电厂对业务管理过程开展风险辨识，并根据风险可能造成的后果严重性划分过程等级。将没有直接后果的定义为一般过程，有一定后果的定义为关键过程，严重影响安全、生产，可造成不可接受后果或受到上级公司考核的，定义为重要关键过程。对关键和重要关键过程进行分级管控：1 级管控点由责任分部确认，2 级管控点由责任部门确认，3 级管控点由厂部确认，同时借鉴工程施工监理的管控方式，上述三级管控点按 W 点（witness point）、H 点（hold point）、S 点（standby point）和 R 点（report point）设置，依次为见证点、停工待检点、旁站点和记录检查点。分级管控要求在管理标准中管控类别部分进行明确。

对关键过程设置监督考核点，分级实时监督，并进行后果管控（含信息化手段），一般过程由执行部门检查、监督部门抽查。业务完成后还有针对所有过程和后果的内外部审核等各类监督检查。考核与过程、后果一一对应，设置的监督考核点均与白鹤滩电厂绩效管理、安全生产考核对接，实现闭环。

不同业务的关键和重要关键过程在管理标准中设置的比例由业务归口管理部门把握，需考虑其管理成本与可执行性。

第三章　电力生产技术准备

电力生产技术准备是通过标准化的思路建设一套系统完备的技术管理体系，充分吸收借鉴已投运水电站运行管理经验，提出水电站设计、制造、安装、调试和试运行过程中应重点关注的问题，从而提高设备投运后的安全可靠水平。本章结合白鹤滩水电站实例，从技术管理体系建设、技术建议准备、重要方案准备和其他技术准备工作等方面介绍了水电站相关经验和做法。

第一节　技术管理体系建设

技术管理体系建设是指对水电站生产过程中涉及的技术活动进行科学规划、组织、指导、协调和控制等。本节主要介绍了水电站技术管理组织建设、技术管理制度制定、技术标准编制的相关经验，重点说明了技术标准体系的组成及实施计划，并结合白鹤滩水电站实例进行阐述。

一、技术管理组织建设

电厂应按照"职责清晰、标准统一、管理有序、监督有力"的原则，围绕水电站日常所涉及的电力生产、设备检修维护、质量工艺控制等方面的工作，构建系统完备、科学规范、运行高效的技术管理组织，明确技术管理职责。

目前水电站技术管理可以按照技术管理与维护作业是否分离来进行分类，可分为"大""小"生产技术部两种模式，下面进行简要介绍。

"技术管理与维护作业不分离"的"小"生产技术部管理模式是指生产管理部（生产技术部）配置较少专业技术人员，仅进行生产计划、报表编制、技术方案审核等统筹性工作，其他技术管理工作主要由生产部门完成。该模式在国内早期的一些水电站较为普遍，其按照厂部、车间、班组建立健全三级技术管理体系，基层班组承担较多技术管理工作，是标准的制定者也是执行者，技术管理工作效率较高，但每个班组的管理情况存在差异，不利于技术管理的标准化。

"技术管理与维护作业分离"的"大"生产技术部管理模式是指生产管理部（生产技术部）按专业配置专业技术管理人员，作为技术的归口管理部门，组织编制、审核生产技术管理体系文件，编制发电、检修、技改等生产计划，编制重要技术方案、报告等。生产部门负责技术台账建立，作业标准、施工方案编制等工作，目前大型水电站普遍采用这种模式，其规范性和标准化程度较高，有利于培养专业化的领军人才，技术管理组织框架图如图3-1所示。

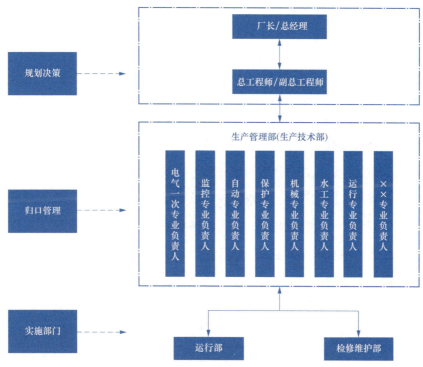

图 3-1 "大"生产技术部模式技术管理组织框架图

"大"生产技术部技术管理模式一般以厂长/总经理办公会为决策机构，生产管理部归口全厂生产技术管理工作，生产部门负责本部门各项技术管理工作的实施，技术管理主要职责如下：

（1）厂长/总经理。批准重大技术方案、技术研究项目等。

（2）总工程师/副总工程师/技术负责人。组织制定重大技术方案，组织全厂技术交流和大型技术研究项目的实施，负责生产技术管理过程中重大问题的决策，批准生产技术/任务通知、技术方案、技术报告、设备整定值和技术图纸等技术文件。

（3）生产管理部/生产技术部。归口负责全厂生产技术管理及其对外联络工作；负责全厂生产技术管理制度的编制，督促检查各部门生产技术管理工作；负责编制、审批生产技术/任务通知、检修准则、检修规程、技术方案、验收方案、试验方案、设备定值、设备规范等；组织编制、审批运行规程、作业指导书、检修报告、图纸、备品备件定额等；负责策划全厂技术台账体系，并督导执行；负责组织全厂技术研究工作；负责全厂生产统计、技术分析等日常管理工作。

（4）生产部门。负责本部门的生产技术管理工作；积极参与全厂技术研究工作；运行部门负责编制运行规程、典型操作工单、运行图册、设备运行标识，参与相关技术标准、文件、方案的会审，配合生产管理部完成生产统计、节能、可靠性等管理报表填报；生产部门负责编制、审核作业指导书、典型检修工单、施工方案、检修记录及报告、图纸、备品备件定额等作业文件；参与会审技术管理制度、检修准则、检修规程、运行规程、技术方案、验收方案、试验方案、设备定值、设备规范等技术文件；负责本部门相关设备台账的维护及更新；及时、准确地提供涉及电厂生产统计活动的数据及信息。

二、技术管理制度制定

技术管理制度制定是根据电力生产准备工作进展，统筹梳理编制技术管理制度，保证技术管理工作规范、高效开展。技术管理制度一般包括技术基础管理、生产计划管理、设备设施管理分工、维护管理、缺陷管理、检修管理、设备异动、定值管理、技术标准管理、技术方案管理、技术监督管理、可靠性与统计管理、科技创新管理等方面制度。承担水库调度和通信管理的水电站还应编写水库调度和通信管理制度，技术管理制度的编制原则见第二章第三节制度体系建设，水电站典型技术管理制度清单见表 3-1。

表 3-1　　　　　　　　　　　水电站典型技术管理制度清单

序号	技术管理制度名称	序号	技术管理制度名称
1	生产技术管理办法	17	设备检修质量验收评价管理
2	设备设施分工管理办法	18	油化试验管理
3	技术监督管理办法	19	预防性试验管理
4	质量管理办法	20	计量器具管理
5	生产运行管理办法	21	设备设施标识管理
6	设备设施管理办法	22	设备设施定置管理
7	设备设施接收管理	23	参与工程建设管理
8	可靠性管理	24	设备设施技术建议管理
9	缺陷管理	25	设备设施台账管理
10	诊断分析管理	26	技术图纸管理
11	设备状态评估管理	27	设备设施变更与技术改造管理
12	防止电气误操作装置管理细则	28	设备设施定值管理
13	设备设施巡回检查与定期工作管理	29	专业工作组管理
14	供水供电运行管理	30	设备设施防雷接地装置管理
15	检修计划管理	31	信息系统安全防护细则
16	检修准备与实施管理	32	水库调度和通信管理制度

三、技术标准编制

技术标准是标准化领域中针对需要协调统一的技术事项所制定的标准，形式可以是标准、规范、规程、守则、操作卡、作业指导书等。下面对水电站技术标准的编制原则、编写要求、组成要素、制定程序等进行介绍。

（一）编制原则

（1）技术标准应符合水电站管理目标，服务于电站安全、优质、经济运行，促进电站技术进步。

（2）电厂应甄别电力生产对应领域的国家法律、法规、规章和强制性标准，标准的条款宜严于国家标准、行业标准、地方标准、团体标准和上级机构技术要求。

（3）应保证水电站在生产运营活动中有标准可依，水电站内共性技术宜制定统一的技术标准，标准的内容应便于组织实施。

（4）积极跟踪电力行业最新技术发展，促进新技术、新成果的标准转化，关注电力市场需求，标准要求应满足顾客需求，提高市场竞争力。

（5）积极吸收国际标准，国外先进的技术、生产、经营、管理的方法和指标。

（二）编写要求

（1）技术标准编写格式宜符合《标准化工作导则　第1部分：标准化文件的结构和起草规则》（GB/T 1.1—2020）的要求。

（2）技术标准的条款应逻辑严谨、结构清晰、语言准确、文字精练、清楚易懂，避免使用模棱两可的措辞。

（3）技术标准中某一给定概念应使用相同的术语。对于已定义的概念应避免使用同义词，所选用的术语应只有唯一的含义。

（4）当涉及安全、卫生、环境保护和技术方面的要求时，应明确规定具体的技术指标，这些指标应能测量和检验。

（三）组成要素

技术标准由规范性要素和资料性要素组成，表3-2给出了单项技术标准中各类要素的典型编排以及每个要素所允许的表述形式。

表 3-2　　　　　标准中各类要素的典型编排以及每个要素所允许的表述形式

要素类型	要素的名称	必备或可选要素	要素所允许的表达形式
资料性概述要素	封面	必备	文字
	目次	可选	文字

续表

要素类型	要素的名称	必备或可选要素	要素所允许的表达形式
资料性概述要素	前言	必备	条文、表、注、脚注
	引言	可选	条文、图、表、注、脚注
规范性一般要素	标准名称	必备	文字
	范围	必备	条文、图、表、注、脚注
	规范性引用文件	可选	文件清单（规范性引用）、注、脚注
规范性技术要素	术语和定义	可选	条文、图、表、注、脚注
	符号、代号和缩略语	可选	
	要求	必备	
	规范性附录	可选	
资料性补充要素	资料性附录	可选	条文、图、表、注、脚注
	参考文献	可选	文件清单（资料性引用）、脚注
	索引	可选	文字（自动生成的内容）

（四）制定程序

技术标准制定程序主要有资料收集、标准编写及意见征求、标准审查、标准发布等流程，具体的工作要求如下：

（1）资料收集。国际、国内相关标准、技术规范等；设计资料、厂家技术说明书；生产和工作实践中积累的技术参数、统计数据、技术改造及科研资料等；国内外最新科技成果、技术发展方向；上级单位的相关技术标准、要求和文件等。

（2）标准编写及意见征求。综合分析收集的资料，编写技术标准。技术标准的编写应充分体现协商一致的原则，应广泛征求标准适用范围涉及的单位和部门的意见。

（3）标准审查。标准经编制部门领导审核后提交审查，其中作业指导书由生产管理部相关专业人员审核、副总工程师批准；运行规程和检修维护规程由生产管理部相关专业人员及副总工程师依次审核，总工程师批准。

（4）标准发布。审查通过的技术标准，经电厂标准归口管理部门编号后定稿发布。

四、技术标准体系组成

技术标准体系是电厂范围内的技术标准按其内在的联系形成的科学有机整体，是水电站标准化体系的重要组成部分。水电站技术标准体系一般由运行标准、检修维护标准、生产调度标准、技术基础台账及其他技术标准组成。

（一）运行标准

运行标准是水电站运行管理、监视操作、事故处理的指导性文件，主要包括水电站运行管理导则、运行规程及操作作业指导书。水电站运行管理导则是电站运行最基本的管理标准，明确了电站运行管理各环节的规范性要求。运行规程主要涉及厂站各设备设施的运行规定、运行方式、运行操作、运行维护、事故处理等具体操作层面的技术标准，并结合设备改进优化的实际情况及时修订。

1. 运行管理导则

水电站运行管理导则不仅规范已投产电站的管理工作行为，也可指导新建电站运行管理。主要包括以下内容：新设备设施投产运行前的组织工作、启动调试应具备的条件、调试的管理要求和设备交接要求；设备设施调度的基本要求、范围与权限、运行方式管理和维护检修计划；设备设施技术管理要求、技术方案、定值管理和技术培训；设备设施日常运行管理，含运行值班、监视巡检、缺陷管理、定期试验和"两票"管理；诊断运行分析和状态评估的要求以及具体实施方式；设备设施维护检修策略和过程控制；应急预案、应急响应管理，工器具与设备设施标识管理。

2. 运行规程及操作作业指导书

水电站运行规程主要涉及水电站设备设施的运行规定、运行方式、运行操作、运行维护、事故处理等具体操作层面的技术标准，电厂统筹规划并组织运行规程的编制、管理和发布，根据需要并结合技改项目实施、设备功能优化等工作，及时组织对规程进行修订。

运行规程应与培训教材、运行图册、设备参数手册等技术资料协调一致、互相补充，在确保完整的基础上，运行规程附录可按以下要求适当优化：

（1）培训教材包括设备设施生产厂家、型号、结构、原理等内容时，运行规程可精简或不编制资料性附录"设备概述""设备介绍"等。

（2）运行图册包括设备设施阀门编号、名称和状态规定时，运行规程可精简或不编制规范性附录"设备阀门状态"。

（3）设备参数集等手册包括详细设备参数时，运行规程可精简或不编制规范性附录"设备参数""设备规范"。

操作作业指导书是维护人员具体操作层面的技术标准，编制依据有安全管理规定、运行规程、系统图、操作惯例等，编制完成且审核无误后下达，用于指导和规范设备操作。运行技术标准建议清单见表 3-3。

表 3-3　　　　　　　　　　　运行技术标准建议清单

分类	标准名称	备注
运行管理导则	水电站运行管理导则	
运行规程	发电机及其辅助设备运行规程	
	水轮机及其辅助设备运行规程	含快速门

续表

分类	标准名称	备注
运行规程	变压器运行规程	含高压并联电抗器
	输电系统运行规程	含电气一次及其继电保护装置
	厂用电运行规程	
	计算机监控系统运行规程	
	发电机-变压器组保护运行规程	
	故障录波、保护信息系统、同步相量测量装置运行规程	含低频扰动识别装置、线路故障测距装置
	安全自动装置（稳定）控制系统运行规程	含安全稳定控制装置、失步解列装置；不含线路重合闸装置、厂用电备自投装置
	励磁系统运行规程	
	调速系统运行规程	
	配电装置运行规程	
	直流系统运行规程	
	技术供水系统运行规程	
	排水系统运行规程	
	压缩空气系统运行规程	
	暖通空调系统运行规程	
	消防系统运行规程	
	图像监控系统运行规程	
	水工设施运行规程	包含泄洪设施水工建筑、水工金结及水工机械
	其他设备运行规程	

（二）检修维护标准

检修维护标准由设备检修导则、检修及试验规程、作业指导书和典型检修工单组成。

1. 检修导则

设备检修导则是检修技术标准的纲领性文件，主要内容包括设备检修基本原则、设备检修等级、定期检修间隔、停用时间及标准检修项目、检修计划、检修过程管理规定。

2. 检修及试验规程

检修及试验规程处于检修技术标准的中间层，具有承上启下的作用，对设备的检修流程、检修内容、工艺及质量标准、预防性试验要求进行描述，是编制检修作业指导书的直接依据。

规程是检修维护工作中应遵守的"法律"，包含有作业清单和技术标准，是作业部门各项检修维护工作、过程质量控制和验收必须遵循的规范性文件，也是生产管理部对作业部门生产过程质量检查的验收依据。规程的编制依据有行业规定、检修导则、设计图纸、技术通知等。对于大型检修项目，其检修规程中还须对检修流程进行规定。

3. 作业指导书和典型检修工单

作业指导书和典型检修工单同处于检修技术标准的基本层，是生产部门的作业规范，也是生产部门员工作业技能培训的重要内容。作业指导书的编制依据有电厂检修规程、安全管理规定、检修定额等。作业指导书规范了作业过程的每一步，真正做到凡事有章可循、有据可查，真正实现检修作业的标准化。

典型检修工单编制依据有安全管理规定、运行规程、系统图等，编制完成且审核无误后下达，用于生产部门办理典型作业工作票时参考，有利于提高工作票办理效率。

作业指导书可按设备、系统和检修等级区分，以作业流程与现场实际一致为标准编制。除了作业过程描述外，还可列出工作所需的工器具、材料清单，进行安全及环境因素辨识，列出需要采取的防护措施等。

检修维护标准及其典型内容见表 3-4，检修维护技术标准建议清单见表 3-5。

表 3-4　　　　　　　　　　　　检修维护标准及其典型内容

层级	名称	内容
1	设备检修准则	1. 适用范围 2. 引用标准 3. 术语和定义 4. 检修基本原则 5. 检修等级、周期、工期及标准检修项目 6. 检修计划管理 7. 检修全过程管理
2	设备检修规程	1. 适用范围 2. 引用标准 3. 术语和定义 4. 检修流程、检修内容及工艺质量标准、安全注意事项 5. 附录（设备规范及参考文件）
3	作业指导书	1. 人力资源、工器具及材料清单、资料图纸目录 2. 安全风险及环境因素控制措施 3. 作业工序卡（即作业工序、质量标准、见证点） 4. 检修及试验记录表，验收表，检修报告
	典型检修工单	1. 设备编码、项目号、工作内容、工作组成员、计划工作时间 2. 安全隔离措施 3. 安全注意事项 4. 维修材料

表 3-5　　　　　　　　　　　　检修维护技术标准清单

序号	分类	标准名称
1	设备检修准则	水电站设备检修导则
2	检修规程	发电机检修规程
3		水轮机检修规程
4		油浸式变压器（含电抗器）检修维护规程
5		干式变压器检修规程
6		输电设备检修规程
7		发电机出口断路器检修规程
8		户外高压电力设备检修维护规程〔含出线避雷器、电容式电压互感器（TV）、融冰装置等〕
9		发电机配电装置检修规程
10		厂用电系统开关柜检修规程
11		高压电力电缆检修规程
12		电力设备预防性试验规程
13		计算机监控系统上位机检修规程
14		计算机监控系统 LCU 现地控制单元检修规程
15		发电机变压器组装置检修规程
16		线路保护检修规程
17		母线保护检修规程
18		断路器保护检修规程
19		厂用电系统保护检修规程
20		安全稳定控制装置及失步解列装置检修规程
21		故障录波装置检修规程
22		励磁系统检修规程
23		直流系统检修规程
24		调速器检修规程
25		技术供水系统检修规程
26		排水系统检修规程
27		压缩空气系统检修规程
28		暖通空调系统检修规程
29		消防系统检修规程
30		图像监控系统检修规程
31		水电站钢闸门检修维护规程
32		水工建筑物检修维护规程
33		电梯检修规程
34		水电站移动式启闭机操作及维护检修规程

续表

序号	分类	标准名称
35		透平油库运行维护规程
36		机组状态监测系统检修规程
37		应急电源运行维护规程
38		输变电设备检修维护规程
39		水轮发电机组辅助设备控制系统检修维护规程
40	检修规程	同步相量测量装置检修规程
41		保护信息管理系统检修规程
42		线路故障测距装置检修规程
43		液压启闭机检修规程
44		柴油发电机组检修规程
45		其他设备检修维护规程

（三）生产调度标准

生产调度标准根据流域梯级水库调度、电力调度和所辖调度自动化系统设备运维管理需求编制，由调度规程、设备运行维护规程、作业指导书以及相关标准规范文件组成。

1. 水库调度技术标准

水库调度技术标准是为科学调度梯级水库，规范水库运用与电站运行调度工作，充分发挥工程综合效益而制定，业务应涵盖气象预报、水文预报、发电计划、水资源运用等。依据国家现行的相关法律法规、规程规范以及经批准的水电站设计文件，充分考虑水电工程的任务和特点，建立水库调度运行规程在内的指导性标准，并按照水库调度业务实际编制作业指导书。

流域梯级电站水利联系紧密，运行调度相互影响，应按照统一调度的原则编制梯级水库调度规程。

2. 电力调度技术标准

电力调度技术标准是为规范梯级电站调控运行管理，保障梯级电站安全、高效、稳定、经济运行而制定的，业务应涵盖电站运行方式和调控运行管理等。依据国家现行有关法律法规、电网相关规程规定和管理要求，充分考虑电站电力生产调度及运行管理实际，建立电站调控运行规程在内的指导性标准，并按照电力调度业务实际编制作业指导书。

流域梯级电站可按照"调控一体化"的管理模式编制梯级电站调控运行规程。

3. 调度自动化技术标准

调度自动化技术标准是为保障调度自动化相关系统的安全稳定运行而制定的，内容主要包括水库调度自动化系统、电力调度自动化系统、气象业务系统、水情测报系统、报表管理等系统运维管理规定，主要由运行维护规程及作业指导书组成。

运行维护规程依据行业相关标准要求制定，具体规定了设备系统检修流程、检修内容、工艺及质量标准，是编制检修作业指导书的直接依据。作业指导书作为运行维护规程的延伸，是设备系统运维管理的作业规范。生产调度技术标准建议清单见表 3-6。

表 3-6　　　　　　　　　　　　　生产调度技术标准建议清单

序号	分类	标准名称	备注
1	水库调度	梯级水库调度运行规程	流域梯级水库按照统一调度原则制定
2		梯级水库预报计划评价规范	
3		水电站水库调度运行资料整编导则	
4	电力调度	梯级电站调控运行规程	
5		梯级调度单位调度（控）值班质量评价规范	
6	调度自动化	水库调度自动化系统运行维护规程	
7		电调监控系统运行维护规程	
8		水情遥测系统运行维护规程	
9		水情遥测系统运行评价规范	

（四）技术基础台账

技术基础台账编制是生产技术管理的重要基础工作，也是设备科学管理、精细化管理的重要依据。电厂在电力生产准备过程中规划建立的设备设施技术台账类别清单如表 3-7 所示。

表 3-7　　　　　　　　　　　　　设备设施技术台账类别清单

序号	设备设施技术台账名称
1	参与相关会议、验收工作报告
2	参与相关会议记录表
3	隐患、缺陷处理跟踪表
4	软件版本记录
5	安装与调试记录
6	履历表
7	技术规范
8	技术参数表
9	验收接管记录
10	尾工处理跟踪表
11	试验报告
12	整定值表

续表

序号	设备设施技术台账名称
13	技术方案/技术报告
14	检修报告
15	巡检记录
16	维保记录
17	趋势分析报告
18	专用工器具记录

设备设施技术台账应能全面、真实地反映设备实际情况，并对设备重要节点进行跟踪。台账记录文件的信息应全面，避免相同类型或相关内容创建多个文件。设备设施台账按"谁建立、谁负责"的原则进行更新维护。下面重点介绍水电站设备技术规范、设备履历建立和工程资料的管理要求。

1. 设备规范

设备规范包括设备技术规范与设备参数表，在电力生产准备阶段，应按照设备分类编制，并根据设备变更情况动态更新。一般水电站设备技术规范和设备参数表主要内容见表 3-8，典型设备参数样表见表 3-9。

表 3-8　　　　　　　一般水电站设备技术规范和设备参数表主要内容

序号	名称	内容
1	设备技术规范	概述、设备（系统）的组成、部件（子系统）的结构、设备（系统）的主要技术特点、设备主要技术参数等
2	设备参数表	设备（或系统）清单、设备（或系统）主要参数、部件参数、部件清单、软件清单组成；其中设备清单包括设备名称、型号、制造厂家、出厂编号、出厂时间、投运时间、安装地点；设备（或系统）主要参数包括参数名称、参数符号、参数值、单位、备注；部件参数包括参数名称、参数符号、参数值、单位、备注；部件清单包括元器件（部件）名称、代号、型号规格、数量、单位、所在位置（盘柜、安装地点）、代用品、备注（对于故障率较高的元器件应特别注明）；软件清单包括软件名称、版本号、激活码或许可证、备注

表 3-9　　　　　　　典型设备参数样表（门机参数表）

序号	参数名称	单位	参数值
1	主起升起重量	kN	10000
2	回转起升起重量	kN	500
3	主起升起升高度	m	21/28（轨上/总）
4	回转起升起升高度	m	15/42（轨上/总）
5	主起升运行速度	m/min	0.158～1.58（>3600kN）0.158～3.16（≤3600kN）
6	回转起升运行速度	m/min	0.38～3.8（>150kN），0.38～7.6（≤150kN）
7	主起升工作级别	—	M4

续表

序号	参数名称	单位	参数值
8	回转起升工作级别	—	M4
9	电动葫芦起重量	kN	100
10	电动葫芦起升高度	m	36
11	电动葫芦起升速度	m/min	0.8～8.0
12	电动葫芦行走速度	m/min	10
13	大车运行速度	m/min	2～20
14	小车运行速度	m/min	前进速度：0.9；后退速度：1.35
15	回转机构运行速度	r/min	0.043～0.43
16	大车运行工作级别	—	M3
17	小车运行工作级别	—	M4
18	回转机构工作级别	—	M4
19	整机工作级别	—	A3

2. 设备履历

设备履历主要跟踪设备设施的重要活动，包括设备投运前后、各种等级检修（A/B/C/D修）、技术改造、重要缺陷处理等。履历内容包括时间、类型（A/B/C/D修、技改、重大缺陷处理）、主要内容（发现的重要缺陷、重要问题处理、遗留问题等）、主要工作成员等。水电站在电力生产准备阶段，应按照设备类型建立设备履历并动态更新，帮助电厂员工了解设备的全过程信息。一般水电站设备履历样表见表 3-10。

表 3-10 设 备 履 历 样 表

设备名称：××号机组××设备

设备编码：××-××-××

设备状态：投运前

序号	开始时间	结束时间	项目名称	主要内容	遗留问题	遗留问题跟踪	参与成员
1			设计审查				
2			招标文件审查				
3			合同谈判及签订				
4			第一次设计联络会				
5			第二次设计联络会				
6			出厂验收				
7			安装调试				
8			并网调试				
9			正式投产				

设备状态：投运后

序号	开始时间	结束时间	作业类型	主要内容	工作小结	是否更换元件	关联工单号	工作成员	填报人	审核人
1			缺陷处理							
2			C级检修							
3			技术改造							

3. 工程资料

工程资料是指水电站工程建设过程中，由勘察、设计、施工、监理及建设单位编制形成的各种文字、图表、声像、电子记录等。如立项文件、招标文件、合同协议文件、勘察文件、设计文件、项目管理文件、施工文件、设备文件、监理文件、生产技术准备文件、试运行文件、竣工验收文件，以及参与工程建设设计、招标、合同签订、设计联络、设备制造、安装、调试、工程施工、工程接管等活动中编制的各种文字、图表、声像、电子记录等。

电力生产准备阶段，电厂应建立一套完善的设备资料收集、整理及归档流程、管理制度。

（1）资料收集。参与工程建设过程中，产生、收集的与工程建设相关的文件、技术资料、图纸等文档资料收集要求见表3-11，参与工程建设过程中，拍摄、收集的与工程建设相关的图片、视频资料收集要求见表3-12。

表 3-11　　　　　　　　　　文 档 资 料 收 集 要 求

序号	资料类别	收集范围和要求
1	招标文件	设计文件、设计文件审查相关资料、招标文件、招标文件审查、评审报告相关资料等
2	合同文件	合同文件、合同谈判记录、合同变更资料等
3	设计联络	设计联络会纪要、设计联络会相关技术资料（如图纸、计算书）、设计联络议题、专题讨论及汇报材料等
4	设备制造	监造周/月/年报、监造总结报告、缺陷跟踪资料、重大技术变更资料、原材料及采购件见证资料、工序检验试验见证资料、制造过程相关建议、型式试验报告、模型试验报告、工厂试验报告、出厂验收报告、出厂会议纪要、联合开发计划/方案、联合开发周/月报等、专题汇报材料、重大技术变更资料等
5	现场安装	参建周/月/年报、参建总结报告、关键工序进度资料、部件安装质量资料、工期控制资料、主要技术难题及处理情况、遗留问题及建议相关材料、重要缺陷跟踪及汇报材料、设备安装工艺和验收标准相关资料、设备安装期形成的重要技术文件及重要会议纪要、现场试验报告、安装过程相关建议
6	调试验收	交接试验报告、预防性试验报告、定值单、涉网试验报告、启动综合报告、机组充水启动报告、启动试运行调试方案、调试报告、涉案试验方案、机组启动验收工程建设报告、探伤试验报告、工程建设报告、设计工作报告、施工报告、监理报告、监造报告、验收文件、消环安等验收审计及批复文件
7	设备接管	交接签证书、尾工或遗留问题处理相关材料等
8	技术资料	厂家资料：计算书、质量证明文件、说明书、用户手册、设计最终图纸等。 设计院资料：设计图纸，专题规划方案、专题设计报告等
9	立项核准	项目建议书报批/批复文件、项目选址相关文件、项目核准相关文件、预可研/可研报告及审批文件、专项报告及报批/批复文件
10	设计文件	总体设计、方案设计、初步设计及报批文件、技术设计、设计图、专题报告、设计评审会纪要及相关资料、设计变更通知等
11	施工监理	参建周/月/年报、参建总结报告、施工组织设计、施工方案、关键工序进度、工期控制、主要技术难题及处理情况、遗留问题及建议相关材料、重要缺陷跟踪及汇报材料、施工方案和验收标准相关资料、工程施工过程中期形成的重要技术文件及重要会议纪要、施工过程相关建议

续表

序号	资料类别	收集范围和要求
12	竣工验收	建设报告/总结、监理报告/总结、设计报告/总结、施工报告/总结、试运行报告/总结、质量评定文件、竣工图。 竣工验收申请/大纲及批复文件、专项验收报告及审批文件（枢纽工程、环境、劳动安全、消防、人防、规划、档案）
13	移交接管	交接签证书、尾工或遗留问题处理相关材料等
14	特种设备资料	设备图纸、计算书、说明书、型式试验报告、产品质量证明文件、合格证、制造监督检验证书、特种设备使用登记证/注册登记表、安装改造监督检验报告、安全检验合格证、安全阀校验报告、压力表校验报告
15	仪器仪表资料	变送器校验证书、电能表检定证书、互感器检测报告、电能表鉴定证书、温控器检测报告、热敏电阻检定证书、压力类表计校验证书、检测报告等

表 3-12　　　　　　　　　　　图片、视频资料收集要求

序号	资料类别	基本范围
1	形象进度	水电站所辖区域及设备建设进度照片及视频
2	缺陷跟踪	设备制造/安装、工程施工中发生的缺陷照片及视频
3	重要节点	重要工序工厂见证、出厂验收、年度进度、转子吊装、转轮吊装、表/深孔浇筑到顶、水垫塘施工完成、大坝浇筑到一定高度等
4	其他	重要制造/安装/施工工艺、设备内部结构、安装专用工具、备品备件等

（2）资料整理。参建过程中收集的资料繁多，要及时整理并归档，具体资料整理要求详见表3-13。

表 3-13　　　　　　　　　　　工 程 资 料 整 理 要 求

序号	工作内容	工作方法及要求、注意事项
1	文档资料	文档资料命名标准格式：成文日期＋文件名称，如"20161223××电站××设备招标文件"。如文件标注日期没有具体到日，如：2019年6月，成文日期编制为20190600，如文件没有标明成文日期，按文件内最晚日期编制成文日期。文件名称不得简写，需与文件内文件名保持一致。纸质资料扫描为电子资料后按上述要求整理
2	图片资料	图片资料内容应真实、影像清晰、画面完整，每一个事件建立一个文件夹，选择能展现同一事件活动全貌和过程的主要图片归档，图片文件夹命名标准格式：时间＋事件＋拍摄者，文件夹内照片可直接按序号命名
3	影像视频	影像视频尽可能采用高清摄录设备录制，以事件为单位剪辑形成视频文件，每一个事件建立一个文件夹，视频文件夹命名标准格式：拍摄时间＋事件＋拍摄者，文件夹内视频可直接按序号命名

（3）资料归档。文档资料、图片视频资料在收集完成，经负责人审核无误后，应及时按要求完成整理，并分类归档至指定位置。

（五）其他技术标准

除上述技术标准及台账外，水电站还可以根据具体工作需要，编制电力生产准备各个阶段的技术标准，主要包括重要设备工厂生产阶段的驻厂监造标准，设备生产完成后的出厂验收标准，设备安装调试过程中执行的监理标准和安装调试作业指导书等。

白鹤滩电厂在参建过程中编制了《机电工程建设美观要求导则》《百万千瓦水轮发电机组安装标准手册》《设备出厂验收大纲》《设备安装调试作业指导书》等适用于 100 万 kW 水轮发电机组的技术标准及技术手册，是实现"设计零疑点"和"过程零偏差"的坚强技术保障。

五、建设实施计划

技术管理体系建设一般可以分为策划准备、文件编制、校核实施、评估改进四个阶段，应在电力生产准备初期就编制技术管理体系建设实施计划。水电站技术管理体系建设实施计划见表 3-14。

表 3-14　　　　　　　　　　　　技术管理体系建设实施计划表

序号	技术准备工作	完成阶段	备注
1	技术准备工作组织机构成立	筹建初期	
2	技术管理组织机构成立	筹建初期	
3	技术管理制度编制、发布	持续进行	与制度建设同步
4	标准收集、辨识、整理	筹建初期	包含国际标准、国家标准、行业标准及其他技术和管理要求
5	电站技术标准建立	筹建初期	
5.1	设备驻厂监造标准编制	设备制造前 2 月	
5.2	出厂验收标准编制	设备出厂验收前 2 月	
5.3	设备安装调试标准编制	设备安装调试前 2 月	
5.4	设备验收接管标准编制	设备接管前 2 月	
5.5	技术基础台账建立	筹建初期	与设计进度同步
5.6	设备技术规范与技术参数表编制	设备投产前 1 年	
5.7	设备设施运行标准编制	投产发电前 3 月	
5.8	设备设施检修维护标准编制	投产发电前 3 月	
5.9	生产调度标准编制	投产发电前 3 月	
5.10	工程资料收集	持续进行	

六、白鹤滩水电站实例分析

白鹤滩电厂在筹建之初（2018 年）便按照"职责清晰、标准统一、管理有序、监督有力"的原则，建立厂长办公会决策、技术委员会提供决策支持、生产管理部归口管理、生产部门分工负责、职责明确的生产技术管理体系，并成立技术委员会和专业委员会，下设运行、机械、水工、电气一次、自动、监控、保护、励磁八个专业工作组，技术管理组织架构见图 3-2。

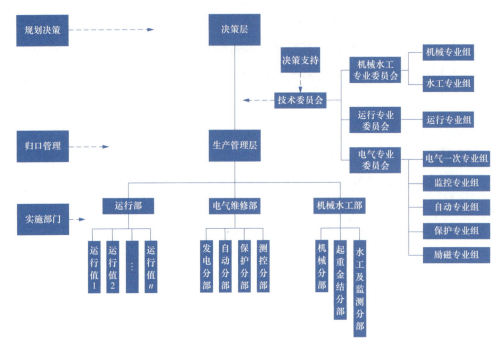

图 3-2　白鹤滩电厂技术管理组织架构图

白鹤滩电厂的生产技术管理体系核心运作机制是"以设备管理为主线，以设备主任为中心"，技术与作业层相对分离，突出专业技术管理岗位的主导性与责任主体地位，强调一线生产部门及作业班组的生产执行力，实现两者分工负责、协调配合。依托标准化管理体系，推进生产管理的精细化和作业管理的规范化；深化设备诊断分析，掌握机组实际状态，加强检修核心能力建设。白鹤滩电厂技术管理业务流程示意图见图 3-3。

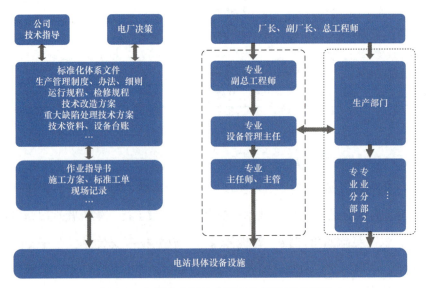

图 3-3　白鹤滩电厂技术管理业务流程示意图

（一）厂长/主任办公会

（1）审议决定电厂重大技术政策，确定电厂重大技术发展方向。

（2）批准电厂重大技术方案，负责生产技术管理过程中重大技术问题的决策。

（二）技术委员会

技术委员会由厂长担任主任，总工程师担任副主任，副厂长、厂长助理、副总工程师以及各生产部门主任担任委员，具体职责如下：

（1）审议重大、关键技术问题，组织制定电厂重大技术政策。

（2）审核电厂有关技术文件、报告。

（3）统筹、指导各专业委员会开展技术管理工作。

（4）审查重大科研项目计划，审议技术复杂、可能对电厂及上级公司安全生产和发展产生重大影响项目的技术方案。

（5）审议电厂技术专家推荐、科研成果推荐事项，评审自主科研成果。

（6）研究并组织落实公司技术委员会下达的重要技术管理要求。

（三）专业委员会

专业委员会由分管业务的厂领导担任主任，分管专业副总工程师担任副主任，生产管理部业务主任及主任师，生产部门负责人、主任专业师（副主任专业师）担任委员，具体职责如下：

（1）组织、策划本专业设备生产技术管理工作。

（2）组织开展本专业技术创新活动，审核本专业科研项目、重大技术改进项目计划、技术方案，策划重要技术研究课题。

（3）根据需要参加重要项目招标设计、招标文件的审查和项目招标工作。

（4）统筹本专业标准、规程、方案、计划等技术文档的编制和审核。

（5）关注本专业设备运行状况，组织开展设备诊断评估及可靠性研究。

（6）研究设备技术整改事项落实方案（或措施）。

（7）推荐本专业申报各级技术专家人选。

（8）组织本专业范围内项目申报答辩工作。

（四）专业工作组

专业工作组由生产管理部设备管理主任（负责人）担任组长，生产管理部设备管理主任师、主管，生产部门分管专业负责人、主任专业师（副主任专业师）、主任师，分部负责人、分部技术骨干，运行部相关人员为成员，具体职责如下：

（1）负责分配本专业技术任务，以及具体事务的联络、协商。

（2）编制本专业设备技术管理的年度工作计划并组织落实。

（3）关注本专业设备运行状况，组织召开技术问题专题会议，分析研究设备重要缺陷和重要技术问题。

（4）配合电厂标准化管理、技术监督、安全管理等工作。

（5）组织策划本专业设备台账的建立和填报，组织编制、审核本专业设备的技术文件和定额标准，负责本专业设备技术资料的收集、归档。

（6）组织开展本专业的技术交流、技术培训。

（7）组织完成电厂技术委员会下达的其他工作任务。

（五）管理规范

白鹤滩电厂在电力生产准备期间组织编制了《专业工作组管理规范》，明确设备主任和生产部门、分部的工作界限和职责，提出参与工程建设、设备管理、技术标准管理、技术监督管理、科技创新以及技术交流与培训等方面工作要求，梳理专业工作组常规工作清单及内容，提升了专业工作组工作成效。专业工作组常规工作清单见表 3-15。

表 3-15　　　　　　　　　　　专业工作组常规工作清单

工作类别	分项	工作事项	责任及分工	时间/周期
参建工作	设备跟踪	设备安装、调试及试运行情况跟踪	参建人员	及时
	资料收集	参建过程中设备资料、技术资料收集	分部收集和整理，设备管理主任审核归档	及时
	参建台账	参建工作台账建立及更新	设备管理主任	及时
		记录设备设施安装（施工）过程中的节点事件	参建人员	及时
	问题跟踪	协调跟踪参建过程中发现的一般问题	参建人员/分部	及时
		跟踪工程建设进度及质量问题，协调未能处理的重要问题（影响设备安全运行）	设备管理主任	及时
		编写重要问题技术报告	参建人员	及时
		召开专业工作组会议，讨论设备安装调试过程中发现的问题，检查工作落实情况，开展参建经验及技术交流	设备管理主任	每月
	设备接管	检查拟接管设备设施的功能、质量是否满足规范、设计、合同要求及运行需要	设备管理主任组织，分部配合	设备设施接管前
		遗留尾工及缺陷清单	分部填报和更新，设备管理主任审核确认、收集汇总，并反馈移交方	及时
		建立并更新设备设施接管台账	设备管理主任	及时
		接管验收设备的备品备件、专用工器具	分部	及时
		建立并更新设备履历、备品备件、工器具等管理台账	分部	及时

工作类别	分项	工作事项	责任及分工	时间/周期
设备管理	工作计划	编制本专业技术设备管理的年度工作计划并组织落实	设备管理主任	及时
	外联及协调	对外联系和协调工作	设备管理主任/生产部门/分部	及时
	定额	制定所辖设备的定额标准	分部编制，生产部门审核，设备管理主任审定	及时
	技术台账	建立生产技术基础管理台账	分部建立，设备管理主任检查	及时
	缺陷管理	关注所辖设备运行状况，查看设备缺陷报告	专业工作组成员	每日
		消除设备缺陷	分部组织消缺，设备管理主任签署意见，结束工单	及时
		登记待处理缺陷并持续跟踪，重大缺陷跟踪分析、处理技术支持	设备管理主任	及时
		重大技术问题跟踪处理	设备管理主任	及时
		组织召开专业技术讨论，分析重大技术问题原因，研判趋势，制定措施	设备管理主任	及时
		汇总报告本专业上月设备设施重要缺陷	设备管理主任	每月5日内
		组织专业工作组学习公司发布的梯级电站重要缺陷材料，并举一反三	设备管理主任	及时
	巡检	开展设备巡检，并做好巡检记录	设备管理主任、分部	每周
	定值管理	定值计算和下达	设备管理主任	及时
	诊断分析	编制月度设备诊断分析报告	分部编制，生产部门及设备管理主任审核	每月底
		开展本专业设备月度诊断分析，编制电厂设备趋势分析会材料	设备管理主任	每月底
	状态评估	编制设备状态评价表	分部	每年6月
		本专业的设备状态检修评估，编制本专业评估报告，提出设备检修建议计划	设备管理主任	每年6月
	设备检修	编审、下达本专业技术方案、任务通知单等	设备管理主任	及时
		编制施工方案	分部	及时
		编制生产类检修配合项目技术要求	分部	及时
		设备检修后验收	分部进行一级验收，部门进行二级验收，设备管理主任进行三级验收	及时
		编制试验及检修报告	分部编制，部门及设备管理主任审核，分部定稿并归档	及时
		组织编写重大技术改造项目总结报告	设备管理主任	及时
		重大技改项目完成后，开展设备技改后评价	设备管理主任	技改完成后1个月内
	图纸管理	建立本专业设备技术图纸台账	设备管理主任	及时
		技术图纸的收集整理和绘制、修订	分部	及时
		技术图纸的审核发布和版本控制	设备管理主任	及时

工作类别	分项	工作事项	责任及分工	时间/周期
技术标准管理	标准编审	组织编审公司技术标准，完成其他相关工作任务	设备管理主任	及时
		编审厂级技术标准	设备管理主任编制标准、规程类文件，分部编制作业指导书，部门及设备管理主任审核	及时
	成果推广	推动国际国内最新相关标准、规程、技术成果在本专业的应用	设备管理主任	及时
技术监督	重大问题评审	对本专业技术监督相关重大异常问题进行评审，对技术监督管理指标越限问题进行分析，制定本专业技术监督整改措施，并督促落实	设备管理主任	及时
	自查评	开展本专业技术监督自查评，编制查评报告	设备管理主任组织，分部配合收集整理材料	每年1月上旬
	计划及总结	制定本专业技术监督年度工作计划	设备管理主任	每年第一季度
		编制本专业上年度技术监督年度工作总结	设备管理主任	每年1月20日内
科技创新及技术交流与培训	科技创新	关注本专业技术发展动态	专业工作组成员	及时
		规划本专业外委科研项目，策划本专业年度重要技术研究课题	设备管理主任	及时
		组织本专业科研项目、重大技术改造项目的可行性研究、方案论证	设备管理主任	及时
	培训与技术交流	开展技术培训活动，组织开展技术交流及对外技术联络	设备管理主任	及时

（六）挑战和应对举措

白鹤滩电厂的生产技术管理模式一直以来运转良好。

生产管理部通过生产任务通知单、生产技术通知单、定值单、生产技术方案、审批合格后的施工方案等生产文件，下发生产任务及其执行依据，清晰明确，规范有序。生产部门通过技术报告、设备诊断分析报告、检修报告、缺陷工单等正式形式反馈执行结果及现场设备情况、重要缺陷情况等生产技术问题。白鹤滩电厂将各专业技术管理人员、技术专家等纳入技术委员会体系，充分发挥各专业技术专家的专业引领作用，形成完整的技术委员会管理链条，打破部门行政管理的限制，实现技术管理信息的上传下达，保障各项生产管理活动顺利开展。技术委员会通过制定议事规则，规范技术管理体系运作流程，定期召开技术会议，评审检修重点项目、重大设备缺陷、技术标准等工作，充分发挥技术委员会在重大技术项目和关键技术问题等方面的决策支持作用。各专业专委会和专业工作组认真履职，详细、充分讨论专业技术问题及生产执行问题，充分发挥专业内部沟通的作用，将其会议纪要转化为生产技术方案等执行依据由生产部门落实，在电力生产准备、接机发电、机组首次检修中发挥了重要作用。

该生产技术管理模式在运转初期，由于部分专业设备主任与生产部门对设备运行情况认识偶尔存在偏差，一定程度上导致工作效率降低。为此，白鹤滩电厂采取了一系列措施，具体如下：

（1）要求设备主任参与生产部门对专业分部负责人的年度绩效考核与晋岗考评，彰显设备管理主任在技术管理中的核心地位和权威性。

（2）安排设备主任定期到专业分部开展技术培训和技术交流，提升专业分部技术水平，促进沟通交流。

（3）缺陷工单必须经设备主任签署意见后方可关闭，促进设备主任及时掌握设备缺陷处理情况。

（4）要求设备主任每天浏览运行值班日志和日诊断分析报告，并对设备异常及时做出回应，加强设备主任对运行方式和设备健康状态的掌握。

（5）要求设备主任每月必须开展一次管辖设备设施的巡检，加强设备主任对设备运行环境和运行状态的掌握。

（6）定期开展设备主任和生产部门负责人的岗位交流，畅通技术管理机制，培养一批懂技术、会管理的高素质人才，加强电厂技术管理软实力。

在上述优化措施执行一年多以后，白鹤滩电厂各设备主任主动履职，以专业工作组为纽带，凝聚电厂技术骨干的集体智慧，提升技术联合攻关能力，提高了技术标准的专业水平，采用定期会议、专题工作会（重难点问题、技术方案）、重点项目专项督导等多种形式开展工作，解决了电力生产准备阶段和设备投产初期一系列设备的原发性缺陷，同时进一步加强了技术管理的监督与考核力度，加强了缺陷处理流程的管控，对设备运行中、检修后出现的重大问题、重要缺陷查明原因，制定管控措施并督促落实，为白鹤滩水电站长周期安全稳定运行提供了坚实保障。

第二节　技术建议准备

电力生产技术建议准备工作是指全面梳理总结已投产水电站在设计、制造、安装、运行、检修等过程中暴露的技术问题和积累的宝贵经验，提出改进措施并运用到水电站前期工作中，将问题和缺陷解决在设计、安装等阶段，实现设备质量把控关口前移。本节主要从技术建议概述、典型专业技术建议及技术建议管理三个方面，介绍了水电站电力生产准备过程中的技术建议准备工作。

一、技术建议概述

在"建管结合"模式下，技术建议是指电厂以水电站运行管理单位的角度对水电站建设各阶段的重点问题和重要工序进行关注，从专业技术的角度提出的合理化建议。按其重要性和实施难度可分为特别重要技术建议、重要技术建议和一般技术建议。

特别重要技术建议是指针对工程建设中特别重要的技术问题提出的建议。特别重要的技术问题就是指涉及面广、控制难度大、跨专业多、跟踪周期长，并关系到工程安全的焦点技术问题。此类问题可能引起电站垮坝漫坝、水淹厂房等重大风险。

重要技术建议是指针对技术监督告警项目、行业内水电站出现过的重要缺陷提出的建议。此类缺陷包括已经引起机组或其他重要设备非计划停运的缺陷，不及时处理可能导致大面积停电、重大设备设施损坏、发变电主设备设施停运或机组减出力的缺陷，普遍性、家族性缺陷，处理困难，需要时间长，耗费资金多，需特殊运行方式安排的缺陷和其他影响设备安全稳定运行且后果不可接受的缺陷。

一般技术建议是指除特别重要、重要技术建议外的其他技术建议。

二、专业技术建议

水电站建设初期，电厂应组织技术和管理力量，分专业分类收集和分析已投产水电站生产运行中的重难点问题和生产实践经验，然后将其运用到水电站工程设计、设备制造、现场施工、安装调试、设备设施交接等电力生产准备环节中。下面介绍运行专业、水工金结专业、机械专业、电气一次专业、电气二次专业相关技术建议、常见问题及重点关注事项。

（一）运行专业

运行专业应重点关注运行接管初期至全面接管过程中重要设备供水供电可靠性、未接管区域与接管区域安全隔离及施工单位进入运行区域管理、电站工程建设和运行交叉期施工作业对电力生产的影响及外送系统对电站运行的影响、机组投产计划等，提前编制厂用电运行方式调整计划，确保投产设备安全稳定运行。

1. 接机发电期间重要设备供电可靠性问题

水电站工程配套永久电源建设可能滞后于设备设施投产运行，或者布置地点较为分散且远离永久供电点，工程上一般采取就近取用临时施工电源的做法。大坝蓄水初期，泄洪洞启闭机、机组快速门（事故门）启闭机、首批调试机组的辅助设备等重要设备设施，需要很高的供电质量和可靠性，如果电源出现频繁失电或电压不稳、容量不足等情况，可能对大坝、水库、施工设施和机组调试运行造成影响，严重时可能对人身安全、工程建设和设备运行造成威胁。

为提高电站设备接管和运行初期重要负荷的供电可靠性，建议重点关注以下方面：

（1）工程进度和投产计划上应充分考虑重要负荷的供电安全性和可靠性，评估供电电源、线路电缆、变压器、电缆桥架通道等输配电设备设施的施工进度，尽量满足重要负荷永久电源同时建设、同时调试、同时投运的需要。

（2）若使用临时电源对重要设备设施供电的方案，应要求设计单位充分考虑设备用电负荷容量、供电质量、可靠性、设备运行方式等因素，并结合电厂意见规范设计临时供电方案。

（3）使用临时电源对重要设备供电，应至少具备双路电源，实现设备主/备用电源切换功能，三相不接地供电系统应装设自动消谐装置。

（4）重要设备设施的临时电源应避免与施工电源混用，优先采取专用线路和专用变压器。因现场条件限制临时使用施工电源时，应督促施工单位加强施工供电设备的保养、维护和现场设备防护。

2. 接机发电初期厂用电可靠性问题

厂用电的可靠性对机组运行安全、电站建设施工安全、调试运行工期进度和经济效益有重要影响。但其可靠性在机组调试运行初期比较薄弱，主要受到三个方面的影响：由于机组分批投产进度限制，电站自供独立电源不足，且设计规划的永久供电网络尚未形成，厂用电系统存在部分停电或全部停电的风险；机组部分投产后的厂用电主用电源一般取自电网大系统，然而电网公司配套建设的交直流输电线路、变电站、换流站运行尚未稳定，电网故障、异常、波动冲击对厂用电供电连续性和质量影响较大；施工变电站同时向建设施工和运行机组供电，施工供电电缆、变压器、负荷所处环境较差，设备维护不良，造成高低压线路接地、短路、过热、振荡等异常现象，对电站运行设备供电质量和可靠性影响较大。

为提高接机发电初期厂用电可靠性，建议重点关注以下方面：

（1）应结合机组投产计划，提前考虑机组试运行和投产初期厂用电的可靠性，采取措施避免厂用电系统在单电源方式下运行，并尽快完成电站永久供电网络建设。

（2）在电站永久供电网络形成前，按照厂用电系统应至少有两路独立电源、主/备用电源可自动切换的原则，充分利用内外部供电资源，灵活配置备用电源、联络电源、应急电源（柴油发电机组）等冗余电源，满足工程建设向电站运行过渡阶段的厂用电可靠性需求。

（3）工程建设供电方案设计应考虑施工供电设备环境恶劣、维护保养条件有限等因素，合理配置输变电设备、继电保护装置、谐振消除装置等。

（4）厂用电方式安排应优先使用厂内独立电源，将施工电源作为应急备用电源。

（5）柴油发电机组作为电站应急备用电源，应在电站厂用电投产初期安装到位，在首批机组发电前完成启动调试试验，满足电站厂用电独立应急的需要。

3. 接机发电初期供水可靠性问题

水电站接机发电初期，电站仍处于施工建设高峰期，施工用水和电力生产用水可能相互影响；水厂供水系统由施工供水为主逐步向电力生产供水为主转换，水厂开始对永久供水系统进行改造，供水可靠性有所下降；供水管网距离长、落差大、周边环境复杂，易受施工、泄洪、交通等影响，可能无法保证电力生产供水的水质、水压、水量要求。为保障水电站接机发电初期供水可靠性，建议重点关注以下方面：

（1）电站清洁水主要供水管道应使用不锈钢材质或做好防锈措施，管路安装施工应保证管道无堵塞杂物并做好防护。管道充水前，应进行排污。

（2）水厂泵房设计在考虑防雾、防潮、排水等要求的基础上，还应考虑电站投运后泄洪雾化因素的影响，泵房位置不能在雾化区范围内。应考虑水厂供水管道布置、走向等受泄洪影响的因素，保证供水管路的安全。

（3）建设水厂时，应考虑设置水厂备用取水泵站。水电站应有独立的供水水源，并有供水联络管路，提高供水灵活性。

（4）电站建管结合期，应建立工区供水供电协调机制，施工单位大量用水应通知电厂中央控制室，由中央控制室提前告知相关方做好应对措施。

（二）水工金结专业

水工金结专业应重点关注挡水建筑物及设备设施、泄水建筑物及设备设施、引水发电建筑物及设备设施、渗漏水排水系统、移动式启闭机、液压启闭机、闸门、电梯等，其中对于水工建筑物应重点关注实体质量与设计功能的实现，特别关注过水部位及防水结构的质量管控。金属结构方面主要通过控制材料与施工工艺，达到对成品质量的管控。

1. 墙内埋管锈蚀严重问题

水电站墙内埋管主要用于输送电力设备所需电缆、管线等，对密封防水、防腐蚀、耐火性能等要求高，水电站投运后常出现以下问题：

（1）墙内埋管内部锈蚀，管路破裂，导致渗漏水发生，渗漏水对周边设备产生安全影响。

（2）墙内埋管外部锈蚀，锈蚀部位体积膨胀，造成混凝土产生裂缝，严重的部位威胁结构安全，另外部分裂缝有锈水流出，污染墙面。

为防止埋管锈蚀，建议重点关注以下方面：

（1）布置在墙内的埋管采用不锈钢材质。

（2）采用普通钢材的管路，尽量布置在墙外，便于后期检修更换。在使用期间，对其进行涂层保护和阴极保护。

（3）在浇筑混凝土前，必须按相关流程对墙内埋管进行试验，通过验收后方可施工，并在施工中对埋管做好保护，避免造成损坏。

2. 防火门选型、安装问题

防火门作为水电站重要消防设施，通常具有耐高温、防烟、防火等特性，能够在火灾发生时有效地隔离和抑制火势，减少火灾对电站设施和人员的危害。在水电站的设计和建设过程中，选用符合标准的防火门并合理设置，对电站的安全运行非常重要。后期在防火门安装维护过程中，常出现以下问题：

（1）安装不符合规范要求：①门体安装倾斜，导致后期使用不便，且加速门体的变形导致后期开门困难；②防火门的尺寸不符合要求，部分水电站还存在防火门型号较多，尺寸没有严格控制，导致后期防火门安装后与墙体有较大间隙，安装不牢固，长期使用后产生较大变形。

（2）防火门本身质量问题，如门扇扭曲损坏、门页起泡、合页永久变形、五金缺失等缺陷，且无法修复。

（3）后期防护、装修不当：防火门安装后，应进行正确养护，统一装修，否则与周围颜色存在明显差异，影响美观。

为确保防火门质量，建议重点关注以下方面：

（1）严格控制防火门的厂家选择、运输储存、交货验收、竣工验收等，发现问题立即提出，要求退换货或者更换生产厂家。

（2）电站防火门型号较多，洞口尺寸应满足相关规定。特殊洞口尺寸须和生产厂方协商确定。

3. 主变压器地锚设计不合理问题

部分水电站主变压器安装时，地锚多采用桩式安装，底部钢板与上部为钢丝绳连接，钢丝绳周围利用混凝土外包，承受能力较钢板式地锚小。地锚安装完成后，部分部位未进行防腐处理，锈蚀严重，可能导致主变压器运输时地锚拉断。为避免地锚设计不合理问题，建议重点关注以下方面：

（1）合理选择地锚形式，直接采用钢板开预留孔形式，埋设前涂刷防腐涂层；

（2）埋设处地面不得被水浸泡，可采用填筑沥青砂浆方式防护，后期使用时清除沥青砂浆即可。

4. 渗漏排水未采用组织排水导致坝面污染问题

当大坝结构存在渗漏时，常采用排水管道或泄水孔等将渗漏水分流、排出，或者利用泄流通道将坝体内部积聚的水引出。在渗漏排水过程中，由于排水沟、排水孔设置不当，常出现以下问题：

（1）大坝不同高程设置了排水沟，但渗漏排水沟的出口设置随意，部分设置在坝体下游坝面，部分设置在两岸的贴坡，渗漏水经坝面和贴坡排至下游河道，污染了坝面；同时施工期大量用水随意排放加剧了坝面污染。

（2）坝面不同高程设置了排水孔，但排水孔的出口未经管道引排，渗漏水经坝面排至下游河道，导致坝面污染。

为避免大坝坝面受到污染，建议重点关注以下方面：

（1）合理设置排水沟，集中处理渗漏水、雨水，尽可能不沿坝面排向下游。

（2）集中处理施工期用水，不随意排放。

（3）用混凝土保护剂处理大坝坝面。

5. 流道中施工遗留物未清理干净导致气蚀问题

某水电站在施工期，为给流道施工创造条件，在闸门出口的底板和左侧墙阴角钢衬上设置了一个挡水小围堰（水泥基高强材料），施工后未拆除干净，遗留 10cm×11cm 的凸状物，导致泄洪时该区域流态发生变化，产生气蚀，进而破坏混凝土。

为避免流道遗留物问题，建议重点关注以下方面：

（1）施工期对流道进行保护。

（2）工程完工后应将遗留物（混凝土等其他凸起物）和施工垃圾清理干净，并保证流道的平整度，确保泄洪时流态正常。

（3）在泄洪孔首次投入使用前，务必再次检查确认流道情况。

6. 坝顶电缆沟设计问题

在大坝坝顶设置电缆沟时，需要考虑排水和防水措施，以保证电缆沟不会受到雨水或积水的侵害。在实际设计和施工中由于各种限制常存在以下问题：

（1）大坝坝顶由于宽度有限或者功能布置问题，电缆沟和排水沟共用，暴雨时电缆浸泡在水中，存在漏电的隐患；尤其是连接大坝供电点的高压电缆，如果漏电，将导致排水泵站无法正常运行；由于排水沟尺寸偏小，所以不便于电缆检修。

（2）部分水电站还存在电缆沟尺寸及转弯半径不合理，导致电缆无法在电缆沟转弯处布置的问题。

为避免坝顶电缆沟发生上述问题，建议重点关注以下方面：

（1）有条件的情况下，尽可能布置电缆廊道或电缆沟和排水沟分开布置。

（2）电缆沟和排水沟只能共用时，电缆沟应有足够深度和宽度且确保排水通畅，防止电缆浸入水中或无法进行电缆检修。

7. 雾化区设备间防潮问题

某水电站受坝身泄洪雾化影响的设备间主要是大坝深孔启闭机房、大坝电气控制楼，上述区域都设置通气排风孔、洞及门窗，泄洪时上述区域雾化降雨强度介于 10～50mm/h 之间（暴雨区），水雾沿着通风孔洞、吊物孔，流水通过门窗空隙进入设备区间，对设备间内的电控柜体运行安全造成影响，此外暴露在外的门锁易锈蚀损坏。

为避免水雾的影响，建议重点关注以下方面：

（1）重点关注雾化影响区域内设备间的房建细部防水设计和施工，优化通风孔洞布置，落实屋面防水设计，特别是中孔（深孔）启闭机房房顶防水处理（该区域在表孔泄洪初期受水流直接冲刷）。

（2）关注可能造成的渗水通道的结构布置，如中孔（深孔）启闭机房是否布置吊物孔。

（3）关注尾水管及尾水洞台车、生产取水泵房的设备防护、防腐，该设备距离泄洪中心最近，受影响最大。

（4）雾化区域山体高且陡，易汇集水流，水流夹渣冲刷破坏作用较大，建议关注雾化区域集雨范围的排水系统设计及设施布置、边坡稳定。

（5）关注电气设备柜的防护等级、进线出线孔洞布置及封堵，布置排风设施。

8. 雨水和渗漏水从竖井/电梯井进入厂房问题

水电站雨水和渗漏水从竖井/电梯井进入厂房原因主要有：混凝土浇筑时施工质量把关不严，产生裂缝；分段浇筑混凝土时新老结合面处理不当，混凝土振捣不密实，使施工缝周边外露混凝土存在蜂窝、麻面等质量缺陷，水库蓄水后，在高水头压力或地下水压的作用下，有质量缺陷的施工缝成为渗漏水通道。

为避免雨水和渗漏水进入厂房，建议重点关注以下方面：

（1）严格控制竖井各项土建及安装指标；研究混凝土防裂措施，浇筑后合理养护，避免出现裂缝，补充做好层间缝的灌浆。

（2）设备接管时，详细检查竖井壁，掌握渗漏水状况，以便在年度检修期间集中处理。

（3）做好竖井的防潮措施。

（4）竖井排水管易受井壁混凝土析钙堵塞，考虑增设备用排水管。

（5）竖井顶部设置挡、排水设施，防止雨水渗入竖井。

9. 施工期临时管路未封堵问题

某水电站运行时发现副厂房机组段引风廊道施工期一根 $\phi200mm$ 的排水钢管出现大量涌水现象，并漫到厂房设备间；随后结合施工档案资料综合判定，该部位施工期临时排水管在使用完成后未按照要求进行回填封堵，从而形成厂房与下游尾水直接联通的通道。

为防止施工期临时管路未封堵对水电站运行造成影响，建议重点关注以下方面：

（1）要准确掌握施工期各种临时排水管道包括施工支洞、埋管等的布置情况。

（2）对于施工期的临时排水管道，需要封堵的，及时进行妥善封堵，应督促施工单位严格按照规程规范、施工方案进行。

（3）对水电站建设期临时设施资料（尤其是变更资料）进行专项归档，确保资料完整、查阅方便，纸质文档须扫描成电子文档，所有资料须备份。电厂接管时，完整保存一份资料。

10. 排水沟、排水管堵塞问题

水电站排水沟、排水管在电站运行期间常存在以下问题：

（1）施工期未加保护。某水电站多条交通洞道路两侧排水沟（前期兼做临时电缆沟），由于前期施工中未做好防护、土建施工结束后未及时清理，投运后基本淤积满，多区段排水沟基本无法清理。

（2）设计不合理。某水电站部分洞室未设置排水沟或排水沟设置过少，落水管数量较少。厂房内部分落水管为混凝土内埋管，管径过小且有弯曲，一旦被水泥浆和杂物堵塞，难以疏通。

（3）施工期被大块混凝土、杂物等堵塞。某水电站厂房前区主变压器涵沟预制混凝土排水管出口被大块混凝土、杂物堵塞，导致厂房前区长期暴雨后积水。

（4）预埋管选材不当。目前工程上预埋管选材有大致三种：不锈钢花管、塑料盲沟管、PVC 外包反滤体。某水电站采用金属材质的预埋排水管，在后期使用过程中容易锈蚀堵塞。

为避免排水沟、排水管出现堵塞现象，建议重点关注以下方面：

（1）土建施工完成后，在管道及电缆桥架布设前，督促相关单位对排水沟进行疏通清理，或布设管道及电缆桥架时预留排水沟清理作业空间。

（2）统筹设计。对于比较大的管道可以采取地漏耙子来拦截堵塞物，比较细的管道则考虑在进水口部位设置反滤网。

（3）合理选择预埋管材质，综合分析不锈钢花管、塑料盲沟管、PVC 外包反滤体三种材质，考虑在不同部位选用不用材质的预埋管，并应加大管径，尽量采用直管。

（4）施工期务必做好防护措施，施工后及时清理。

11. 交通洞布置不合理存在水淹厂房风险问题

水电站进厂交通洞进口高程一般高于厂房发电机层的高程，且未布置厂外集水井和抽排泵站，在下暴雨或交通洞内水管爆裂时可能发生水淹厂房的事故。为避免水从交通洞进入厂房，建议重点关注以下方面：

（1）分段设置截水沟，与道路两侧排水沟连接，并确保排水沟的排水能力，通过排水孔将来水引至集水井。

（2）根据地形地貌情况，必要时在交通洞洞口设置防洪闸门。

（3）在交通洞入口一定范围内设置局部反坡。

12. 承重式盖板选型问题

水电站部分承重盖板采用钢筋混凝土盖板，盖板厚度多超过 10cm，单块重量大（平均重量为 120kg，最大的超过 250kg），不便挪动。尤其对于管线较多的沟盖板，不同单位敷设电缆时需要反复挪动，造成极大的不便和人力的浪费，并且有较大安全风险。另外，钢筋混凝土盖板在碰撞和重物碾压时容易出现裂缝，不安全也不美观。

为保证承重式盖板使用方便，建议重点关注以下方面：

（1）建议将钢筋混凝土盖板更换为质量轻、强度高的热浸镀锌钢格栅盖板。

（2）在施工期重车通道设置钢筋施工桥。

13. 检修通道、平台问题

水电站泄洪洞有压段至出口段检查或检修时，人员及设备物资需经泄洪洞中闸室进人孔及吊物孔进入。便捷、可靠的检修通道有助于安全、高效地完成检查、检修工作。泄洪洞出口段底板坡度大，在停止泄洪后的潮湿环境下易溜滑，作业人员徒步检查、检修安全风险大。为降低作业风险，建议重点关注以下方面：

（1）弧门两侧各设 1 个通道：1 个设置转折楼梯取代爬梯，供人员上下；另 1 个留作小型工器具及材料吊运通道。

（2）将大型设备及大宗材料、物品吊运的通道设置于紧邻弧形闸门的下游侧，不设置在弧形闸门正上方。

（3）购置蜘蛛台车等适于出口段检修使用的设备。

14. 尾水边坡护墙衬砌层脱落严重问题

水电站大坝两岸边坡缺少混凝土等外部防护，坡脚基岩将会被掏空，导致上部岩体、衬砌及喷护混凝土悬空。长时间运行将导致衬砌及喷护混凝土脱落，直至岸坡局部垮塌。为避免尾水边坡护墙衬砌层脱落问题，建议重点关注以下方面：

对受泄洪水流及尾水回流影响区域的岸坡，水下部分由河床基岩起浇筑贴坡混凝土进行防护，水上部分视岸坡岩体地质条件采取浇筑贴坡混凝土或网喷混凝土的方式进行支护，杜绝基岩裸露不加治理的情况发生。

15. 液压启闭机活塞杆表面防护层材质的选择问题

某水电站的泄洪深孔与冲沙闸都出现过镀铬活塞杆锈蚀情况，其中冲沙闸活塞杆缺陷主要有锈蚀、蚀坑、针眼等。将活塞杆表面锈斑擦除后，发现有明显腐蚀坑，局部镀铬层锈穿。为避免液压启闭机活塞杆锈蚀，建议重点关注以下方面：

（1）对活塞杆母材及锻件内部质量提出更明确的技术要求，以减少和消除引发锈蚀的因素。

（2）为消除残余应力的影响，应在喷涂之前消除应力。

（3）活塞杆表面采取喷涂陶瓷处理，取代镀铬。

16. 液压设备（油箱和油缸）施工期存放、保养问题

某水电站通过内窥镜检查发现快速门液压缸内壁有氧化皮状锈蚀，另外油缸内部存在大量沉积物（经光谱分析，确认为硫酸钙）。为确保液压设备施工期存放、保养得当，建议重点关注以下方面：

（1）加强油缸厂内回装工艺控制，确保安装环境清洁和油缸洁净。

（2）油缸发运前适当充液压油防锈，运抵工地后如需长期存放，宜充满油液，并以三个月为周期进行翻身。

（3）安装过程中确保原封口完好，避免缸内和油管内被污染。

17. 液压抓梁的同步性较差造成抓梁电缆拉断问题

某水电站抓梁电缆的控制方式采用恒转矩输出电机、摆线针轮式减速器驱动电缆卷筒，在工程建设期间及抓梁接管前期运行阶段，多次出现抓梁电缆拉断、电缆同步性差导致无法提落门等故障，影响了机组正常调试及起落门工作。其中拦污栅及叠梁门所用小门机抓梁更是故障不断，仅接管之后一年内就出现 5 次电缆被拉断的情况，同时抓梁故障存在处理周期长、部分设计缺陷无法完全排除等问题。为避免液压抓梁电缆拉断问题，建议重点关注以下方面：

（1）可采用"转矩控制为主、速度控制为辅"或"速度控制为主、转矩控制为辅"的方式，不得采用单一方式。

（2）电缆控制的机械系统减速器应采用行星式减速器。

（3）在电缆卷筒的输入端前加设力矩限制器。

（4）加设电机转速检测点，防止发生机械系统卡阻。

18. 门机大小车机构防风装置可靠性问题

门机设备使用的防风装置主要有夹轨器、支轨器、防风铁楔、锚定装置等。某水电站左

岸门机小车防风装置为手动夹轨器，在固定方式上并不可靠。其次在日常设备起吊作业中，门机司机还需要经过爬梯到达小车位置再手动打开夹轨器，极为不便。一旦门机司机忘记手动打开夹轨器，就会存在很大的安全隐患。为避免类似问题，建议重点关注以下方面：

（1）大车机构统一安装使用电动防风夹轨器（电动液压式）装置。

（2）小车机构统一安装使用电动防风铁楔，减少门机司机手动操作防风装置带来的不可靠问题。

（3）所有防风装置打开或关闭信号能够在设备启动条件回路里传递并参与启动控制。

19. 尾调室启闭机故障率偏高问题

某水电站尾调室台车式启闭机在尾调室高湿度环境下运行，经常出现大车行走电机短路、起升编码器进水短路、安全制动器接近开关进水短路、抓梁电缆卷筒因为生锈不能转动、起升卷筒开式齿轮锈蚀严重等现象。查明尾调室台车式启闭机故障率高的主要原因是台车式启闭机未设置机房，导致台车所有电气机械装置暴露在高湿度的环境中，次要原因是设计时未考虑尾调室环境问题，电机的防护等级不够。

新建水电站尾调室台车式启闭机设计时应充分考虑尾调室的环境问题，建议重点关注以下方面：

（1）尾调室设计时应考虑设置通风、排风设施。

（2）尾调室台车应采用封闭式电气机房，卷筒应采用闭式齿传动，在电气室和司机室设置除湿机，提高所有电气装置防护等级。

（3）在条件允许的情况下，建议设计时将闸门室和尾调室分开。

20. 地面装饰材料选择问题

水电站地面装饰材料一般选用环氧彩砂自流平、地砖或水泥骨料等，易出现以下问题：环氧彩砂自流平地面存在易老化、不均匀变色、不耐撞击、修补后色差较大等缺点；地砖地面易破、易起拱；水泥骨料类地面长时间使用后会起灰、出现色差。

建议水电站各区域合理选用地面装饰材料，选用建议如表 3-16 所示。

表 3-16　　　　　　　　　　　水电站地面装饰材料选用建议

序号	房间名称	建议选用材料	注意事项
1	中控室	实木复合地板	要求一定环保指标
2	会议室	实木复合地板	
3	通信机房	铝合金抗静电活动地板	注意抗静电地板品牌和质量
4	程控交换机房	铝合金抗静电活动地板	
5	计算机房	铝合金抗静电活动地板	

序号	房间名称	建议选用材料	注意事项
6	办公室	防滑地砖	大面积空间铺设时注意伸缩缝设置，建议不超过 6m×6m 设置一道 1cm 的伸缩缝
7	工作间	防滑地砖	
8	工具间	防滑地砖	
9	培训室	防滑地砖	
10	蓄电池室	耐酸陶瓷、地砖楼面	
11	主厂房	表面带水晶渗硅的彩色水磨石	增加级配，提高抗裂能力
12	GIS室	硫化橡胶卷材楼面	
13	出线层	环氧自流平地面或自流平基面+环氧地坪漆	
14	主厂房楼梯间	混凝土地面（镶防滑条）	
15	水轮机层	环氧自流平地面或自流平基面+环氧地坪漆	
16	水轮机层以下	混凝土地面	
17	主变洞	环氧自流平地面或自流平基面+环氧地坪漆	

（三）机械专业

机械专业应重点关注水轮发电机组、调速系统、技术供水系统、排水系统、油系统、气系统、通风空调系统等，其中对水轮发电机组应特别关注机组性能、稳定性、转轮锈蚀、发电机通风效率、重点部位螺栓安全性、重要设备采购质量等；对调速系统应重点关注密封结构设计、密封质量及安装工艺；对技术供水系统应重点关注系统设计合理性，水泵质量和品牌；对排水系统应重点关注系统设计合理性、安全系数、采购质量、安装质量；对油系统应重点关注厂内油罐储油量设计合理性、油品质量等；对气系统应重点关注系统安全性能、主要设备质量和品牌、安装质量、特种设备取证情况等；对通风空调系统应重点关注设计合理性、安装质量、实际成效。

1. 转轮叶片锈蚀问题

部分电站转轮叶片表面存在锈蚀现象，可能原因有：①叶片铸件局部存在组织疏松、夹渣缺陷；母材材质不均匀，存在局部贫铬区域；②叶片铸件表面存在开放性缺陷，表面消缺不彻底；③叶片表面采用磨花工艺，磨花工艺处理过程中可能存在碳污染，进而导致磨花处锈蚀较为严重；④叶片表面锈蚀可能还与江水中的铁细菌、硫酸盐还原菌有关。

为避免转轮叶片锈蚀，建议重点关注以下方面：

（1）适当提高转轮材质中铬含量；

（2）控制转轮铸造工艺及质量，确保转轮铸件材质均匀，避免母材出现气孔、夹渣、局部组织疏松等问题；

（3）改进转轮制造加工工艺。在转轮制造、加工过程中，应实施全流程的工艺控制，防止碳污染，如在叶片表面焊接吊耳、支撑块等辅助焊材时应采用不锈钢材质，或者采用不锈钢焊条打底后再焊装；

（4）在叶片表面处理过程中，选用不产生碳污染的铲磨片或者抛光砂轮。不放过任何一处转轮表面开放性缺陷。

2. 蜗壳及尾水管盘形阀密封渗水问题

某水电站多台机组尾水盘形阀相继出现阀盘橡胶密封脱槽被切断导致漏水问题。经检查分析，主要是由于阀盘密封结构及密封选材不合理造成。盘形阀关闭时，密封条与阀座密封面贴紧产生较大的吸附力；盘形阀开启瞬间，在吸附力的作用下，会将密封条向外拉扯脱槽，排水时带压水流也会造成密封条脱槽。此外，橡胶密封销孔部位的抗拉强度降低，并存在较大的应力集中现象。基于以上原因，盘形阀经过多次开、关操作后，必将导致橡胶密封销孔部位撕裂，造成密封条脱落被切断，从而造成盘形阀漏水。为避免盘形阀密封漏水问题，建议重点关注以下方面：

（1）建议盘形阀阀盘、阀座采用 06Cr19Ni10 不锈钢材质，并将阀盘与阀座密封设计为可更换结构。

（2）控制阀座、阀盘金属密封面的加工质量，厂内预装确保密封良好。

（3）控制盘形阀安装质量，确保阀盘与阀座同心度符合标准，同心度为 0.02mm。

（4）关闭盘形阀时，应检查密封面间隙，间隙合格后继续往关闭腔充压，压力不大于 4MPa，再拧紧锁定螺母。

3. 顶盖平压管漏水问题

某水电站机组原顶盖平压管均为碳钢材质，采用分瓣扣顶盖筋板焊接结构形式。经长期运行后，平压管管道内壁磨蚀较为严重，顶盖筋板迎水端及过流表面存在较严重的气蚀现象，气蚀凹坑最大深度近 30mm。多数机组顶盖平压管管道本体及焊缝出现砂眼、锈蚀穿孔导致的漏水，给机组安全稳定运行带来了隐患。为避免顶盖平压管漏水，建议重点关注以下方面：

（1）建议顶盖平压管采用 06Cr19Ni10 不锈钢材质，壁厚不小于 10mm。

（2）顶盖平压管应按先顺水流方向、再延顶盖径向布置。若采用分瓣扣顶盖筋板形式，建议平压管内部筋板过流表面铺焊 5~10mm 厚的不锈钢层；平压管进口、顶盖筋板进出水边应做流线型处理，以降低水流对其产生的气蚀。

（3）控制平压管制造及安装质量，确保平压管母材无砂眼、裂纹等缺陷，平压管焊缝做全面的无损检测。

（4）顶盖平压管安装焊接完毕后，应在安装间做打压试验。

4. 顶盖螺栓预紧力偏小问题

某水电站机组顶盖螺栓进行预紧力检查，发现有 70％的螺栓预紧力小于设计值，其中部分螺栓预紧力仅为设计值的一半，部分螺栓预紧力为 0。为避免顶盖重要螺栓预紧力偏小的问题发生，建议重点关注以下方面：

（1）机组设计阶段，应综合考虑机组重要部位螺栓的刚度和强度计算、预紧力、预紧方式及操作过程。

（2）机组安装阶段，应严格控制机组重要部位螺栓的安装质量，对螺栓的预紧力及止动措施做好详细记录。

（3）螺栓安装完成后，在螺栓、螺帽及座环之间标记相对位置线，以便后续检查螺栓是否松动。

5. 导叶接力器密封失效问题

某水电站多台机组接力器端盖和推拉杆相继出现渗漏油现象。检查发现接力器端盖漏油均由密封老化、变脆导致；推拉杆密封漏油是由轴封出现偏磨、老化现象导致。

为避免导叶接力器密封失效，建议重点关注以下方面：

（1）接力器端盖等调速系统关键部位密封应采用优良、耐油、耐腐蚀的密封材质，如氟橡胶、聚氨酯等。建议采购知名品牌的成熟产品。

（2）优化接力器推拉杆密封结构，应采用多层"V"形组合密封。建议研究采用剖分式"V"形组合密封，以便在不拆卸接力器推拉杆的情况下更换密封。

（3）安装时确保接力器缸体和活塞杆等部位的光洁度、清洁度，避免存留的金属残渣拉伤活塞杆和轴封。

6. 主轴中心补气阀无法自动复位问题

某水电站机组主轴中心补气阀相继发生阀盘不能自动关闭复位导致的漏水问题。经检查分析，主要是由于缓冲装置（减震器）动作阻尼不满足要求，阀盘自重较轻引起，分解机组补气阀装置发现：

（1）减震器动作阻尼较大，而阀盘自重较轻，导致阀盘无法自动复归；按设计要求，补气阀动作补气时，减震器单向阀启动力的临界值应为 950～1400N；补气阀自动复归时，单向阀启动力应不大于 150N。经检查，减震器在启闭两个方向的动作力临界值均超标，复归闭合力过大。经检查分析，主要是由于减震器单向阀弹簧压缩量与设计不符。此外，个别减震器还存在漏油、表面锈蚀情况。

（2）浮球阀密封结构和材质存在缺陷。密封外缘厚度为 22～23mm，压盖安装后压缩量较小。此外，密封为丁腈橡胶材质，运行一段时间后会出现收缩现象。

为避免主轴中心补气阀阀盘不能自动关闭复位问题，建议重点关注以下方面：

（1）主轴中心补气阀宜优先选用气缓冲式结构，建议选用有单机容量 600MW 及以上水电机组上应用业绩的产品，确保补气阀性能成熟、可靠、先进。

（2）补气阀应选用优质、可靠的减震器，减震器启闭力设计合理，并进行相关试验；提高减震器的可靠性和使用寿命。

（3）应优化改进浮球密封结构，选用弹性较好、耐磨性能优良的密封材质，提高密封的可靠性。

7. 主轴密封过滤器堵塞问题

某水电站机组主轴密封供水系统设有一主一备两套过滤器。1 号过滤器在实际运行中，滤芯频繁发卡，不能正常排污，导致过滤器进、出口压差超标报警，需对过滤器进行解体清洗，影响机组主轴密封的正常供水。经检查分析，过滤器不能正常自动排污的主要原因如下：

（1）滤筒与过滤器内壁排污口两侧筋板间隙偏小，且滤筒为普通铸件，极易产生锈蚀，造成滤筒发卡。

（2）备用水源水质较差，水中泥沙淤积于滤筒外表面，堵塞了滤筒与排污口两侧筋板之间的间隙，造成滤筒发卡。

（3）过滤器排污电动机输出力矩偏小，在滤筒发卡时，不能带动滤筒正常旋转排污。

（4）过滤器压差达到 0.03MPa 时，滤筒自动旋转排污，排污时间整定为 5min，但若 5min 内不能消除压差，过滤器则不再启动排污。

为避免主轴密封过滤器堵塞，建议重点关注以下方面：

（1）建议主轴密封采用分级过滤、冗余结构形式，过滤器选型应综合考虑电站实际水质情况。

（2）选用具备自动冲洗、自动排污功能及差压传感器可靠的全自动过滤器。

（3）主轴密封宜采用清洁水作为主水源、技术供水作为备用水源的供水方式，以便提高主轴密封运行的安全性和可靠性。

8. 挡风板螺栓脱落、断裂问题

水轮发电机组运行振动产生应力破坏导致螺栓松动、断裂，挡风板螺栓脱落、断裂给机组安全稳定运行造成了较大隐患。定子挡风板螺栓断裂一般原因如下：

（1）挡风板处于高温和振动的运行环境下，碟簧的弹力下降、挡风板耳柄塑性变形使螺栓因预紧力下降而松动。

（2）高导磁的碟簧受转子磁场和机组振动影响，使碟簧向转子中心方向贴紧螺杆，由于蝶簧材质硬度高于螺栓，造成螺栓磨损、继而断裂。

为避免挡风板螺栓脱落、断裂等问题，建议重点关注以下方面：

（1）优化发电机挡风板结构设计，应综合考虑机组振动、定转子磁场对挡风板及其紧固件的影响。

（2）发电机挡风板螺栓等转子上方螺栓紧固件应具有足够的刚度和强度，并采取可靠防松动措施，确保挡风板运行的可靠性和安全性。

9. 定子铁心压紧螺杆绝缘不合格问题

某水电站机组铁心压紧螺栓位于铁心叠片中部，每个螺栓采用13个环氧绝缘套与铁心叠片绝缘，机组相继出现定子铁心压紧螺栓绝缘不合格问题。压紧螺栓绝缘强度过低或为0时，将会出现一点或多点接地继而产生涡流，造成铁心局部过热而损坏线圈绝缘。经检查，主要是由于铁心叠片环氧绝缘套损坏或内部进入导电杂质，如碳粉、灰尘等导致。为避免定子铁心压紧螺栓绝缘不合格，建议重点关注以下方面：

（1）优化定子铁心压紧螺栓绝缘套结构，建议螺杆与铁心采用全绝缘结构，绝缘套管搭接处采用坡口形式；

（2）定子铁心、压紧螺栓、绝缘套安装过程中应做好防尘措施，防止导电杂质进入绝缘套；

（3）定子铁心安装完成后应做好防护措施，避免在线棒、汇流环等部件焊接过程中对定子铁心造成污染。

10. 推力轴承油雾溢出问题

某水电站机组自投产以来，推力轴承油槽油雾一直较为严重，对风洞内设备包括定子、转子、空气冷却器、制动器等产生了不同程度的油污染，不仅影响了风洞内的环境卫生，更对机组定转子绝缘造成了腐蚀和破坏，威胁机组的安全稳定运行。经分析，主要是由于该机型机组推力轴承油槽较小，且油面距离油槽盖板的距离较近，导致过多的油雾从油槽内部溢出。另外，冷却风在推导轴承的正上方形成负压区，也加剧了油雾从油槽密封处外溢情况。为避免油雾溢出，建议重点关注以下方面：

（1）推导轴承结构设计时，应充分考虑油循环油量、油位，将油槽内各部位油液流速控制在合理范围内，尽量避免造成射流、油位波动过大，以减少油雾来源。

（2）推力轴承油槽油面至油槽盖应有足够空间，并设置挡油环，防止油液延推力头爬升。

（3）建议推力油槽盖密封至少采用三层两腔结构，并预留进气、排气接口，密封应选用耐磨材质；油雾吸收装置吸收口应布置在靠近油槽盖密封处。

（4）加强推力轴承油槽盖、检修盖、油雾吸收装置安装接口等部位密封设计，避免法兰面、组合面等部位渗油及油雾溢出。

（5）改善或消除油槽盖板上方负压对油雾溢出的影响，可采取从转子下挡风板适当位置引补气管至油槽盖上层空腔，采用正压补气方式阻断上方负压对油槽油雾的吸出。

11. 推力瓦移位问题

某水电站在机组检修时发现推力轴承所有推力瓦相对托瓦朝内径方向移动了 18～25mm，托瓦相对支撑环向里移动 3～5mm。对其他机组进行了全面检查，发现推力瓦与托瓦均有不同程度的径向内移情况。经试验及分析后认为：停机后镜板由于温度降低而冷却收缩，引起推力瓦同步向内径收缩，而内径限位板径向刚度较弱，不足以限制推力瓦向内径移位。为避免推力瓦位移，建议重点关注以下方面：

（1）对推力瓦进行详细分析和计算，包括推力轴承冷态/热态、开机/停机、高压油投入/退出等工况下各部件温度、应力、位移变化情况，必要时应考虑各工况的组合情况。

（2）对推力瓦油室和油膜分布进行分析计算，包括高压油投入工况，确保各种工况下油膜覆盖整个瓦面，最小油膜厚度满足安全运行要求。

（3）对推力瓦径向限位板进行刚度和强度计算，确保在各种工况下限位板能够限制推力瓦移位。

12. 空气冷却器渗漏问题

某水电站机组空气冷却器端盖普遍存在漏水现象，经拆卸检查发现端盖法兰面存在变形，整体呈喇叭口状，内侧均比外侧低 0.5～2.25mm，且法兰面存在波浪变形，最大波浪变形量为 0.75mm。而端盖橡胶垫密封安装在螺栓内侧，法兰面变形造成密封垫压缩不均匀从而导致漏水。为避免空气冷却器渗漏，建议重点关注以下方面：

（1）机组空气冷却器冷却水管选材时，应考虑水电站的冷却水水质（如 pH 值、泥沙含量等）；冷却水管材质应耐磨、耐腐蚀，设备生产厂家应提供相应材质报告；建议机组空气冷却器设计寿命不小于 10 年（机组 1 个大修周期）。

（2）空冷器冷却水管若采用 T2 紫铜材质，壁厚应不小于 1.5mm。

（3）应确保端盖有足够的刚度和强度，优化密封结构，避免出现端盖法兰偏薄变形、密封失效等问题。

（4）加强空气冷却器、油冷却器等机组辅助设备的质量控制，设备采购时应要求生产厂家提供设备详图。

13. 隔离阀、事故配压阀指示杆漏油问题

某水电站机组调速系统在调试过程中发现事故配压阀复归动作时，阀芯行程不满足设计

值要求，进一步检查发现指示杆与端盖"咬"死，事故配压阀未能正确动作。分解检查后发现事故配压阀的损伤情况有：指示杆局部表面存在严重拉伤现象、阀盖端面存在局部凸起变形。经分析，事故配压阀指示杆可能在机组安装调试阶段受损。运行几年以后，焊渣、硬质颗粒物慢慢累积进入指示杆与阀盖配合间隙，堆集后使得指示杆与端盖损伤越来越严重以致两者卡死。为避免隔离阀、事故配压阀指示杆漏油问题，建议重点关注以下方面：

（1）建议调速系统在安装时严格控制压油罐、回油箱以及管路的清洗质量，防止金属颗粒物进入油系统中。

（2）建议事故配压阀采用模块化结构设计的指示机构，密封采用导向环加防尘圈组合的结构形式。

（3）建议隔离阀指示杆密封圈选型应合理，密封圈偏大则容易被切损，偏小则起不到密封效果；在端盖上与指示杆配合的适当位置应进行倒角光滑过渡，防止磨损指示杆密封。

（4）建议调速系统采用过滤精度为 $5\mu m$ 的静电滤油机，并定期进行系统油质化验。

14. 机组技术供水系统偏心半球阀锈蚀问题

某水电站机组技术供水系统共有 72 个 DN200、252 个 DN250、30 个 DN350、102 个 DN500 的偏心半球阀存在内漏现象，约占整个系统的 43%，阀门内漏导致设备检修时隔离失效，必须带压或停机排水检修，严重影响电站安全运行。检查发现造成偏心半球阀内漏主要原因是球冠锈蚀、球冠密封面加工粗糙，造成球冠与阀座密封间隙过大，从而导致的密封损坏失效。为避免偏心半球阀锈蚀问题，建议重点关注以下方面：

（1）由于水电站地下厂房湿度较大，技术供水系统等部位阀门应充分考虑锈蚀问题，建议各管路系统关口阀门及其他口径小于 100mm 的阀门采用全不锈钢材质，对于口径大于或等于 100mm 阀门，其密封部位及阀杆应采用不锈钢材质。建议不锈钢材质为 1Cr17Ni2。

（2）阀门操作机构应简单可靠，确保开关到位且不出现卡阻现象。

（3）阀门方向应安装正确，避免阀门因错误安装而反向承压。

15. 排水系统深井泵选型问题

某水电站排水系统长轴深井泵投运以后存在止逆装置损坏、电机轴承发热及漏油等问题，影响电站安全稳定运行。经分析其主要原因如下：

（1）止逆装置采用普通铸铁材质，强度不够、设备加工精度不够、止逆盘槽面粗糙，导致止逆销发卡，进而造成止逆装置损坏。由于止逆装置加工精度低，不具备互换性。

（2）深井泵配套电动机油箱密封结构及制造工艺不良，运行中甩油严重，必须频繁加油，既增加了维护工作量和维护成本，又污染设备和环境；油箱容积设计偏小，润滑油循环不畅，散热能力不够，导致电动机运行温度较高。经常出现运行半小时，温度上升到跳闸值

（90℃）的情况；油箱油位计设置不合理，油位标识不能准确反映油槽内的实际油位。

为避免排水系统深井泵发生问题，建议重点关注以下方面：

（1）深井泵设备选型时选择设备质量优良的供货厂家。

（2）深井泵所用电动机下轴承采用滚珠轴承、润滑脂润滑的形式。

（3）加强电站深井泵等辅助设备设计、制造、验收以及安装等过程管理，提高设备加工制造质量，主要零部件应且具备互换性。

（4）深井泵电动机选型时采用空冷电动机而不采用水冷电动机。

（5）深井泵在建设前期运行过程中加强维护保养，确保设备接管后运行良好。

16. 空调系统冷凝水溢出问题

某水电站水轮机层、母线层及发电机层上游副厂房内共布置了 28 台套风机盘管、空气处理机组及柜式单元空调机，其冷凝水均排至水轮机层上游副厂房通风夹墙内的地漏。由于冷凝排水管路较长且冷凝水流速慢，积水盘内的灰尘随冷凝水排出时，易沉积堵塞排水管路，进而导致风机盘管排水不畅，冷凝水溢出至地面，直至威胁到发电机出口断路器室、单控室、母线层及水轮机层上游副厂房电气设备的安全稳定运行。

为避免空调系统冷凝水溢出影响其他设备，建议重点关注以下方面：

（1）空调系统设计时充分考虑冷凝水量大小，排水管路应具有足够排水能力，避免因管径偏小、管路较长造成排水不畅的问题。

（2）空调布置时，应整体规划，进、出风口应考虑电气设备布置；后期电气设备布置时避开通风空调的进、出风口，避免冷凝水影响电气设备安全运行。

（四）电气一次专业

电气一次专业在设备制造阶段应重点关注定子线棒斜边间隙偏小、直线段低阻防晕漆脱落、直线段转角位置表面凹凸不平以及转子磁极电气试验放电、气体绝缘输电线路（Gas Insulated transmission Line，GIL）管道母线表面划痕与凹坑、主变压器出厂试验产生乙炔等方面问题，从制造源头把控设备质量，消除其存在的潜在隐患；在设备安装阶段应重点把控定子线棒下线、绑扎、绝缘绕包质量，气体绝缘金属封闭开关设备（Gas Insulated metal-enclosed Switchgear，GIS）与 GIL 安装环境洁净度，主变压器高低压套管完好性，桥架安装及电缆敷设质量等，将风险、隐患消除在萌芽状态。

1. 转子一点接地问题

某水电站发电机转子磁极线圈与铁心固定方式采用四角压板固定，每个压紧结构为 1 个环氧绝缘垫板、4 组背靠背蝶形弹簧、1 个压板、2 个固定螺栓。发电机运行过程中经常出现转子接地故障，经深入检查分析，发现导致发电机磁极接地主要有两个原因：一是在装配过程中，压板及环氧垫板周围未采用良好的密封措施，运行过程中杂质及铁屑在电磁力等作用下极易进入压板内部并在线圈及铁心间形成桥接而接地；二是发电机磁极接头采用拉杆连接块结构，转子带电部位与磁轭距离偏小，并容易积聚灰尘。为避免发电机转子发生一点接地故障，建议重点关注以下方面：

（1）在设计时，应尽量增大转子带电部位与磁轭、铁心等金属部件的绝缘距离。

（2）加强安装过程质量控制，防止灰尘、铁屑等杂质进入转子隐蔽部位。

2. 定子一点接地问题

某水电站定子接地保护动作跳闸停机，检查发现铁心窜片，导致临近线棒直线段下端割伤（长约 25mm，深约 5mm）。进一步检查发现共有 76 根线棒附近下端阶梯片存在松动，5 根线棒附近上端阶梯片存在松动，其中 3 处线棒存在铁心断齿。断齿的阶梯片切割线棒造成线棒主绝缘损坏，导致接地短路故障。为避免发电机发生定子接地故障，建议重点关注以下方面：

（1）铁心上下端齿部开槽不宜太多，建议满足温升的条件下只开一槽，确保铁心端部刚度。

（2）在定子铁心上下端部只设置一层通风沟片，且临近通风沟片的阶梯铁心应该比其他部位厚实。

（3）铁心端部阶梯片建议等距离递减，且递减幅度不宜过大，以免部分铁心失去基础支撑而变形。

3. 轴绝缘测量环碳粉堆积问题

某水电站发电机为监测发电机轴领绝缘，设置有轴绝缘测量系统。在运行过程中，轴绝缘监测装置经常报接地故障。经分析，原因为测量环上方电刷在运行中产生的碳粉积聚在测量环及其绝缘支柱上，导致测量环接地。

为减少轴绝缘测量环的碳粉堆积，建议重点关注以下方面：

（1）优化集电环碳粉吸收装置结构，提升碳粉吸收效果。

（2）增大轴绝缘测量环绝缘支柱的高度，增加爬电距离。

（3）在测量环上、下及内表面上刷绝缘漆。

4. 发电机中性点电流互感器（TA）过热问题

某水电站检查发电机中性点 TA 时，发现 6 号中性点 TA 的 B 相侧面有一裂痕（长约 200mm、宽为 2～3mm），且有胶状物在壳体下方凝结。返厂解体后发现二次绕组绝缘材料严重老化，屏蔽绕组导线绝缘漆严重受损并脱落。经分析，原因是中性点 TA 与一次返回导体距离太近，其产生的杂散磁场强度超过 TA 屏蔽绕组所能承受范围（制造厂对中性点 TA：

一次导体相间距大于或等于 1100mm，一次返回导体与 TA 距离大于或等于 500mm），致使 TA 屏蔽绕组过流并发热，导致 TA 匝间绝缘损坏和二次绕组匝间短路。为避免发电机中性点 TA 过热问题，建议重点关注以下方面：

在进行发电机中性点设计时，应与中性点 TA 供货厂家进行充分沟通，根据中性点一次导体的相间距、一次返回导体与 TA 的间距来选择合适的 TA 型号。

5. 离相封闭母线垂直段支撑绝缘子脏污问题

某水电站离相封闭母线在检修中发现垂直段导体支撑绝缘子表面脏污，瓷釉有明显的灼伤痕迹。经分析，原因为安装过程中进行导体焊接时，未对焊接部位下方的支撑绝缘子进行安全防护，致使焊渣落在绝缘子表面造成脏污和灼伤。为避免支撑绝缘子脏污和灼伤，建议重点关注以下方面：

（1）优化离相封闭母线现场安装工艺，在垂直段导体焊接前应对焊接部位采取隔离措施，并对下方支撑绝缘子进行安全防护；焊接完毕后，应对焊渣等残留物进行清理。

（2）在离相封闭母线验收时应加强对母线内部的检查，确保母线设备完好，且内部清洁无遗留物。

6. 发电机出口 TA 检修孔方向问题

某水电站发电机出口 TA 安装于机组上风洞内的封闭母线导体上，其二次侧接线由封闭母线外壳上的检修孔引出。TA 处封闭母线外壳上部开有主、副检修孔各 1 个。在机组检修过程中，需要对 TA 二次侧接线端子进行检查、紧固等工作。由于检修孔与风洞墙壁之间距离太近，使得工作人员很难进入，无法进行相关维护与检查工作。为方便封闭母线 TA 检修，建议重点关注以下方面：

封闭母线 TA 检修孔的开孔方向应选择朝向相间方位，方便维护人员进行 TA 二次侧接线端子的检查、紧固等工作。

7. GIS 进线和出线 TV 谐振问题

某水电站 GIS 进线 TV 和出线 TV 多次发生铁磁谐振现象，谐振频率主要为 3 分频。经分析，原因为断路器断口间的并联电容、GIS 母线的对地电容以及 TV 的非线性电感所构成的串联 LC 回路产生谐振。断路器断开后，TV 会承受由电源通过断路器断口电容 C1 和母线对地电容 C2 产生的感应电压，此时频率一般为 1/3、1/5、1/7 倍工频，使得铁心饱和，励磁电感下降，一次绕组将通过较大的电流，从而使得线圈发热，最终导致线圈烧损。

为防止 TV 谐振现象的发生，建议重点关注以下方面：

在进行 GIS 主接线设计时，应对电磁式 TV 进行铁磁谐振分析计算，如存在发生铁磁谐振的可能，则应选择饱和磁密高、额定工作磁通密度相对较低、裕度较大的 TV，必要时在二次绕组侧增加消谐线圈。

8. 电缆桥架安装及电缆敷设问题

某水电站投运初期，对照《电气装置安装工程电缆线路施工及验收规范》等标准检查电缆及电缆桥架，发现较多不符合标准规定的地方，主要有以下几点：

（1）电缆摆放凌乱，并且使用铁丝进行绑扎固定。

（2）电力电缆与同通道敷设的低压电缆、控制电缆、通信光缆混放。

（3）电缆桥架接地不规范、不完善，部分桥架连接处跨接线缺失。

（4）电缆标识不完善，电缆支架缺少防撞措施及标识。

（5）电缆通道、配电室、二次盘柜室封堵不完善、电缆夹层防火分区不完善。

（6）电缆桥架及电缆沟杂物垃圾较多，需清理。

（7）电缆沟盖板部分缺失，部分损坏，需要补充并修缮。

为确保电缆桥架安装和电缆敷设质量，建议重点关注以下方面：

（1）对于电缆的敷设路径应提前规划，并以此确定电缆的数量，并依据电缆的数量合理设计电缆桥架的层数。

（2）电力电缆应与同通道敷设的低压电缆、控制电缆、通信光缆分层布置，电力电缆应布置在桥架的顶层。

（3）电缆桥架应提前安装，使电缆能按设计路线一步敷设到位。

（4）加强电缆桥架安装及电缆敷设过程中的质量监督，并严格按照相关标准进行验收。

9. 电站接地网敷设问题

某水电站接地网由大坝钢筋结构、坝前水下接地网、坝后水下接地网、左右岸厂房钢筋结构、主变压器室接地网、出线场接地网、调压室钢筋结构、尾水洞钢筋结构、泄洪洞钢筋结构等组成，分布十分广泛。在安装、调试以及机组发电后的并网安全性评价中，发现水电站接地系统存在以下问题：

（1）接地网中相邻接地扁铁的搭接长度不足，存在虚焊、脱焊现象。

（2）分布在坝前、坝后的水下接地网在蓄水前发现多处接地扁铁被压断。

（3）地下厂房主变压器室内上、下游均埋设接地主干线，但主变压器中性点及铁心夹件的接地未分别与两个接地主干线相连接，不满足接地规范的要求。

（4）在进行接地阻抗测试时，发现接地引下线之间的导通性检测不完整，部分接地引下线未进行导通性检测。

为避免接地网敷设发生上述问题，影响接地网功能，建议重点关注以下方面：

（1）在水电站建设过程中，应严格按照电站接地系统的设计和标准要求进行电站接地系统的施工及验收。

（2）接地系统的导通性检测应全面、完整；接地阻抗值应在左、右岸厂房分别选取电流注入点进行测量。

（3）多块接地网或扩建的接地网与原接地网之间应多点连接，设置接地井，且有便于分开的断接点，以便于分块接地电阻测量。

（五）电气二次专业

电气二次专业在设计阶段应重点关注设备的选型、盘柜布置、逻辑功能实现、二次等电位接地系统设计等问题；在安装阶段重点关注电缆埋管、电缆敷设、电缆防护、盘柜接线等问题；在调试阶段应重点关注试验项目的完整性和正确性，并且做好记录。

1. 电缆号牌及端子排标识问题

电缆号牌和端子排标识的主要作用是方便电缆及端子排的管理和维护，使得水电站运维人员能够清晰地了解电缆及端子排的信息，从而有针对性地进行操作和维护，在后期电站运维检修中有重要作用。在水电站设计和建设阶段，常出现以下问题：

（1）设计院在进行电缆和端子排设计时未进行统一规划设计，造成各设备厂家在编制电缆编号和端子排标识时，按照自己的习惯进行编制，标识不统一、不规范、不能有效表达实际代表的含义。

（2）在前期施工中有些电缆标识不清，去向不明；端子排不按图纸施工，随意性很强，造成以后电厂人员查找困难。

为规范电缆号牌和端子排标识，建议重点关注以下方面：

（1）要求设计院、设备厂家在电缆和端子排设计时严格按照标准执行，施工期间现场严格监理，督促按标准进行安装施工。

（2）建议施工单位使用专用号牌打印机，号牌标注清晰、去向明确，与图纸完全相符。

2. 监控系统与其他系统信号连接优化问题

目前水电站机组辅助及公用设备各控制系统一般都采用可编程逻辑控制器（Programmable Logic Controller，PLC）和触摸屏来实现自动控制，但各个系统与监控系统之间的信号连接依然普遍采用硬接线回路实现。这种方式存在如下缺陷：

（1）各个系统之间界限不明确，易串电。

（2）电缆敷设任务繁重，造价高。

（3）盘柜内接线复杂，设备的故障点多，不利于设备维护。

（4）设备投产后如需增加信号需要改动的工作量大。

为避免同类问题发生，建议重点关注以下方面：

（1）新建水电站监控系统与各系统信号连接建议以通信为主、硬接线为辅，通信协议建议采用主流 PLC 普遍支持的基于工业以太网的 Modbus TCP/IP 协议。

（2）信号连接以通信为主后，可大大减少监控系统与其他系统的硬接线回路，强化系统功能，节省投资，降低维护工作量，提高系统灵活性，建议相关单位在电站监控系统设计和实施中重点考虑。

3. 监控系统报警刷屏问题

监控系统报警处理方式是给被监控对象设定报警限值，当设备实时值达到报警限值时产生信号报警。目前监控系统存在部分信号频繁报警现象，个别信号报警信息一天多达万条，严重影响运行人员监屏。频繁报警原因归纳如下：

（1）设备实时值在报警限值附近上下波动，引起报警信号刷屏。

（2）设备实时值采集通道故障、复归引起频繁报警。

（3）现地开关元件接点抖动、传感器接点松动等引起频繁报警。随着设备运行时间加长、机组振动影响和传感器自身质量原因，此类报警呈现加剧趋势。

为在电站建设期优化监控系统报警机制，建议重点关注以下方面：

（1）细化报警分类，精简报警信息。深入分析每个信号用途，做到重要信号不漏报、无关信号不报警，杜绝不分主次全部纳入报警列表的做法。

（2）为解决设备实时值在报警限值附近上下波动引起刷屏问题，建议优先考虑设备定值的合理性，其次参照接点抖动方法处理。

（3）关于接点抖动引起刷屏问题，一方面监控系统要合理设置设备报警死区，另一方面考虑通过设置信号延时等方式对信号进行滤波处理，从信号源头上治理刷屏问题。

（4）可应用面向对象思想，考虑监控系统报警按对象系统进行总体报警方式，实现报警的智能化。

4. 同步时钟装置故障率高问题

监控系统时钟是全电站设备的主要时钟源，通过三级扩展时钟方式实现了全站主要智能设备的时钟同步。对时系统在运行过程中常出现以下几类缺陷：

（1）模块损坏：主要有电源模块、输出模块和对时模块等，模块损坏跟模块本体质量和运行环境有关。

（2）接口松动：主要有本体光纤接头松动、光纤跳线与接收模块接口松动等，接口松动跟光纤固定方式有关。

（3）光纤通道问题：主要有光纤损耗过大、光纤跳线损坏等，光纤问题跟光纤熔接工艺及保护措施有关。

（4）对时信号丢失：主要有天气原因导致对时信号短时丢失、室外信号接收器异常等，跟对时系统硬件设计的接收水平有关。

为降低时钟故障率，建议重点关注以下方面：

（1）优先选用成熟可靠的产品。

（2）对于系统设备安装，要加强过程控制，规范施工工艺，做好设备及电缆防护，从产品质量、施工质量、运行环境等方面保障系统的可靠性。

5. 监控系统机房功能划分问题

计算机房内主机及显示器包括操作员工作站、维护工作站、Web 发布服务器、自动发电控制（Automatic Generation Control，AGC)/自动电压控制（Automatic Voltage Control，AVC）应用服务器、语音报警服务器、报表服务器等，目前计算机房由于采用的是无隔断桌椅，各种用途服务器之间没有明显隔断，功能分区不明显，存在误操作风险，不利于机房设备的操作和维护。为避免类似问题发生，建议重点关注以下方面：

（1）计算机房采用带隔断的桌椅，将其划分为设备操作区、设备查看区、信息发布区、应用程序区、报表及语音报警区。

（2）功能划分后，各区功能分工明显，并且在桌面上用隔断隔离，易于识别。巡检人员只到设备查看区查看设备，不操作设备，避免误操作风险。机房设备布局规范合理。

6. 热导式流量计流量测值异常问题

某水电站机组推导轴承油循环采用强迫油槽外循环方式，配置两台推力及下导联合轴承油泵，在每台油泵出口处，设置流量测量点，采用热导式原理对流量计进行流量检测，该流量计在实际运行过程中，主要存在下列问题：

（1）流量测量不准确，无法真实反映油泵及输出油流运行情况。推导轴承油循环冷却系统采用流量测值控制主/备泵启动和切换。

（2）热导式流量计存在响应时间慢、长期运行后探头结垢影响测量以及测值不稳定等缺点。

为避免高压油流量计测量值异常，建议重点关注以下方面：

（1）流量计选型时，推荐采用非热导式原理的流量计。

（2）流量计安装时，电缆锁头处要密封良好，防止外部水汽进入导致元件损坏。

7. 隔离变送器故障率高问题

隔离变送器在水电站应用较为广泛，主要用于 PLC 的输入输出、上送监控信号的测点分离、监视仪表的信号隔离及分离等。其中有些数据也会影响机组的开停机操作，因此隔离变送器的稳定运行对机组的正常开停机操作有着重要的作用。但是在机组长期运行中，隔离变送器在使用过程中也暴露出较多问题，给机组的安全稳定运行带来许多隐患。为降低隔离变送器故障率，建议重点关注以下方面：

电站系统设计中，在必须使用隔离变送器时尽量将无源隔离变送器更换为有源隔离变送器。

8. 长距离控制电缆受干扰问题

某水电站同期装置控制回路使用 48V 直流电源，由于 48V 电源两路负荷电源电缆异常，一端电缆线头裸露放置在电缆廊道桥架上并且未用绝缘胶布包扎。交流电源接地短路，导致交流电通过大地串入 48V 直流电源，造成同期装置控制回路误动而引起断路器跳闸。为避免同类问题发生，建议重点关注以下方面：

（1）尽量减少远距离电缆传输控制和跳闸信号，特别是弱电控制回路，有条件的建议用光纤传输。

（2）对经长电缆跳闸的回路，应采取防止长电缆分布电容影响和防止出口继电器误动的措施，提高操作继电器、保护出口继电器动作功率。

（3）严格按电缆的电压等级进行强弱分层敷设，避免干扰信号侵入。

9. 瓦斯继电器定值及施工安装注意问题

某水电站 500kV 系统发生单相接地短路故障，导致主变压器重瓦斯动作出口。根据仿真计算和实际动作情况推断，此次短路故障电流引起重瓦斯继电器处油流瞬时流速接近 1.00m/s，达到其整定值而动作，因此，重瓦斯继电器保护整定值偏小是继电器动作的主要原因。

另外，有些变压器瓦斯继电器安装时未加防雨罩或瓦斯继电器电缆接口未堵塞严实，导致继电器内积水，绝缘降低，严重时会造成瓦斯继电器误动；有的变压器在瓦斯继电器两侧未安装控制阀门，致使变压器在有油情况下无法进行拆卸校验。

为确保瓦斯继电器动作可靠，建议重点关注以下方面：

（1）同一水电站的同型变压器应采用同型号、同结构、同尺寸的瓦斯继电器，以便于备品备件的储备和现场更换。

（2）根据变压器容量、电压等级、冷却方式、连接管径等参数，合理选择瓦斯继电器定值，有条件的可依据仿真试验结果确定定值。同时，设备厂家应提交瓦斯继电器选型及定值整定报告。

（3）尽量减少瓦斯继电器跳闸回路的中间环节，安装时加装瓦斯继电器防雨罩，增设防震措施，堵塞电缆进线孔洞，防止瓦斯继电器误动跳闸。

（4）瓦斯继电器两端应有控制阀门，便于瓦斯继电器的拆卸和校验。

10. 发电机、变压器保护停机出口时间与机组本地控制单元（Local Conrtol Unit，LCU）的配合

某水电站停机出口触点动作后展宽时间为 100ms，因监控系统 LCU 对开关量输入（Digital Input，DI）巡检周期较长（一般为 130ms），故在发电机、变压器电气量保护停机出口触点后增加一级带自保持的重动继电器，该继电器需手动复归，完全可以满足 LCU 对 DI 的采集时间需求，但由于该继电器动作功率很低，抗干扰性能差，在运行中存在误动风险。为避免误动风险，建议重点关注以下方面：

（1）应针对不同的保护装置和不同的监控设备采取不同的措施，对增加了展宽时间的继电器应严格调试，避免启动失灵的触点和其他要求瞬时返回的保护触点误加展宽时间情况发生。

（2）如果装置展宽时间仍无法满足监控系统停机流程的需要，建议重动继电器采用大功率继电器，能有效防止继电器受干扰引起误动作。

11. 主变压器低压侧 TV 谐振问题

某水电站对主变压器进行充电时，主变压器低压侧 TV 发生谐振，C 相一次熔断器熔断，C 相 TV 损坏。经返厂解体检查，TV 一次绕组层间及匝间短路，一次绕组层间及匝间绝缘过热损坏，二次绕组绝缘良好，无短路现象。此故障在该电站其他机组也发生了一次。经过两次谐振波形分析确认：两次均发生了 1/2 分频谐振，导致 TV 谐振产生的原因均是由于主变压器冲击合闸瞬间，传递过电压导致 TV 磁路饱和，电抗值下降，与回路中的容抗参数匹配，导致铁磁谐振。为避免铁磁谐振损坏 TV，建议重点关注以下方面：

（1）选用励磁特性好、伏安特性高及铁心不易饱和的电磁式 TV。

（2）调整系统中 L 与 C 的参数配合，尽量避免容易产生谐振的运行方式。

（3）在开口三角绕组接电阻或并联计算机消谐装置。

（4）合理的安装位置可以有效避免操作过程中出现谐振。

（5）系统中性点采取经消弧线圈接地。

（6）在一次侧中性点与地之间装设非线性电阻型消谐器等。

12. 水力机械后备温度保护动作停机逻辑问题

某水电站机组上导轴承、下导轴承、水导轴承瓦温后备保护均有两个测点，采取单点动作即停机逻辑，曾发生由于热敏电阻（Resistance Temperature Detetaor，RTD）跳变引起误停机。经分析，由于 RTD 安装工艺问题，往往会造成其测值的跳变，存在误动的可能性。为保障水力机械后备保护动作的正确性，建议重点关注以下方面：

（1）综合考虑温度测点误动和拒动因素，采用两点越限跳闸动作逻辑可降低因温度测点误动作或单点 RTD 跳变造成的停机风险。

（2）为增加水力机械后备温度保护动作的可靠性，建议采用两点越限跳闸动作逻辑。

13. 水导轴承测温 RTD 安装工艺问题

某水电站水导轴承瓦和油温测温电阻 RTD 拆装工作中，发现水导轴承瓦测温电阻和油温 RTD 本体采用的是固定螺纹结构固定，不符合现场工作条件，在拆、装过程中 RTD 本体后端引线会随着转动导致引线破裂，甚至扭断等安全隐患。RTD 引线出油槽壁部分采用的是密封圈螺母锁紧结构，密封不严，该处渗、漏油较严重。为避免相关问题发生，建议重点关注以下方面：

新建电站在考虑瓦温测温电阻安装时，既要考虑防止渗漏，又要考虑拆卸方便。参照以下三点：油槽内瓦温 RTD 选择活动卡套式结构；油槽内 RTD 引线选择耐油、耐温、防渗的电缆；所有 RTD 引线选择带屏蔽的电缆。

14. 敷设电缆造成电缆测温光纤损伤断裂问题

水电站测温光纤存在的损伤问题主要是三种，尤其是坝顶电缆沟测温光纤最为突出。第一种是在敷设电缆时未对测温光纤采取任何防护措施，直接造成测温光纤断裂，引起测温光纤主机报警；第二种是在敷设时未对测温光纤采取任何防护措施，造成测温光纤保护层破损或光纤扭曲，虽未断裂，但为后期稳定运行留下较大隐患；第三种是直接将电缆敷设在测温光纤上面，对测温光纤造成挤压，对其正常运行造成严重影响，极大增加了光纤后期维护工作量。为避免测温光纤损伤，建议重点关注以下方面：

（1）光纤测温系统光纤探测器在桥架中应采用正弦波方式逐层敷设，并固定。

（2）在敷设电缆时对测温光纤进行防护，一般措施为将需敷设电缆区域的测温光纤进行移位，待电缆敷设到位后重新按要求敷设测温光纤，以防止电缆敷设造成测温光纤断裂。

三、技术建议管理

（一）管理方法

技术建议管理按照"分层分级、各负其责"的原则，根据实施的难易程度安排不同层级的人员进行管理。特别重要和重要技术建议宜在建议内容的设计阶段提出，一般建议宜在建议内容实施前提出，主要应用于水电站建设初期，在设备设计、制造及安装调试过程中，重点关注水电站建设的技术难点，尽量减少设备缺陷和隐患，避免设备投入运行后出现原发性缺陷。

技术建议的过程管理包括建议的采纳和落实两个阶段。技术建议被相关方采纳后，电厂人员应定期跟踪落实情况，按时间节点检查落实情况，做好过程管理，确保解决时机得当，措施有效。

技术建议管理是电力生产准备工作的重要内容，电厂应建立一个完整的沟通协调渠道，鼓励各方技术人员和管理团队提出专业的技术建议，并从实际可行性、技术前景、成本效益、安全风险等方面进行评估和筛选。针对被采纳的技术建议，制定具体的实施计划，建立监督机制，跟踪实施情况，及时发现问题并进行解决，最终进行成效评估。同时，必须认识到，水电站涉及能源生产、水利工程、环境保护等多个方面，因此在技术建议管理中需要特别重视安全、环保和可持续性的问题，并密切关注相关法规标准，以确保技术建议实施符合相关要求。

（二）白鹤滩水电站实例分析

白鹤滩电厂为实现"设计零疑点"，全面梳理行业内"重点""难点""痛点""家族性"问题，总结已投产电站在设计、制造、安装、运行、检修等过程中暴露的技术问题、积累的经验做法，全面分析百万机组特点，提出了一系列专业技术建议，编制了技术建议跟踪表。并探索利用信息化手段加强技术建议管理，建立了技术建议管理平台（详见第七章第三节信息化保障部分），实现了技术建议的提出、采纳、分级管理、跟踪直至关闭的全过程管理。

为保障重要技术建议的落实，白鹤滩水电站编制特别重要技术建议预控方案，主要包括液压启闭机油缸制造与安装质量预控方案、弧形工作门支铰防开裂预控方案、白鹤滩水电站下游河道整治预控方案、机组抗磨环（转动环）安装质量预控方案、机组重要部位螺栓质量预控方案、电缆线路工程质量预控方案、发电机定子绕组防电晕预控方案等。

比如为控制发电机定子绕组电晕现象，白鹤滩电厂在筹建初期，即对行业内同类问题相关资料进行了收集分析，发现电晕发生部位主要集中在搭接处、斜边垫块处、槽口垫块处等，电晕产生原因有制造缺陷，也有安装质量问题。白鹤滩电厂从定子绕组设计、制造、安装等环节进行预控，有效降低了该问题出现概率。

（1）在设计阶段，提出了以下要求：

1）发电机定子绕组应避免相邻异相线棒间电位差过大，线棒之间应保证足够的安全距离；

2）降低相邻线棒的电位差，基本原则是尽量将高电位线棒布置在相带中间，而把低电位线棒布置在相带两侧，通过优化排列，使绕组任意相邻线棒间的电位差均低于发电机相电压。同时，要求生产厂家对定子绕组接线方式进行优化，以达到降低相邻线棒电位差的目的。

（2）在制造阶段，安排技术骨干赴生产厂家参与设备监造，重点开展以下工作：

1）审查定子线棒生产工艺文件满足要求；

2）审查定子线棒原材料的检验报告满足要求；

3）审查定子线棒生产场所环境满足要求；

4）审查主绝缘采用机器绕包，拉紧力均匀；

5）审查高、低阻带搭接长度满足要求；

6）审查高、低阻带搭接部位粘接牢固，无空隙；

7）审查工厂试验时单个线棒在 1.5 倍额定电压下不起晕；

8）审查成品线棒包装防尘、防潮及防碰撞措施到位。

（3）在安装阶段，逐步安排技术骨干参与现场安装的项目管理和质量监理工作，重点开展以下工作：

1）审查定子线棒下线施工工艺文件满足要求；

2）审查定子组装材料的验收及储存满足要求；

3）审查抽检试验时单个线棒在 1.5 倍额定电压下不起晕；

4）审查定子线棒安装场所环境满足要求；

5）审查在搬运、嵌装时对线棒的防晕结构保护满足要求；

6）审查定子线棒安装过程中使用的材料均在有效期内，漆、胶的配比符合安装工艺文件要求，并按要求进行留样检验；

7）审查下线时控制槽衬纸伸出铁心的长度满足要求，确保不会因槽衬纸卷边或破裂与铁心压指产生放电现象，避免槽衬纸表面涂刷的半导体胶黏附到线棒高阻部位，若有黏附，应及时清理；

8）审查斜边间隙符合设计文件要求，垫块的绑扎固定采用叠压方式，与线棒之间的间隙填充饱满，表面无毛刺、尖角；

9）审查汇流环与支撑件之间的间隙填充饱满，填充物表面无毛刺、尖角；

10）审查整体耐压试验时，在 1.1 倍额定电压下，绕组端部无明显的晕带和连续的金黄色亮点；

11）审查定子绕组组装完成后至机组调试前，防尘、防潮及防撞措施到位，并采取防止粉尘、水等进入发电机内部污染定子绕组的措施。

第三节 重要方案准备

重要方案是水电站电力生产准备过程中为研究解决接机发电各类技术问题，有针对性地提出应对措施的一种技术文件，有利于防范化解接机发电各阶段存在的风险，为电站投产后设备长周期安全稳定运行打下牢固基础。本节介绍了重要方案准备要点、实施计划，并结合白鹤滩电力生产准备实例，对深度参与工程建设、设备接管准备、机组非计划停运、重大风险预控等重要方案进行了阐述。

一、准备要点

重要方案应分专业分系统分类别编制实施。主要有以下四点：

（1）明确方案编制目标。根据重要方案实施背景，把握需要解决的主要问题，明确想要达到的目标。

（2）分析难点和创新点。技术难点是重要方案实施中可能遇到的障碍，而创新点是指该重要方案与其他成熟技术的不同之处。电厂要有针对性地收集相关行业规范、生产案例，分析问题原因，在重要方案中重点落实。

（3）研究制定技术措施。通过分析研究重要方案中涉及的技术及相应参数，以问题为导向，攻克技术难点，制定技术措施。

（4）确保方案高效实施。明确重要方案中各个技术措施的实施步骤，明确责任人、控制要求、完成时间及跟踪闭环方式等，确保重要方案高质量贯彻落实。

二、实施计划

重要方案实施应贯穿水电站建设和生产全过程，电厂要跟踪重要方案措施实施进度，强化质量监督。水电站电力生产准备过程中涉及的重要方案及实施阶段见表 3-17。

表 3-17　　　　　水电站电力生产准备过程中涉及的重要方案及实施阶段

类别	序号	重要方案	实施阶段
深度参与工程建设方案	1	运行专业参建工作方案	设计、安装、调试
	2	电气二次深度参建工作方案	设计、制造、安装、调试
	3	电气一次专业深度参建工作方案	
	4	机械专业深度参建工作方案	
	5	水工专业深度参建工作方案	
设备运行接管方案	1	运行接管方案	接管
非停预控方案	1	水轮机及其辅助设备风险分析及对策	设计、调试、接管
	2	发电机及其辅助设备风险分析及对策	
	3	调速系统风险分析及对策	
	4	励磁设备风险分析及对策	
	5	主变压器风险分析及对策	
	6	500kV GIS 及 GIL 系统风险分析及对策	
	7	监控系统设备风险分析及对策	
	8	厂用电风险分析及对策	
	9	快速门设备风险分析及对策	
	10	人为风险分析及对策	
	11	环境风险分析及对策	

续表

类别	序号	重要方案	实施阶段
水淹厂房事故预控方案	1	厂房排水系统风险预控措施	
	2	连接流道设备风险预控措施	
	3	厂房外部环境预控措施	
大面积停电事故预控方案	1	出线场设备风险预控措施	
	2	开关站直流系统风险预控措施	
重大设备设施事故预控方案	1	水轮机设备风险预控措施	设计、调试、接管
	2	发电机设备风险预控措施	
	3	变压器设备风险预控措施	
	4	500kV设备风险预控措施	
	5	监控系统设备风险预控措施	
	6	厂用电设备风险预控措施	
	7	泄洪设施机组进水口闸门设备风险预控措施	

三、典型方案

（一）深度参与工程建设方案

电厂各专业人员应从技术准备、人员准备与安排、参与工程建设会议、设备生产见证、出厂验收、现场监理、安装调试等方面出发，全方位、全过程深入参与工程建设工作。为规范各专业参建工作、提高参建质量，电厂应制定深度参建方案。

1. 技术准备

电厂各专业人员一方面应组织收集整理相关国家标准、行业标准、企业标准、反事故措施等规范制度，制定技术标准学习计划并认真落实；另一方面，应梳理参建所需技术标准，主要有出厂验收指导书、设备安装调试作业指导书，参与《设备竣工验收大纲》编审，并根据工程进度逐步梳理出参建所需工作模板，统一工作流程，实现参建工作标准化、流程化，提高参建工作效率。

2. 人员准备与安排

考虑参建工作点多面广、环境复杂多变，电厂可从参建工作需要和人才培养角度出发，确立各专业"定期交叉轮换"的参建思路。参建人员均应参与各专业所辖各个类型设备的安装调试及监理等，做到人人全面熟悉掌握设备安装位置、配置方式以及控制原理等，交叉检查，保证工艺质量。

3. 生产见证与出厂验收

电厂各专业人员应根据相关要求完成设备出厂验收指导书编写，并全程参与首台（套）样板设备生产见证，严格按照水电站机电设备出厂验收技术要求执行验收流程，确保设备质量、技术资料等验收项符合设计要求。

4. 现场监理

现场监理主要包括设备安装调试监理、设备开箱验收监理等主要技术活动，电厂应统筹制定监理人员派驻和轮换计划。参与现场监理工作要求如下：

监理人员应提前学习掌握监理单位相关管理制度并严格遵守；全过程参与监理工作，严格落实设备安装调试作业指导书相关项目及要求；保持良好的工作沟通协调，发现施工质量、安装调试缺陷等问题应及时协调相关方解决，持续跟进其处理过程，及时填写缺陷记录跟踪表，并将缺陷及处理情况及时报告各专业负责人；协调电厂安装调试人员持续跟进项目安装调试进程，拍摄安装调试环节的过程影像资料，尤其是隐蔽工程的图片资料，并收集元器件设备图纸、技术资料、铭牌参数等；定期完成工作周报及月报填写；完成重要节点技术报告，其内容包括工作简述、关键工序进度、安装调试质量、工期控制、主要技术难题及处理情况、遗留问题、建议等；动态完善在安装调试监理过程中已得到充分落实的技术建议，闭环管理。

5. 安装调试

安装调试主要包括设备安装、调试、资料收集、备品备件管理等。工作内容及要求如下：

各班组负责人根据工程进度制定安装调试工作计划，并明确各工作面负责人；工作负责人收集设备图纸、说明书，梳理技术建议管理平台建议，完善安装调试作业指导书、准备工作记录本等技术资料；工作负责人组织工作组成员对设备安装调试作业指导书、技术建议、设备图纸及说明书进行培训宣贯，并按照调试作业指导书要求准备工器具及材料；工作负责人按照设备安装调试作业指导书组织完成调试工作，严格把控设备调试质量，如实记录相关调试内容；工作负责人按照监理人员要求负责组织收集相关安装调试影像资料；工作负责人组织核对调试图纸的正确性，图纸错误应在图纸上修改标记，并在图纸扉页注明修改的图纸页码；调试过程中遇到异常情况，工作负责人应积极协调监理及施工单位处理，在工作记录本上详细记录，并填写《缺陷记录跟踪表》；调试工作结束后，工作负责人应及时收集整理安装调试资料、更新设备履历、动态更新技术建议管理平台相关内容。

（二）设备接管准备方案

随着水电站工程建设的推进，设备投产逐渐密集，设备设施接管工作强度大、责任重、要求高，存在接管区域与工程建设区域交叉重叠等复杂情况。为做好接机发电工作，电厂需要编制设备接管准备方案，来保障电站各区域由施工调试期向运行接管期平稳过渡，保障接管设备设施运行安全。下面以运行设备接管准备方案为例，介绍电力生产准备过程中设备接管的原则及各项准备工作。

1. 接管原则确定

根据行业惯例和设备投产计划，梳理编制设备接管计划表，为接管后的设备运行维护做好准备。区域和设备主要接管原则如下：

（1）接管区域具备封闭管理条件，设备间具备门禁或上锁条件，敞开区域具备硬隔离条件。

（2）接管设备与监控系统的调试对点已完成，具备远方监视控制条件；中央控制室操作员站具备对接管设备的监视与控制功能。

（3）进水口快速门区域、厂房排水系统具备条件时建议提前接管，便于控制地下厂房来水风险。

（4）厂用电接管建议按照从高电压向低电压、从电源侧向负荷侧的原则逐级接管，确保电源的可靠性与安全性。

（5）机组接管后，机组进水口、主厂房机组各层、母线洞、主变压器室、尾调室、尾闸室区域建议接管，各区域与非接管区域有明显硬隔离措施。

（6）GIS 接入后，GIS 室、辅助盘室、电缆廊道、GIL 竖井、出线场相应区域建议接管，并与非接管区域有明显硬隔离措施。

（7）直流系统、清洁水系统、压缩空气系统如具备条件，可在首批机组接管时接管，水系统、气系统干管上相关隔断阀应做好隔离措施。

2. 组织措施准备

根据设备接管进度及现场实际条件，优化人力资源配置，以"集中监控、分点值守、应急响应"为原则，分阶段合理安排运行倒班方式。

3. 安全措施准备

根据电力生产准备工作进展，逐步开展安全措施准备，具体如下：

（1）强化员工安全生产意识，加强安全教育和培训，杜绝习惯性违章和人为事故，定期开展安全教育活动。

（2）编制现场危险源辨识清单。

（3）装设运行区域隔离栅栏及安全警示标识牌。

（4）落实现场安全保卫措施。

4. 技术措施准备

根据电力生产准备工作进展，逐步完成技术措施准备，具体如下：

（1）提前准备运行规程、运行图纸、运行教材、设备参数集等技术资料，应在接机发电前完成印发。

（2）加强员工技术培训，提高员工运行操作技能。

（3）提前编制应急处置方案，主要有厂用电全停处置方案、水淹厂房应急处置方案、电网事故紧急处置方案等。

（4）积极主动做好设备运行方式安排、规划，编写相关方案。

（5）提前准备好设备的现场标识制作安装工作。包括区域标识、相关电源开关及阀门编号标识牌制作，设备接管后所有的现场标识安装工作应尽快完成，另外，还应做好重要设备现场操作指南粘贴和危险源警示标识制作安装等工作。

（6）做好接管设备区域的通讯保障和管理工作。做好值守点通讯方式及联系电话放置地点安排等工作，既要方便联系、汇报，也要方便设备安全管理。

5. 电站调度管理准备

根据设备投产计划，逐步开展调度管理准备工作，具体如下：

（1）根据水电站的调度关系，在开关站设备调试前，安排人员参加调度上岗资格考试，并取得相应调度资格证。

（2）跟踪水电站调度设备（包括二次设备）命名编号，及时更新运行规程及典型操作票。

（3）跟踪水电站并网调度协议签订工作，以便明确调度管辖范围及调度运行管理方式。

（4）跟踪机组的并网、调试安排，学习宣贯相关试验方案及调度方案，提前做好调度联系、生产协调等准备工作。

（5）根据上级调度要求，结合水电站实际，编制年度、月度设备检修计划等。

6. 电站运行管理准备

根据电力生产准备工作进展，逐步开展运行管理准备，具体如下：

（1）与水电站安全运行紧密相关的供电、供水部门建立联系制度，明确相关职责划分及调度联系制度。

（2）根据设备接管计划及人员配置情况，合理安排运行值班方式，针对不同值班方式，还需对交接班及设备巡回检查制度做必要的补充规定。

（3）考虑已接管设备存在交付施工单位或委托管理等情况，提前制定已接管设备移交、委托管理等相关管理规定；建立施工单位用水、用电、用气等联系制度。

（4）对已接管设备实行全封闭式运行管理，现场应做好相关隔离措施并制定区域管理规定。尤其是外单位进入运行管理区域工作，应严格履行工作票办理相关规定。

（5）制定运行管理规定。

（6）明确设备操作、巡检及工单办理人员资格名单。

7. 物资及后勤保障准备

根据电力生产准备工作进展，逐步开展物资及后勤保障准备，具体如下：

（1）编制物资及工器具清单，设备投产前完成采购，工器具应定期校验合格并记录存档。

（2）确定临时值守点，解决值守点的用电、饮水、卫生间、通风空调等问题，改善值守人员的现场工作条件。

（3）落实值班人员上下班，以及设备操作、巡检及应急处理期间交通工具，值班期间用餐等后勤保障资源。

（三）机组非停预控方案

为实现设备投产后长周期安全稳定运行目标，电厂应针对设备设施安装调试过程中的问题进行梳理。进一步全面深入分析可能导致机组非计划停运、水淹厂房、火灾等重大事故发生的风险及隐患，并制定切实可行的防范对策。

下面以白鹤滩水电站为例，从设备因素、人为因素以及环境因素三个方面，介绍电力生产准备过程中为防止机组非计划停运采取的预控措施。

1. 设备因素方面

设备因素主要从水轮机、发电机、调速器、励磁系统、主变压器、500kV GIS 及 GIL 设备等进行风险分析，并采取预控措施。

（1）水轮机及其辅助设备运行存在导致机组非计划停运的因素主要有以下四个方面：

1）水导轴承冷却系统油循环管路漏油，造成水导轴承油槽油位下降，水导轴承瓦温升高，最终导致机组因瓦温过高跳闸。

2）水导轴承外循环泵因故障全停，导致机组因水导轴承瓦温过高跳闸。

3）机组主轴自然补气管路缺陷造成漏水，导致尾水倒灌至主轴内，严重时将损坏发电机。

4）机组振动引起顶盖平压管破裂导致大量漏水，造成水淹水导轴承的严重后果。

应采取的预控措施如下：

1）巡检、监屏关注水导轴承油位，发现异常及时联系生产部门处理并采取临时措施；加强趋势分析，关注水导轴承油槽油位变化趋势，及时发现漏油现象。

2）重点关注水导外循环系统运行情况，出现双泵全停，根据水导轴承外循环双泵全停现场处置方案进行处理；电源倒换时，先调整水导轴承外循环泵运行方式，避免厂用电倒换影响重要运行设备运行。

3）关注厂房渗漏集水井水位，若来水突然增大，重点检查顶盖水位、大轴补气漏水管等主要来水源；巡检及开停机检查，重点关注机组滑环室大轴补气漏水管是否有返水现象、机组大轴甩水孔是否有甩水现象；监视机组运行时大轴补气阀动作情况，若大轴补气动作频繁，及时调整机组出力，改善机组运行工况。

4）设备检修时对平压管进行探伤检测，发现裂纹及时处理；通过监屏、巡检、趋势分析关注顶盖水位，若平压管路存在漏水现象，及时联系生产部门处理，并关注厂房渗漏集水井水位和排水泵运行情况；若出现平压管破裂大量漏水，根据《机组顶盖平压管破裂漏水现场处置卡》进行处理。

（2）发电机及其辅助设备运行存在导致机组非计划停运的因素主要有以下七个方面：

1）转子上方紧固件松动脱落，损伤线棒而造成定子短路故障跳闸。

2）定子铁心端部松动出现断片切割定子线棒、定子线棒安装或检修时磕碰受损，造成定子线棒主绝缘损坏触发发电机定子接地保护动作。

3）转子磁极紧固件松动脱落、磁极引线拉紧螺杆背部吸附灰尘与铁屑，造成磁轭间绝缘降低触发转子接地保护动作。

4）发电机出口开关冷却装置失电或损坏，造成出口开关温度异常升高而导致发电机被迫停运。

5）发电机出口隔离开关因三相联动连杆机构紧固螺母松动等导致连杆脱落时，隔离开关三相不同时分合闸。

6）推力外循环泵因故障全停或部分停运，导致机组因推力瓦温过高跳闸。

7）发电机空气冷却器冷却水管大量喷水，喷至定子线棒造成定子绝缘降低，定子短路或接地。

应采取的预控措施如下：

1）对转子上方每个紧固件进行编号并进行划线标记，在检查时按照网格化进行管理，专人负责，确保每一个紧固件紧固到位，制动措施完备。对易松动部位进行重点检查及紧固，对吸附灰尘及铁屑部位进行全面清扫。

2）设计阶段应提醒厂家重点考虑定子阶梯片的刚度和强度，制造安装阶段应控制好工艺，确保片与片之间粘接牢固。从而避免出现因阶梯片松动而割伤线棒的缺陷。

3）转子磁极的紧固件也应进行网格化管理，应对每一个紧固件进行编号并进行划线标记，尤其是确保制动措施落实到位。

4）发电机出口开关冷却装置设计双电源供电，日常巡检关注设备温升情况，发现单套冷却装置故障停运，及时减少机组运行负荷，对故障设备进行隔离处理。

5）维护人员对发电机出口隔离开关连杆操作机构进行位置标记，定期检查；操作过程中，应现场检查发电机出口隔离开关状态是否正确，连杆机构是否完好；机组开机并网后，检查三相电压、电流是否平衡。

6）厂用电倒换时，加强机组推力外循环泵运行情况监视，必要时，进行手动启动；当机组推力外循环运行台数小于规定值时，设置监控系统报警，以便及时发现问题。

7）机组检修后空气冷却器充水时检查空气冷却器是否有漏水；利用图像监控系统，加强发电机风洞内设备巡检；机组开机检查过程中，现场检查发电机空气冷却器运行情况。

（3）调速器设备运行存在导致机组非计划停运的因素主要有以下三个方面：

1）机械过速装置因控制阀及触动机构安装不牢固或未执行防止误动措施，导致机械过速装置误动。

2）调速器液压系统因管路连接处密封老化、螺栓松动及阀组损坏造成大量漏油，并造成机组事故低油压动作。

3）调速器电气控制设备因电源模块失电、控制程序紊乱或执行机构阀组不受控制造成严重故障，无法自动控制调速器正常运行，造成事故停机。

应采取的预控措施如下：

1）落实机械过速装置防止误动措施，设备检修时检查控制阀及触动机构安装是否牢靠，对触动机构进行全面清扫，确保控制阀机构触动臂位置状态正常。

2）运行人员巡检、监屏时检查调速器压油罐油位，认真巡视液压系统管路有无漏油、渗油情况，设备检修时对阀组、管路连接处及密封进行重点维护。

3）合理安排厂用电运行方式，确保调速器控制设备供电可靠。及时维护更新控制程序，确保程序无漏洞、无缺陷。设备检修时重点检查调速器执行机构并进行动作试验，确保能够正常执行控制指令。

（4）励磁系统设备运行存在导致机组非计划停运的因素主要有以下三个方面。

1）励磁功率柜因晶闸管损坏、可控硅击穿、同步变压器烧损或控制熔断器熔断被迫退出运行。

2）发电机滑环、电刷处积存碳粉造成发电机转子接地故障。

3）励磁系统双套调节器故障。

应采取的预控措施如下：

1）关注设备运行工况，发现运行参数异常时，及时检查处理；把控检修质量，全面检查励磁系统关键设备，发现设备故障及时处理。

2）加强巡检，检查滑环室进人门是否关闭完好、滑环室内有无异物异响异味等、电刷及滑环是否接触良好、碳粉吸收装置运行工况是否良好。发现碳粉积存及时清扫，在大负荷运行期间对滑环和电刷等设备加密测温。

3）巡检、监屏关注励磁调节器运行情况，发现报警信号及时检查处理。

（5）主变压器及其辅助设备运行存在导致设备非计划停运的因素主要有以下三个方面。

1）主变压器冷却器控制柜 PLC 程序故障导致误报冷却器故障，误发冷却器全停故障信号导致主变压器停运。

2）主变压器瓦斯继电器整定值变小、瓦斯继电器干簧管接点间绝缘降低等导致瓦斯继电器误动作，造成机组非计划停运。

3）主变压器事故排油阀被误开启，导致主变压器油位快速下降，重瓦斯等保护动作导致机组"非停"。

应采取的预控措施如下：

1）加强主变压器冷却器运行情况监视，当控制柜 PLC 程序故障导致误报冷却器故障时，将主变压器冷却器切现地控制，手动启动冷却器运行；设备检修时，维护人员应对控制柜 PLC 模块性能进行全面检测和验证。

2）做好瓦斯继电器整定值计算与试验；在新瓦斯继电器安装、瓦斯继电器定期检验时，除了常规试验检查项目外，应重点加强瓦斯继电器内部干簧管的外观检查，同时严格控制安装质量，防止干簧管受损。

3）对主变压器事故排油阀设置防误动措施；加强人员安全管控，进入现场的作业人员应严格遵守设备运行区域安全管理规定，严禁在设备运行区违章作业、无票施工；电厂对已接管的设备区域实施全封闭管理，完善现场警示标识，实行严格的运行区域工作许可制度。

（6）500kV GIS 及 GIL 设备存在的风险因素主要有以下六个方面：

1）500kV GIS 系统隔离开关、接地开关操作机构机械连杆出现故障，将存在"带负荷分、合隔离开关""带电拉、合接地开关"等风险，进而造成保护动作、机组停机等事故。

2）断路器灭弧室压气缸动触头拉杆因生产工艺差、焊接不可靠等因素断裂，在进行断路器操作时，将会导致系统非全相运行的风险。

3）500kV GIS 保护装置定值设置不合理，定值整定工作防止误动措施执行不到位，造成保护误动作。

4）开展 500kV 线路停、送电等试验工作时，充电保护、重合闸装置投退不正确，造成保护误动作。

5）因质量问题或因开展工作时安全措施执行不到位，造成 TV 二次侧短路或 TA 二次侧开路，造成设备损坏。

6）GIS、GIL 内部绝缘子因质量或清洁度问题，诱导电离、局部放电导致进一步劣化，造成内部绝缘击穿，触发保护动作。

应采取的预控措施如下：

1）在进行 500kV GIS 设备倒闸操作前后，监视三相电压、电流是否平衡，判断三相位置是否一致；操作前，检查确认隔离开关、接地开关控制回路电源是否正常；操作后，现场检查隔离开关、接地开关实际位置是否到位；检修完毕后应进行分合试验，通过观察窗确认隔离开关、接地开关三相动作是否一致，辅助触点动作是否正确。

2）加强设备监造、出厂验收等环节把控；利用检修对断路器灭弧室进行开盖检查，确保设备无异常；倒闸操作时，现场检查确认无异常后再进行下一步操作；加强巡检巡屏，发现异常及时处理。

3）严格执行定值制定、审核流程，落实电气二次安全措施卡执行的相关规定，并全面开展保护检验试验，验证保护定值及动作的正确性。

4）逐级审核试验实施方案、试验调度方案，按照方案要求投退保护装置并履行现场复核确认机制。

5）严格把控 TV、TA 生产和安装调试质量，发现缺陷及时更换或处理；规范开展设备检修作业，强化质量验收把关机制，设备投运后及时检查确认二次系统采样的正确性。

6）关注设备运行时电流、电压是否平衡，分析局部放电信号变化趋势，发现异常及时分析处理，减少设备带缺陷运行时间。

2. 人为因素方面

针对内部作业人员及外来作业人员进行风险辨识，制定防范对策，如表 3-18 和表 3-19 所示。

表 3-18　　　　　　　　　　内部作业人员风险分析及防范对策

序号	内部作业人员风险分析	防范对策
1	人员疲劳、精神状态不佳、带病工作	加强交流，了解员工状态，合理安排工作
2	走错间隔	现场设备隔离措施完备，标识指示清晰。严格遵守电力安全工作关于常用防护用品与使用要求的规定，按规定佩戴和使用劳动防护用品，作业时认真核对设备双编号
3	人员误操作	按"三考虑、五对照"（考虑一次系统改变对二次设备的影响，考虑系统方式改变后的安全可靠性和经济适用性，考虑操作中可能出现的问题和预控措施；对照现场设备，对照系统运行方式，对照规程和有关部门规定，对照图纸和技术改造方案，对照原有操作票和参考操作票）拟定、审批操作票，禁止无票操作，操作标准化、流程化。操作前核对设备编码；严格执行操作监护制、唱票复诵制；严禁随意解除防误闭锁
4	巡检遗漏重大缺陷	规范巡检制度，强化安全责任意识，提高巡检质量

序号	内部作业人员风险分析	防范对策
5	作业中误碰其他设备	① 作业前确认安全措施执行到位。 ② 确认设备已停电、采取措施验电；强化作业监护制
6	未办理工作票，擅自工作	设备检修过程严格执行作业指导书及工作票制度
7	检修设备不熟悉	不动与作业无关的设备、按钮等
8	现场环境不熟悉	加强安全技能培训，使其熟悉现场环境，掌握设备工作原理，不盲目作业
9	安全意识不够	加强作业风险辨识能力，落实现场安全技术交底

表 3-19　　　　　　　　　　　　外来作业人员风险分析及防范对策

序号	外来作业人员风险分析	防范对策
1	对现场环境不熟悉	生产区域严格执行凭证通行制度。外来人员进入生产区域必须办理通行证件。现场设备隔离措施完备，标识指示清晰
2	安全意识缺乏	外来人员开展工作前，必须进行必要的安全和管理交底。交底内容包括生产办公区域的管理规定、安全注意事项、作业区域范围、作业风险点、文明施工要求等
3	风险辨识能力不强等	强化安全意识和风险意识，提高风险辨识能力
4	工作人员精神状态不良	及时发现并更换作业人员，严禁不安全行为
5	走错间隔	完善现场安全检查制度，规范现场作业管理，认真核对设备间隔标识
6	作业中误碰其他设备	落实现场安全措施，对高风险作业场所实现全覆盖实时监控，强化作业监护制
7	未得到允许，擅自工作	严禁管理性违章、指挥性违章和作业性违章等不安全行为
8	在规定的作业范围之外进行工作	作业风险措施分析未落实不开工，严禁盲目和随意作业。严禁触碰、操作与工作无关的设备
9	在电站生产区域吸烟等，造成火灾或者消防动作	外单位协作人员在生产区域工作期间，电厂相关分部须安排工作监护人，履行管理责任，加强现场监督，及时纠正违章作业

3. 环境因素方面

针对地质灾害、恶劣自然环境等方面进行风险辨识，并制定针对性防范对策，形成清单，如表 3-20 所示。

表 3-20　　　　　　　　　　　　　　环境风险及防范对策

序号	环境风险	防范对策
1	坝区大暴雨导致山体渗水或廊道涌水，威胁机组安全运行	暴雨天气加强厂房各部巡检，发现渗水或有廊道涌水，立即进行现场应急处置
2	坝区地震导致一、二次设备或机械水工设备设施故障或异常，威胁大坝、厂房及机组安全	地震后加强巡检，及时检查所辖设备设施运行情况，发现异常及时处理

续表

序号	环境风险	防范对策
3	坝区雷电大风导致出线线路故障跳闸或厂外设备故障，威胁机组安全运行	及时正确进行事故处理，确保不影响机组安全稳定运行
4	高温天气导致机组各一、二次设备运行异常高温，威胁机组安全运行	确保厂房暖通空调系统运行正常；确保各设备冷却系统运行正常；高温天气加强设备巡检，改善高温设备散热通风条件
5	厂房岩体变形导致机组振摆异常或承受异常应力，威胁厂房及机组安全运行	监测人员加强监测，发现机组振摆异常等应及时分析并通知维护人员检查，视情况倒换机组

（四）重大风险预控方案

水淹厂房风险、大面积停电风险、重大设备设施事故风险是水电站防范的三项重大安全风险。电力生产准备期间，电厂应利用深度参建机会，对设备设施的设计、制造、安装调试等环节加以管控，提高电站本质安全水平。

下面以白鹤滩水电站为例，介绍电厂针对重大安全风险编制的相应预控方案。

1. 水淹厂房预控方案

水淹厂房预控方案主要从厂房排水系统、连接流道设备、厂房外部环境三方面分析风险源及制定对应的预控措施。

（1）厂房排水系统风险源主要为厂房排水系统（检修排水系统、渗漏排水系统、帷幕排水系统）故障。针对上述风险源采取的预控措施主要如下：

1）招标阶段：审查排水系统设备招标文件，提高排水系统关口阀门、泵控阀、止回阀等阀门的采购质量。

2）设计阶段：审查设计图纸，确保各排水系统设备容量及能力满足最大排水量要求；确保控制系统控制电源采用交直流双路电源冗余供电、水位信号采用模拟量和开关量冗余、电动机电源均衡分布在两段母线上，保证负荷平衡。

3）制造阶段：审查验收报告，确保所有泵在制造过程中及出厂发运前应按合同要求检查与试验，所有泵的出厂性能试验应符合最新标准。

4）安装试验阶段：审查安装检验记录及试验报告，确保安装单位在卖方现场人员的指导下按设计图纸、技术文件进行安装和调试，在安装过程中和安装完毕后分别进行分项检验和总体检验。

5）运行阶段：检查巡检记录、缺陷登记及检修报告等，按规定定期对设备运行状况进行巡检及趋势分析，发现缺陷及时登记处理；每年度开展设备检修维护，及时消除设备风险隐患。

（2）连接流道设备风险主要为与流道（压力钢管、蜗壳、尾水管）相连各进人门、附件异常，针对上述风险源采取的预控措施主要如下：

1）招标阶段：审查过水系统设备招标文件，提高压力钢管、蜗壳、尾水管、技术供水等系统关口阀门的采购质量。

2）设计阶段：审查设计文件，开展设计复核，确保压力钢管、蜗壳、尾水管等设备设计强度满足相关标准要求。

3）制造阶段：审查验收报告，检查确认进人门的焊接、热处理工艺，精加工工序应在焊接、热处理消除应力后进行，以避免法兰面的时效变形。按《重点部位螺栓质量预控方案》加强对顶盖座环把合螺栓、进人门把合螺栓、主轴连接螺栓等重要螺栓进行严格的质量管控。

4）安装试验阶段：审查安装检验记录及试验报告，审核压力钢管、蜗壳、尾水管等金属结构件的现场制造工艺是否满足要求；加强零部件（顶盖及平压管、顶盖把合螺栓、进人门把合螺栓、主轴连接螺栓、主轴中心补气管）、材料（压力钢管、蜗壳、尾水管等金属结构制造材料）、密封件（顶盖法兰密封、进人门法兰密封、补气管各部密封）的到货验收；高标准把关密封条（顶盖法兰密封、进人门法兰密封、补气管各部密封）的粘接工作；严格按照螺栓预紧力要求进行紧固，确保螺栓把合力矩符合要求。

5）运行阶段：检查巡检记录、缺陷登记及检修报告等，确保各部门按规定定期对设备运行状况进行巡检及趋势分析，检查蜗壳、尾水管进人门有无渗漏及异常振动，螺栓是否有松动、脱落、断裂；检查顶盖平压管有无漏水、异常振动，螺栓有无松动、脱落、断裂；检查机组补气系统管路有无异常，检查机组运行有无异音，发现缺陷及时登记处理；每年度开展设备检修维护，及时消除设备风险隐患。

（3）导致水淹厂房的外部环境因素主要为暴雨倒灌进入地下厂房、进厂交通洞水管破裂、出线竖井水管破裂等，针对上述风险源采取的预控措施主要如下：

1）检查截、排水设施运行情况，必要时在交通洞等部位增设截、排水设施；汛前检查进厂交通洞洞口区域，重点查看截、排水设施是否完好，有无淤堵；定期开展交通洞巡检，重点查看排水沟、截水设施是否完好，有无淤堵；定期对排水沟进行疏通、清理、修缮。

2）督促设计单位做好进厂交通洞内水管防撞设计；定期巡检防撞措施，确保完好；定期对排水管进行巡查，及时处理缺陷和故障。

3）定期巡检生产、生活及消防水管、阀门和水池，发现漏水、管路破裂等缺陷及时登记并处理。

4）组织制定防水淹厂房应急预案和现场处置方案并定期开展演练，建立防水淹厂房应急物资清单，定期维护，落实应急物资管理责任。

2. 大面积停电事故预控方案

大面积停电事故预控方案主要从出线场设备、开关站直流系统两方面分析风险源及制定对应的预控措施。

（1）出线场设备风险主要为杆、塔、龙门架倒塌，架空地线、出线场绝缘子串金具断裂。针对上述风险源采取的预控措施主要如下：

1）设计阶段：审查设计文件，开展设计复核，确保各零部件设计强度满足相关标准要求，同时应根据现场地质条件、气候环境对结构的稳定性进行校核；审查绝缘子串、金具的选型，应与连接导线相匹配。

2）安装阶段：检查验收记录，确保现场使用的材料应与设计图纸要求一致；安装前检查绝缘子串、金具等设备有无破损、裂纹等缺陷；检查安装记录，确保基础浇筑应符合设计文件要求，无裂纹、坍塌和损坏，关键部位的焊缝应进行探伤检测，设备表面应按设计要求进行防腐处理；选派技术骨干参与现场监理工作，做好质量控制。

3）运行阶段：定期开展巡检，确保设备本体结构无倾斜、损坏和锈蚀，连接螺栓无松动、脱落及锈蚀，杆、塔、龙门架基础无塌陷、裂缝，导线和地线无腐蚀、抛股、断股、损伤和闪络烧伤，无异物悬挂，发现缺陷及时登记处理；每年度开展设备检修维护，及时消除设备风险隐患。

（2）开关站直流系统风险主要为设计缺陷、设备运行故障，采取的预控措施主要如下：

1）设计阶段：审查设计图纸，确保开关站直流系统，按主控单元采用 2 组蓄电池、3 套充电装置配置方案；直流监控装置对内与直流系统各装置通信，对外与电站计算机监控系统通信，实现信息交换；绝缘监测装置在线检测直流电源系统的绝缘电阻、母线电压、母线对地电压、支路状态、馈线状态；蓄电池室应采用防爆型灯具、通风电机，室内照明线应采用穿管暗敷，室内不得装设开关和插座。

2）安装阶段：现场安装监督，确保蓄电池放置的基架及间距符合设计要求；蓄电池放置在基架后，基架不应有变形，基架应接地；蓄电池安装前应检查蓄电池外观无破损或刮伤，安装时应平稳，间距应均匀，单体蓄电池之间的间距不应小于 5mm；直流系统安装调试应严格按照直流系统调试大纲逐项进行调试。

3）运行阶段：定期开展巡检，确保直流系统充电机、蓄电池工作正常、母线电压正常，母线及支路绝缘正常，直流系统无报警信号，发现缺陷及时登记处理；每年度开展设备检修维护，及时消除设备风险隐患，当蓄电池组连续 3 次充放电的实际容量低于额定容量值的80％时，应更换与原额定容量相同的蓄电池组，新安装的蓄电池组应进行全核对性放电试验。

3. 重大设备设施事故预控方案

重大设备设施事故预控方案主要从水轮机设备、发电机设备、变压器设备、500kV设备、监控系统设备、厂用电设备、泄洪设备及机组进水口闸门设施七方面分析风险及制定对应的预控措施。

（1）水轮机设备风险主要为机组出力波动、转轮裂纹、顶盖座环把合螺栓松动、顶盖平压管漏水等，采取的预控措施主要如下：

1）设计阶段：审查设计文件，开展设计复核，确保设备各项设计参数满足运行要求。具体如下：①复核机组水力设计文件，尤其是机组补气系统的设计是否满足要求；②审查转轮设计文件，复核其防裂纹的方案，其中重点关注转轮材质选型、转轮叶片型线设计等；③审查顶盖座环把合螺栓设计报告，复核其紧固力矩是否符合标准等；④审查顶盖平压管材质选型，以及平压管与机坑固定管道的柔性连接设计方式等。

2）制造安装阶段：加强设备制造期间的监造及设备安装期间的监理工作。具体如下：①验收水轮机自然补气系统的制造安装质量；②监督制造厂严格按照工艺文件开展转轮制造的各个环节，确保质量；③安装阶段全程旁站监护施工单位按照设计的紧固力矩把合顶盖座环连接螺栓；④监造期间重点旁站见证顶盖平压管焊接、打压试验等。安装期间旁站监护柔性连接处密封安装。

3）运行阶段：做好定期巡检及试验，重点检查关注机组出力波动、转轮裂纹、顶盖座环把合螺栓松动、顶盖平压管漏水等，确保水轮机设备风险可控在控。

（2）发电机设备风险主要为定子铁心粘接片断裂、定子线棒绝缘受损、转子上方紧固件脱落等，采取的预控措施主要如下：

1）设计阶段：开展设计复核，重点审查定子铁心硅钢片、转子磁极是否有相应的材质检验报告，铁心端部粘接片是否进行拉伸、弯曲等试验检测粘接强度。

2）制造安装阶段：把控安装质量，重点对定子铁心叠片、线棒安装、转子上方紧固件安装等进行全程旁站监理。一是监督施工单位严格按照定子铁心叠片、线棒安装的工艺要求执行到位；二是全程参与转子上方紧固件的验收工作，确保每一个紧固件安装到位，止动装置安装符合设计要求。为实现重点风险的预控，须选派经验丰富的技术骨干参与现场监理工作，做好质量控制。

3）运行阶段：做好定期巡检和检修，发现缺陷及时处理，对定、转子设备状况定期进行诊断分析。在机组检修时，对转子上方紧固件进行"网格化"管理，对每一个紧固件进行编号，并按照区域由专人负责。

（3）变压器设备风险主要为设计存在缺陷、制造存在缺陷、运输过程伤害、设备安装缺陷、设备运行故障，采取的预控措施主要如下：

1）设计阶段：审查设计图纸，开展设计复核，确保变压器铁心及绕组设计合理并留有适当裕度，夹件设计布局合理，紧固螺栓预紧力矩符合标准要求；确保变压器冷却器冷却功率满足需求，并核实机组技术供水系统设计满足所需冷却水量；审核并优化变压器冷却器控制逻辑，确保具备运行所需各项功能；审核离相封闭母线（Isolated Phase Bus，IPB）及GIS接入后与主变压器接口图纸，确保接口尺寸无偏差。

2）制造阶段：检查驻厂监造报告，加强对铁心、绕组、绝缘螺杆、绝缘垫等材料的验收，保证所有材料全生命周期可追溯；加强制造厂生产工艺的控制，确保制造厂规范生产作业流程，明确作业标准；开展关键焊缝探伤、型式试验时，监造人员应做到旁站监理；出厂验收人员全程参与出厂试验，确保试验合格，设备方可出厂。

3）运输阶段：设备发运工地前，制造厂应做一次实地探路，根据探路结果做好运输线路规划报送业主；对实地探路过程中发现的特别颠簸路段应尽量绕行，实在无法绕行的应作临时平整处理后再行通过；设备运输过程中应安装冲击记录仪，记录运输过程中水平及垂直方向承受的最大冲击；设备发运前监造人员应确认设备运输防护措施是否到位。

4）安装阶段：参建人员进行主变压器室土建验收时确保各类埋管规格及走向正确，各套管穿墙孔预留位置无偏差；设备现场到货后检查运输过程中防护措施有无异常，检查冲击记录仪数值，若记录值超过预警值时，对变压器内部进行检查，并进行全套试验，检查、试验结果无异常，由厂家出具可以继续使用的说明；检查、试验结果异常，由厂家对变压器进行处理，处理完毕经检查、试验合格后，由厂家出具可以继续使用的说明；经评估变压器无法进行修复处理的，由厂家负责提供新的变压器；变压器现场转运、卸车、移位过程中应做好防护，避免意外事件造成人员及设备伤害；变压器现场安装过程中应规范施工，管路法兰螺栓紧固过程中做到对称同步紧固，紧固力矩符合标准要求。参建人员全程见证或参与安装单位进行的设备安装后交接试验，确保试验结果合格。

5）运行阶段：定期开展巡检，确保变压器油枕油位、呼吸器颜色、器身及管路无异常，发现缺陷及时登记处理；定期对运行中的变压器油进行抽样检测，每三个月进行一次色谱试验，每六个月进行一次含气量检测及耐压、介损试验，每年进行一次全套油化试验；每年度开展设备检修维护，及时消除设备风险隐患。

（4）500kV设备风险主要为开关灭弧机构及油泵电动机故障、隔离开关及接地开关操作机构故障导致三相不一致、GIS和GIL设备内部绝缘件缺陷、保护装置误动等，采取的预控措施主要如下：

1）审查设计文件，确保设计参数满足要求，把控安装质量，严格执行安装规范，确保开关电机打压正常、内部无泄漏，灭弧功能正常，接地开关、隔离开关三相正常联动并设置机械及电气指示，内部设备安装满足清洁度要求，保护装置程序逻辑正确、功能完备，定置设置合理。

2）运行时，关注监控报警信号，发现油泵打压频繁、局部放电信号、保护装置报警等及时检查处理并做好诊断分析；执行操作时确保断路器、隔离开关、接地开关三相联动，机械指示与电气指示一致，并通过电压、电流参数协助判断；投退保护压板时避免虚接、松动情况，确保保护装置投退正确。

（5）监控系统设备风险主要为开停机流程异常导致开停机退出或无法控制、上位机与LCU通信中断、AGC/AVC程序紊乱造成功率及电压大幅波动、时钟信号不准确、监控信号误报警等，采取的预控措施主要如下：

1）严格审核设计程序，选派各专业技术骨干全程参与监控系统联合开发，全面梳理报警信号，确保监控流程及程序准确无误，并逐项进行线下试验，试验结果正确后方能投入线上运行。

2）运行时，关注设备运行方式，发现异常及时现场核实检查；开停机流程出现异常及时进行手动辅助操作，避免损坏设备；AGC/AVC程序出现紊乱，及时退出运行，手动调整功率和电压，满足电网运行要求；上位机与LCU通信中断无法控制现场设备时，及时安排值班员在调速器、励磁系统、厂用电等重要设备部位值守；发现监控误报信号、时钟不准确时，及时核实设备实际状态及时间并检查处理。

（6）厂用电设备风险主要为设计不合理导致厂用电全停、运行方式安排不合理造成重要设备失电、开关设备防误机构损坏造成事故等，采取的预控措施主要如下：

1）设计阶段：统筹考虑厂用电来源，确保电源冗余可靠；设计备用电源自动投入装置，减少主用电源故障时设备停运时间；根据电站厂用电所带负荷实际情况，合理安排厂用电设备布置，优化交流系统、直流系统电气连接方式、供电方式，确保泄洪设施、排水设施、机组重要辅助设备等供电经济可靠；把控出厂验收质量，确保开关设备满足防误动要求。

2）运行阶段：根据设备实际运行状况，合理安排厂用电运行方式，细化至每月、每周，避免出现重要负荷单电源运行、备用电源无法正常投入的现象；执行厂用电开关设备操作时，严格执行"唱票复诵制"，降低因开关设备防误机构故障带来的风险。

（7）泄洪设施及机组进水口闸门设备风险主要为泄洪深孔充压水封损坏、液压启闭机故障、闸门故障、电气控制设备故障，采取的预控措施主要如下：

1）审查招标文件，对充压水封的供货品牌提出要求；出厂验收时，对照招标技术要求，严格进行质量验收；跟踪充压水封运输过程，督促供货方做好防护，防止水封损坏；跟踪监督现场安装，确保充压水封吊装期间做好绑扎和防护，防止损坏，规范安装工艺，严格按施工方案开展调试和试验，确保充压水封伸出与缩回灵活、封水可靠；定期开展巡检，发现缺陷及时登记处理。

2）审查招标文件，总结同类型水电站液压启闭机运行管理经验，在设计阶段提出优化建议；制造阶段对液压启闭机制造质量进行监控，对液压启闭机的关键制造阶段进行工厂见证；安装期间督促施工方严格按照施工工艺开展安装和调试，做好现场安装零部件验收，跟踪现场配管的切割、清理、焊接、清洗等工序，保证质量；安装期间做好油液质量控制，由电厂负责安装期间新油过滤后的污染度检测，杜绝不合格油液进入油缸；设备安装完毕后做好防护，保证设备周边的隔离距离，必要时设置遮盖或防护围栏，防止设备损坏；定期做好巡检及趋势分析，发现异常及时处理。

3）审查设计文件，确保液压启闭机控制系统电源设计、程序设计满足闸门运行要求，控制系统符合操作人员习惯，具有下滑提升、自动纠偏等功能，出现异常能够及时报警并上送监控系统。

4）制造阶段，做好出厂设备验收，重点检查闸门尺寸偏差、附件、水封等质量是否合格；安装时闸门支铰不得进行焊接作业，闸门常规水封按要求安装，透光检查、直线度检查合格，现场紧固件质量合格，按工艺要求进行紧固；做好定期巡检，发现缺陷及时登记处理，每年开展一次重要部位螺栓检查、闸门无损探伤和流击振动检测、水封更换和金属结构防腐。

5）运行阶段，定期对启闭机液压系统、控制系统、闸门运行情况进行巡视检查，发现闸门异常振动、下滑、液压系统漏油、控制系统电源故障等情况，及时检查处理。

电力生产设备过程中，重要方案实施周期长、涉及专业多、外部环境复杂、过程管控复杂，需要电力生产筹建人员提前布局规划，定期总结提炼，结合工程建设进度，保障各项重要方案顺利实施，减少设备缺陷和设备隐患，努力实现本质安全型电站建设目标。

第四节　其他技术准备工作

系统、全面的技术准备工作能够为水电站创新、高效运行奠定基础。本节重点介绍技术监督、可靠性、科技创新管理等其他技术准备工作，包括各项工作的前期资料收集、整理，以及体制机制创建等方面内容。

一、技术监督管理

技术监督目的是通过监督促进、保障电站发电设备及相关电网安全、可靠、经济、环保运行。具体过程是通过有效的测试和管理手段，在水电站工程规划、设计、制造、安装、生产运行至退役报废全过程中，对电站设备设施的健康水平以及与安全、质量、经济、环保运行有关的重要参数、性能指标进行监测与控制，及时发现并解决问题，掌握其运行性能和变化规律，提高设备设施的安全可靠性。电力生产准备阶段主要是组建技术监督管理体系、建立技术监督台账和贯彻落实技术监督要求。

（一）技术监督管理体系建设

组织成立技术监督管理体系，行使技术监督职责。技术监督管理小组由技术负责人任组长/副组长，下辖的各职能部门、生产部门负责人为成员；各生产部门下辖的班组负责人为技术监督网成员。

1. 技术监督管理小组的主要职责

（1）贯彻国家技术监督法规、标准和公司技术监督标准。

（2）组织电站有关技术监督标准的制定和修订。

（3）审批并下达电站技术监督工作计划。

（4）定期召开电站技术监督工作分析会，研究解决技术监督工作中存在的问题，部署、督促、检查技术监督各项工作的落实情况，总结、推广技术监督工作经验。

（5）组织开展与技术监督相关重大异常的评审，参与事故调查分析工作，督促相关部门制定并落实反事故措施。

（6）组织重大技术问题的分析、研究工作。

2. 专业工作组的主要工作内容

技术委员会下设的各个专业工作组是电站技术监督的具体实施执行机构，主要工作内容是：

（1）按照技术监督年度工作计划，开展本专业技术监督日常活动。

（2）对技术监督管理指标越限问题提出整改措施并督促落实。

（3）组织开展水电站技术监督自查评，并根据查评结果编制查评报告，制定整改计划，跟踪落实整改实施情况。

（4）负责本专业技术监督相关重大设备异常的评审，组织制定并落实本专业技术监督反事故措施。

（5）协助编制技术监督工作计划、月报表、查评报告、总结等。

（二）技术监督台账建立

建立健全技术监督台账，是确保技术监督工作的全面性、准确性和及时性，提高管理效率，保障企业安全生产的重要手段。台账内容应涵盖水电站建设前期规划、设计、制造、安装调试，电力生产运行、维护、检修（技术改造）、退役报废等全过程，包括但不限于：受监督设备清册及台账、监督试验报告和记录、运行维护报告和记录、检修报告和记录、监督管理文件资料等。

建立完善的技术监督管理台账，对水电站电力生产准备期、稳定运行期等电站全生命周期内的技术工作均有重要意义，主要体现在以下五个方面：

（1）记录与追溯。技术监督台账可以详细记录技术监督活动的时间、地点、对象、内容、结果等信息。这些信息对于后续的工作开展、问题追溯具有重要的参考价值。

（2）确保准确性。台账是信息的重要载体，它的准确性对决策和运营具有非常重要的意义。通过技术监督台账的建立，可以确保技术信息的准确性，减少因信息错误而带来的损失。

（3）提高管理效率。台账的建立使得技术监督工作的管理更加系统化、规范化。这有助于减少重复和低效的工作，提高管理效率，节省时间和成本。

（4）支持决策。通过技术监督台账的记录和整理，管理者可以清楚地了解到技术监督工作的最新情况，从而做出更合理的决策。

（5）保障安全。技术监督台账的建立，有助于及时发现和解决问题，防止潜在的安全隐患转化为安全事故。

技术监督台账内容应符合国家、行业和各项技术监督规程的规定。以白鹤滩水电站的建设经历为例，根据国家法律法规要求及水电站自身特点，建立的技术监督台账应包含电力生产阶段的 15 个分项，包括电能质量监督、绝缘监督、电测监督、继电保护及安全自动装置监督、励磁监督、节能监督、环保监督、金属监督、化学监督、自动化监督、水轮机监督、水工监督、信息和通信与调度自动化系统监督、直流监督、网络安全监督。从台账的系统性、全面性考虑，每项技术监督台账内容应涵盖：①收集、整理设计资料，编制设备清册及台账；②建立技术监督自评表，自查技术监督要求落实情况；③重点技术问题分析记录；④其他技术监督工作记录。

二、可靠性管理

可靠性管理是为确保设备的稳定运行和使用寿命延长而进行的一系列管理。电力可靠性管理的基本任务是建立科学、完整的可靠性管理体系，规范工作制度和流程；利用可靠性信息管理系统及时、准确、完整地采集和报送电力可靠性信息；开展可靠性成果的分析和应用，提高电力设备、设施运行的可靠性水平和管理水平。

本部分结合水电站可靠性管理的历程，分别对可靠性管理过程中的指标分析等方面提出具体建议。

（一）主要内容

1. 指标分析

对发电设备可靠性数据进行分析时，可采用纵向对比分析法与横向对比分析法。纵向对比分析法主要用于同一电站发电设备可靠性指标历年的对比分析，如通过对近几年"等效可用系数"指标值的变化趋势和变化幅度进行分析比较，找出变化的规律以及发电设备管理的薄弱环节，从而有针对性地改进管理方法或进行技术改造；横向对比分析法主要用于不同电站之间某些关键可靠性指标的对比分析，如对不同电站"强迫停运率""启动可靠度"等同一指标进行比较分析，找出某一电站在公司中设备可靠性管理所处的位置，分析原因并制定改进措施。

2. 专题分析

发电设备可靠性专题技术分析重点围绕机组非计划停运事件进行。针对机组非计划停运特别是强迫停运事件组织专题会议，从设备与技术管理等各方面进行深度剖析，排查设备隐患，查找管理短板，制定整改措施；对某些有全局性影响的非计划停运事件，可在公司范围内召开技术分析会，分析问题根本原因，举一反三，使各厂站有针对性地采取措施消除设备设计、制造的固有缺陷；同时可通过开展重点问题研究等形式，加强水电站设备运行规律的探索。

3. 诊断分析

电厂可靠性管理专责人员每月对可靠性数据进行归纳、整理、汇总后，对电站当前可靠性指标水平做出简单评价，分析可靠性数据中反映出的问题，提出可靠性管理改进措施供电厂管理层决策。

（二）管理建议

可靠性管理具体措施一定程度上受设备运行状态影响，在水电站新投产阶段、稳定运行阶段以及长期稳定运行后，由于设备的磨合、老化程度不一，建议根据具体设备状况制定可靠性管理重点工作。

1. 电站新投产阶段

重点关注产品设计不当、产品质量和安装调试不良等可能导致机组非计划停运的因素。通过对新投产设备暴露出的问题进行分析和针对性整改，并对后续新投产机组推广行之有效的技术改进方案，可有效避免电站出现相关非计划停运。

2. 电站度过稳定运行期后

主要考虑元器件已达到或接近生命周期、故障率增高而导致的非计划停运事件，针对这阶段的运行特点加强各类设备全生命周期运行规律的研究，掌握设备运行规律，及时更换故障率增高、达到或已接近寿命周期的元器件。

通过对水电站设备的年度诊断评估，对设备运行状态、缺陷规律、设备寿命周期进行分析，结合设计、结构、原理、备件供应、技术监督数据与要求，形成全电站的诊断评估结论，实现基于诊断评估的精益维修策略。精益维修策略，体现在检修等级、检修项目的调整，相应的检修停运时间也有所优化，最终达到机组安全可靠运行与等效可用系数提高之间的平衡。

三、科技创新管理

科技创新可以提高生产效率、降低成本、改善产品质量，从而提升企业竞争力。对于水电站而言，在电力生产准备期间即可通过科技创新，引入新材料、新工艺、新技术，提升技术水平、提高资源利用效率、降低能源消耗和环境污染、推动绿色经济的发展，从而实现可持续发展，对水电站本质安全建设意义重大。

水电站电力生产准备阶段的科技创新管理，建议按照自上而下的原则，依据组织建立—目标确定—战略管理—过程管理—资源管理的流程逐步开展。建议从以下几个方面进行准备、部署。

（一）组织建立

电力生产准备期间建立科技创新组织机构，可以更好整合资源、优化流程、提前确定科技创新工作的流程体系，提高科技创新工作效率，同时可为水电站稳定运行期的科技创新工作打下基础。

1. 组织机构

包括负责人职责确立、组织机构建立、研发机构建设。负责人全面负责电厂科技创新活动的开展，落实研发的各项工作和基层科技创新责任制。组织机构负责国家法律法规、科技政策、标准等的收集、识别和执行情况监督检查，以及与电厂科技创新有关的各要素的管理。

组织机构可由分管领导领衔，各生产、职能部门负责人各司其职，构成层级明确、部门和团队间密切协作的科技创新组织机构。

各电厂在电力生产准备期间，可根据队伍情况进行组织机构建立。一般来说，可以分管领导为科技创新工作组组长，以各生产、职能部门的相关负责人为组员建立科技创新管理领导小组，以班组长为成员建立工作组。

2. 主要职责

（1）科技创新管理领导小组主要职责包括建立健全科技创新体系和管理制度；指导科技创新工作，审核科技创新费用的使用；组织科技创新项目的评审、总结、验收等。

（2）科技创新工作组主要职责包括科技创新日常管理工作，负责与上级机构的沟通协调；编制科技创新年度工作计划及实施方案，分解、分配任务，督促推进科技创新工作有序开展；科研项目的组织、管理与实施。

（二）具体实施

1. 明确目标

通常可以战略为指引、以问题为导向确立科技创新的目标。电厂科技创新目标概括起来有以下两个方面：

（1）推动技术发展和引领。对标行业发展，立足解决实际问题，包括但不限于设备基本原理创新、技术性能创新，以创新驱动技术更迭。

（2）提升本质安全水平。坚持科技兴安、科技助安等，借助高科技手段提升作业效率、提高作业安全性。

2. 分解目标

明确创新目标后，可将目标进一步细化为具体的子目标，并逐步分解落实，可以与国内相关行业、企业、高校、研究所开展共研。

为更加明确创新工作需求，对科技创新工作进行分类管理，如分为外委科研、自主科研、专利管理、论文管理、创新工作室建设等，并制定工作流程，为创新工作合规性提供基础。从科技创新工作的分类到各类创新工作的执行，建议制定明确的管理规范和材料标准模板，以便规范开展科技创新工作全过程管理。水电站科技创新工作指南建议清单如表 3-21 所示。

表 3-21　　　　　　　水电站科技创新工作指南台账清单

类别	序号	文档类别
外委科研	1	科研项目管理办法
	2	招标及采购管理办法
	3	项目计划书模板
	4	科研项目立项操作指南
	5	科研项目采购操作指南

类别	序号	文档类别
自主科研	1	自主研究项目实施指引
	2	自主科研项目执行注意事项
	3	自主科研报销说明
专利、论文	1	专利管理实施细则
科技创新通用	1	科技创新考核实施细则
	2	科技创新成果评价与奖励实施细则
	3	知识产权管理办法

3. 过程管理

创新过程管理也是创新工作出成果的关键步骤，在这个过程中，建议从以下几个方面开展工作：

（1）明确创新需求。基于对创新目标分解后各子项的需求，对相关技术进行技术趋势分析、市场调研，明确需求实施的可行性。可通过"揭榜挂帅"等活动，通过专项工作组，组织开展项目前期调研工作。

（2）收集创意和想法。鼓励员工、项目相关方以及其他有意参与人员，针对电站生态调度、机组运行规律探索、智能化建设等方面，提出各种创意和想法，建立"金点子"库。

（3）筛选和评估"金点子"。对收集到的"金点子"进行筛选和评估，确定哪些具有潜在价值，并进行市场分析、技术可行性研究。

（4）制定实施计划。应包括项目范围、目标、时间节点、预算、资源配置以及风险管理分析等方面。一方面确保项目实施具有足够的灵活性；另一方面必当以合理、合规为前提开展，以便能够应对项目执行过程中可能出现的变化。

（5）成立科研项目组。根据科研项目技术特点等成立科研项目组，确保团队具备必要的专业技能、知识和资源，明确各成员的角色、任务。

（6）实施和过程控制。科技创新重在执行和落实，根据项目实施计划，以安全、质量、进度为主要控制目标开展过程管理。

（7）创新工作管理。科技创新工作是具备团队属性、社会属性以及技术属性的工作，建议从以下几个方面进行统筹考虑：

1）创新资源管理。对科技创新所需的资源进行合理配置，包括人才、资金、设备等的投入和管理，确保资源的有效利用和科技创新活动的顺利开展。

2）创新风险管理。识别和评估科技创新活动中可能出现的风险，制定相应的措施，降低科技创新活动的风险和不确定性。

3）创新合作管理。加强与外部的科技合作和交流，包括产学研合作、校企合作等，提高电厂科技创新能力和水平。

4）创新知识产权管理。加强知识产权的创造、保护、转化等，确保电厂科技创新成果得到充分保护和应用。

第四章 安 全 管 理

安全管理无论在水电站建设阶段还是运行阶段，都是一项至关重要的工作。主要包括组织机构建设、制度体系建设、安全风险分级管控和隐患排查治理双重预防机制（以下简称双重预防机制）建设、应急体系建设、安全文化建设等，电厂应在电力生产准备期间，即着手开展相关工作。本章结合白鹤滩水电站实例，对电力生产准备期间安全管理工作进行了系统介绍。

第一节 安全管理组织机构建设

健全的安全管理组织机构是安全管理工作高效开展的基本保障。我国《安全生产法》等安全生产法律法规，对不同行业和规模企业的安全生产管理机构设置、专兼职安全生产管理人员配备作出了相应的规定。本节介绍了电厂的安全管理部门设置及人员配置要求，以及主要的安全管理专项组织机构设置情况，并介绍了白鹤滩电厂相关实践经验。

一、安全管理部门设置及人员配置

（一）部门设置及人员配置原则

电厂从业人员超过一百人的，应当根据《安全生产法》第二十四条规定，设置安全生产管理机构或者配备专职安全生产管理人员；从业人员在一百人以下的，应当配备专职或者兼职安全生产管理人员。一般情况下，电厂从业人员不超过一百人时，往往也会设置专门的安全生产管理机构，并配备专职安全生产管理人员。不同单位安全生产管理机构名称可能会有不同，如"安全生产部""安全监察部""质量安全部"等。

从业人员是指生产经营单位从事生产经营活动各项工作的所有人员，包括管理人员、技术人员和各岗位的工人，也包括临时聘用的人员和被派遣劳动者；安全生产管理机构是指生产经营单位内部设立的专门负责安全生产管理事务的独立部门。

（二）安全管理人员资质要求

国家安全生产监督管理总局《生产经营单位安全培训规定》要求，生产经营单位的主要负责人和安全生产管理人员应当接受安全培训，具备与所从事生产经营活动相适应的安全生产知识和管理能力。一般情况下，企业主要负责人和安全生产管理人员每年应参加具有相应资质的安全管理培训机构组织开展的年度安全教育，并参加由其组织的安全管理能力考试，成绩合格后获该培训机构颁发的培训合格证书。

（三）安全管理部门及安全管理人员职责

依据《安全生产法》第二十五条规定，水电站运行管理单位安全生产管理机构及安全生产管理人员应履行好下列职责。

（1）组织或者参与拟订本单位安全生产规章制度、操作规程和生产安全事故应急救援预案。

（2）组织或者参与本单位安全生产教育和培训，如实记录安全生产教育和培训情况。

（3）组织开展危险源辨识和评估，督促落实本单位重大危险源的安全管理措施。

（4）组织或者参与本单位应急救援演练。

（5）检查本单位的安全生产状况，及时排查生产安全事故隐患，提出改进安全生产管理的建议。

（6）制止和纠正违章指挥、强令冒险作业、违反操作规程的行为。

（7）督促落实本单位安全生产整改措施。

二、安全管理专项组织机构

（一）安全生产委员会

《企业安全生产责任体系五落实五到位规定》（安监总办〔2015〕27号）要求，企业必须落实安全生产组织领导机构，成立安全生产委员会，由董事长或总经理担任主任。《中央企业安全生产监督管理办法》（国务院国资委第44号令）明确，中央企业应成立安全生产工作的领导机构——安全生产委员会，统一领导本企业的安全生产工作，研究决策企业安全生产的重大问题，安委会主任应当由企业安全生产第一责任人担任，安委会应当建立工作制度和例会制度。

电厂应当成立安全生产委员会，统一领导本单位的安全生产工作。安全生产委员会一般下设办公室，办公室设在安全管理部门，为安全生产委员会的办事机构，主任由安全管理部门主任担任，负责承办或督办安全生产委员会议定事项和安全生产委员会主任重要批示，并及时汇报承办或督办结果。电厂还应编制安全生产委员会工作规则，明确人员组成、各自职责、例会制度、议事流程等。表 4-1 给出了某电厂安全生产委员会人员组成及其主要职责。

表 4-1　　　　　　　　　　某电厂安全生产委员会人员组成及其主要职责

组成人员	主任：厂长、党委书记
	副主任：分管安全工作副厂长
	成员：其他厂领导、安全总监、副总工程师、各职能部门主要负责人
主要职责	(1) 贯彻执行国家安全生产相关法律法规，建立电厂安全生产管理体系，健全安全生产管理规章制度。 (2) 研究部署电厂安全生产工作，审批电厂安全生产工作计划、安全目标指标、安全投入计划，审议决定电厂重要安全生产奖惩事项。 (3) 指导协调电厂各部门安全生产工作，组织安全检查，督促规范安全生产。 (4) 组织事故事件调查处理，审议电厂事故事件处理事项。 (5) 召开安全生产委员会会议，分析电厂安全生产形势，研究并协调解决安全生产中的重大问题

(二) 应急管理组织机构

根据《中央企业应急管理暂行办法》（国务院国资委 2013 年第 31 号令）要求，中央企业要成立应急管理领导小组，负责统一领导本企业的应急管理工作，研究决策应急管理重大问题和突发事件应对办法。领导小组主要负责人应当由企业主要负责人担任，并明确一位企业负责人具体分管领导小组的日常工作。领导小组应当建立工作制度和例会制度。

电厂应急管理领导小组通常由单位主要负责人任组长，分管安全管理工作负责人任副组长，成员包括其他厂领导、安全总监、副总工程师、各部门主要负责人。应急管理领导小组一般下设办公室（以下简称应急办）和 24h 应急值班室。

应急办一般设在安全管理部门，是电厂应急管理工作的综合协调机构，办公室主任由安全管理部门主任兼任，副主任由其他职能部门负责应急工作的负责人兼任，成员由职能部门相关人员组成，主要负责应急管理领导小组的日常工作，传达、督促、落实上级有关应急管理工作决策部署；组织本单位应急预案的拟定、修编、评审和备案，开展本单位应急能力培训和应急预案演练；按要求上报与本单位相关的突发事件信息和重要紧急情况；在突发事件应急状态下，负责协调内部资源、对外联络沟通等工作。

24h 应急值班室一般设在电站中央控制室，主任由运行部主任兼任，主要负责自然灾害预警信息的接收和管理、突发事件接警以及向值班领导和应急办报告、应急处置协调和与电网等相关单位联系、经过授权指挥或指导初期应急处置等。表 4-2 给出了某电厂应急管理领导小组组成及其主要职责。

表 4-2　　　　　　　　　　某电厂应急管理领导小组组成及其主要职责

组成人员	主任：厂长、党委书记
	副主任：分管安全（应急）管理工作副厂长
	成员：其他厂领导、安全总监、副总工程师、各部门负责人
主要职责	（1）贯彻落实国家应急管理方针政策及有关法律、法规规定。 （2）执行地方政府和上级应急管理机构的命令。 （3）研究决策电厂应急管理重大问题和突发事件应对工作。 （4）组织制定并实施电厂综合应急预案、专项应急预案和现场处置方案，并持续改进。 （5）根据突发事件应对工作需要，成立电厂突发事件应急指挥机构，下达电厂应急预案的启动及终止命令，领导、组织和协调突发事件应急救援工作。 （6）协助上级公司开展新闻舆情应对工作

（三）消防安全管理组织机构

1. 消防安全责任人职责

《机关、团体、企业、事业单位消防安全管理规定》（公安部 2001 年第 61 号令）明确，发电厂（站）为消防安全重点单位，并明确法人单位的法定代表人或者非法人单位的主要负责人是单位的消防安全责任人，全面负责本单位消防安全工作。

根据《机关、团体、企业、事业单位消防安全管理规定》（公安部 2001 年第 61 号令），电厂消防安全责任人应履行以下职责。

（1）贯彻执行消防法规，保障单位消防安全符合规定，掌握本单位的消防安全情况。

（2）将消防工作与本单位的生产、科研、经营、管理等活动统筹安排，批准实施年度消防工作计划。

（3）为本单位的消防安全提供必要的经费和组织保障。

（4）确定逐级消防安全责任，批准实施消防安全制度和保障消防安全的操作规程。

（5）组织防火检查，督促落实火灾隐患整改，及时处理涉及消防安全的重大问题。

（6）根据消防法规的规定建立专职消防队、义务消防队。

（7）组织制定符合本单位实际的灭火和应急疏散预案，并实施演练。

2. 消防安全管理人职责

根据《消防法》要求，消防安全重点单位还应当确定消防安全管理人，组织实施本单位的消防安全管理工作。一般情况下，电厂确定分管消防工作负责人为本单位消防安全管理人。消防安全管理人对本单位的消防安全责任人负责，定期向消防安全责任人报告消防安全情况，及时报告涉及消防安全的重大问题。

依据《机关、团体、企业、事业单位消防安全管理规定》（公安部 2001 年第 61 号令），电厂消防安全管理人应履行以下职责。

（1）拟订年度消防工作计划，组织实施日常消防安全管理工作。

（2）组织制订消防安全制度和保障消防安全的操作规程并检查督促其落实。

（3）拟订消防安全工作的资金投入和组织保障方案。

（4）组织实施防火检查和火灾隐患整改工作。

（5）组织实施对本单位消防设施、灭火器材和消防安全标志的维护保养，确保其完好有效，确保疏散通道和安全出口畅通。

（6）组织管理专职消防队和义务消防队。

（7）在员工中组织开展消防知识、技能的宣传教育和培训，组织灭火和应急疏散预案的实施和演练。

（8）单位消防安全责任人委托的其他消防安全管理工作。

3. 其他职责

电厂其他负责人，负责督促落实分管业务涉及的消防安全工作，参加消防安全重大问题讨论决策，协助消防安全责任人做好其他消防安全工作。消防安全归口管理部门，负责协助消防安全责任人、消防安全管理人，履行好企业消防安全管理工作。

（四）特种设备管理组织机构

《特种设备安全法》《特种设备安全监察条例》均要求特种设备使用单位应当对特种设备的使用安全负责，设置特种设备安全管理机构或者配备专职的特种设备安全管理人员。不同企业关于特种设备管理组织机构的建设各有不同，表 4-3 列出了某电厂特种设备管理领导小组组成及其主要职责。

表 4-3　　　　　　　　某电厂特种设备管理领导小组组成及其主要职责

组成人员	组长：厂长、党委书记
	副组长：分管特种设备工作副厂长
	成员：其他厂领导、安全总监、副总工程师、各部门主要负责人
主要职责	（1）贯彻执行特种设备相关法律、法规和安全技术规范。 （2）组织建立特种设备管理体系和特种设备管理制度。 （3）组织制定特种设备事故应急预案，并定期组织演练。 （4）组织或参与特种设备隐患排查，并提出处理意见。 （5）负责审批特种设备大修、技术改造方案、检验计划及所需资金和设备物资计划。 （6）组织或参与特种设备事故调查，并及时、如实履行信息报送程序。 特种设备管理领导小组下设安全保障工作组和安全监督工作组、设特种设备安全总监和安全员

2023 年 4 月，国家市场监督管理总局发布了《特种设备使用单位落实使用安全主体责任监督管理规定》（市场监管总局 2023 年第 74 号令），对特种设备使用单位履行安全生产主体责任做了进一步的明确，要求使用单位依法配备特种设备安全总监和安全员。为更好落实市

场监督管理总局要求，电厂可进一步完善特种设备管理组织机构，增设特种设备安全保障工作组、安全监督工作组、安全总监、安全员等，表4-4～表4-7分别给出了某电厂增设的特种设备组织机构及其主要职责。

表4-4 　　　　　　　　　　　　某电厂特种设备安全保障工作组组成及其主要职责

组成人员	组长：生产管理部负责人
	副组长：特种设备维护部门负责人、生产管理部管理特种设备的各业务主任
	成员：特种设备维护班人员、生产管理部管理特种设备的各业务人员
主要职责	（1）组织建立特种设备安全技术档案，组织办理特种设备使用登记，组织制定特种设备操作规程，组织开展特种设备安全教育和技能培训。 （2）组织开展特种设备定期检查工作，纠正和制止特种设备作业人员的违章行为。 （3）编制特种设备定期检验计划，督促落实定期检验和隐患治理工作。 （4）按照规定报告特种设备事故，参加特种设备事故救援，协助进行事故调查和善后处理。 （5）发现特种设备事故隐患，立即进行处理，情况紧急时，可以决定停止使用特种设备，并及时报告特种设备安全管理负责人

表4-5 　　　　　　　　　　　　某电厂特种设备安全监督工作组组成及其主要职责

组成人员	组长：安全监察部负责人
	成员：安全监察部人员、各部门专职安全管理人员
主要职责	（1）熟悉特种设备有关法律法规和公司相关规定，制定电厂特种设备管理制度。 （2）组织特种设备安全监督检查，建立特种设备安全监督检查记录，督促隐患整改。 （3）定期向特种设备安全管理负责人报告特种设备安全监督情况，及时报告涉及特种设备安全的重大问题。 （4）对各级、各岗位特种设备管理安全责任制的落实情况进行监督考核。 （5）协助相关部门进行特种设备事故事件的调查

表4-6 　　　　　　　　　　　　某电厂特种设备安全总监及其主要职责

组成人员	压力容器安全总监：机械分部主任
	压力管道安全总监：机械分部主任
	电梯安全总监：起重金结分部主任
	起重机械安全总监：起重金结分部主任
	场车安全总监：起重金结分部主任
主要职责	（1）组织宣传、贯彻特种设备有关的法律法规、安全技术规范及相关标准。 （2）组织制定特种设备使用安全管理制度，督促落实特种设备使用安全责任制，组织开展特种设备安全合规管理。 （3）组织制定特种设备事故应急专项预案并开展应急演练。 （4）落实特种设备安全事故报告义务，采取措施防止事故扩大。 （5）对特种设备安全员进行安全教育和技术培训，监督、指导特种设备安全员做好相关工作。 （6）按照规定组织开展特种设备使用安全风险评价工作，拟定并督促落实特种设备使用安全风险防控措施。 （7）对特种设备使用安全管理工作进行检查，及时向主要负责人报告有关情况，提出改进措施。 （8）负责特种设备相关技术监督管理工作。 （9）接受和配合有关部门开展特种设备安全监督检查、监督检验、定期检验和事故调查等工作，如实提供有关材料。 （10）履行市场监督管理部门规定的其他特种设备使用安全管理职责

表 4-7　　　　　　　　　　某电厂特种设备安全员及其主要职责

组成人员	压力容器安全员：机械分部副主任、技术主管
	压力管道安全员：机械分部副主任、技术主管
	电梯安全员：起重金结分部副主任、技术主管
	起重机械安全员：起重金结分部副主任、技术主管
	场车安全员：起重金结分部副主任、技术主管
主要职责	(1) 建立健全特种设备安全技术档案并办理所辖特种设备使用登记。 (2) 组织制定特种设备安全操作规程。 (3) 组织对特种设备作业人员和技术人员进行教育和培训。 (4) 组织对特种设备进行日常巡检，纠正和制止违章作业行为。 (5) 编制特种设备定期检验计划，督促落实特种设备定期检验和后续整改等工作。 (6) 按照规定报告特种设备事故，参加特种设备事故救援，协助进行事故调查和善后处理。 (7) 发现特种设备事故隐患，立即组织进行处理，情况紧急时，可以决定停止使用特种设备，并及时报告电厂主要负责人。 (8) 履行市场监督管理部门规定的其他特种设备使用安全管理职责

（五）其他安全管理组织机构

其他安全生产法律法规、行政规章对安全管理组织机构成立有要求的，电厂还应当按其规定成立相应的专项组织机构，如防汛组织机构、网络安全与信息化管理组织机构等。

三、白鹤滩水电站实例分析

白鹤滩水电站建设期及投产初期，电站安全管理工作由建设管理单位牵头负责，白鹤滩电厂在其领导下负责所辖设备及区域的安全管理。随着工程建设的快速推进和机组的逐台投产，设备设施和生产区域逐步移交白鹤滩电厂。主要设备设施全部移交电厂后，电站的安全管理工作由电厂牵头负责，建设单位协助运行单位负责所辖设备及区域的安全管理。电厂安全管理主要分为以下三个阶段。

1. 电厂筹建阶段

2018 年 3 月，白鹤滩电厂筹建处成立后，筹建处人员较少，入驻工程现场的人员也较少，安全监察部与生产管理部合署办公，并配备了 2 名专职安全管理人员。

2018 年 12 月，电厂筹建处整体驻工区后，大批员工参与工程现场参建，筹建处成立了安全生产委员会及其办公室、应急管理领导小组及其办公室、安全监督网等专项安全管理组织机构。

2. 电厂成立初期

2020 年 12 月 17 日，白鹤滩电厂正式成立，设置独立的安全监察部，随着电厂员工不断入驻工地，安全监察部人员很快由 2 名增加到了 5 名，3 个生产部门也配备了 1 名专职安全管理人员。

白鹤滩水电站首批机组投产发电前，白鹤滩电厂根据国家安全生产法律法规和上级相关要求，成立了电厂安全生产委员会及其办公室、应急管理领导小组及其办公室、特种设备管理组织机构、安全监督网、消防安全组织机构、网络安全和信息化管理组织机构等专项安全管理组织机构。

3. 电站稳定运行期

2024 年 1 月 31 日，白鹤滩电厂接管白鹤滩水电站大坝及其附属设备设施，标志着白鹤滩水电站主要设备设施及区域全部移交电厂。根据相关会议纪要和各方协商约定，白鹤滩电厂开始牵头组织白鹤滩水电站安全管理工作，并组织成立了包含白鹤滩工区各主要单位的白鹤滩水电站安全生产委员会。

第二节　安全管理制度体系建设

安全管理制度以安全生产责任制为核心，指引和约束员工在安全生产方面的行为，是安全生产的行为准则。其作用是明确各岗位安全职责，规范安全生产行为，建立和维护安全生产秩序。包括安全生产责任制、安全操作规程和基本的安全生产管理制度。本节介绍了电厂安全管理制度建设基本原则、制度清单编制与执行，以及主要安全管理制度，并介绍了白鹤滩电厂相关工作经验。

一、基本原则

电厂需要编制哪些安全管理制度、标准，编制什么样的安全管理制度、标准，是成立初期就面临并急需解决的重要课题，安全管理制度体系建设需要坚持三项原则，一是系统观念，二是合规原则，三是适用原则。

系统观念就是从安全管理全局出发，谋划制度体系建设，既要满足合规要求，又能满足安全生产需要，做到安全管理无漏洞。

合规原则就是安全生产法律法规、制度、标准规定企业要建立的安全管理制度，电厂必须要建立；对于安全生产法律法规、制度、标准没有规定的，电厂安全管理实际需要的，也应建立。

适用原则就是所建立的制度、标准的内容，必须要紧密结合企业实际，根据企业安全管理实际需求编制，明确各方责任，规范工作流程，写我所做，做我所写，做到可操作、可执行。

二、制度编制与执行

安全生产法律法规、制度、标准规定电厂要建立的安全管理制度，如《企业安全生产标准化基本规范》（GB/T 33000）、国家能源局《发电企业应急能力建设评估规范》《发电企业安全生产标准化规范及达标评级标准》等，要求企业建立安全生产责任制、安全风险管理、隐患排查治理、职业病危害防治、安全教育培训、班组安全活动、特种作业人员管理、建设项目安全设施"三同时"（同时设计、同时施工、同时投入生产和使用）管理、职业病防治管理、安全生产奖惩管理、危险作业管理、应急管理、事故管理等制度，电厂应结合安全生产业务流程的梳理情况和上级单位的要求，确定本单位安全管理制度清单。

电厂安全管理常规制度清单详见表 4-8。

表 4-8　　　　　　　　　　电厂安全管理常规制度清单

序号	制度名称
1	安全生产管理办法
2	安全生产委员会工作规则
3	安全生产责任管理办法
4	应急管理办法
5	消防安全管理办法
6	安全风险分级管控和隐患排查治理办法
7	安全生产考核实施细则
8	工作票管理办法
9	操作票管理办法
10	施工单位进入电力生产区域工作管理细则
11	工程项目安全管理办法
12	建设项目安全设施"三同时"管理办法
13	安全生产培训管理办法
14	特种设备管理办法
15	大坝安全管理办法
16	信息系统安全防护细则
17	网络安全考核实施细则
18	事故事件处置、调查细则
19	安全生产达标管理实施细则
20	反事故措施与安全技术劳动保护措施管理办法
21	安全监督管理细则
22	现场作业安全管理细则
23	有限空间作业管理细则
24	动火作业管理细则
25	高处作业管理细则
26	临时用电管理细则
27	中央控制室管理细则
28	计算机房管理细则
29	电缆廊道管理细则
30	透平油罐室管理细则
31	蓄电池室管理细则
32	风洞管理细则
33	防止电气误操作装置管理细则
34	地质灾害防治管理细则

制度的生命力在于执行，制度体系建设完成后，还需要良好的监督机制来保障安全生产管理体系正常运行。电厂应每年组织对管理制度进行检查评估，根据评估情况对制度进行修订完善，确保适用有效。

三、主要制度介绍

从表 4-8 可以看出，安全管理制度规定了安全生产责任制、奖惩考核、教育培训等工作要求。下面对电厂应建立的主要安全管理制度进行介绍。

《安全生产管理办法》。其目标是为加强电力安全生产工作，降低项目施工、枢纽运行、电力生产及其他各业务活动中的安全风险，预防和减少生产安全事故，保证员工生命健康和企业财产安全。内容应包括组织机构和职责、安全管理体系和要求、法律法规与规章制度、安全费用管理、安全教育培训、职业健康管理、风险管控与隐患排查治理、应急管理与事故调查等。

《安全生产责任管理细则》。安全生产责任制是企业安全管理的核心制度，其目标是贯彻"安全第一、预防为主、综合治理"的安全生产方针，构建电厂分级管控责任体系，进一步落实各层级各岗位人员安全生产责任，有效防范各类生产安全事故。

《安全生产考核细则》。电厂为强化安全风险管控和目标管理，充分调动员工安全生产积极性，需对安全生产工作进行考核，按照奖惩分明的原则，对安全生产工作中作出突出贡献的组织和个人给予表彰和奖励；对发生生产安全事故（事件）、网络安全事件及安全风险管控、隐患排查治理责任未落实的组织和个人给予处罚。

电厂还应根据工作范围、性质制定《应急管理细则》《消防安全管理细则》《安全风险分级管控和隐患排查治理实施细则》《安全生产委员会工作规则》《职业健康管理细则》等制度。

电力生产准备期间，为应对现场环境复杂、参建各方人员多、边建设边生产等局面，还需要结合管理需求编制相应的管理制度。

四、白鹤滩水电站实例分析

白鹤滩电厂建立了完备的安全管理制度体系，并不断动态修编完善。实践证明，体系是科学的、有效的。下面介绍白鹤滩电厂在安全管理制度体系建设过程中的一些经验做法。

（一）全面梳理确定制度清单

白鹤滩电厂安全管理制度分为两部分，一部分是从合规性角度出发必须编制的，如《安全生产委员会工作规则》《安全生产责任管理办法》等，详见表 4-9；另一部分是结合实际需求自主编制的，如《安全生产管理办法》《安全生产达标管理实施细则》等，详见表 4-10。

表 4-9　　　　　　　　　　　　　　安全管理必须编制制度清单

序号	制度名称
1	安全生产委员会工作规则
2	安全生产责任管理办法
3	应急管理办法
4	消防安全管理办法
5	安全风险分级管控和隐患排查治理办法
6	安全生产培训管理办法
7	建设项目安全设施"三同时"管理办法
8	工程项目安全管理办法
9	反事故措施与安全技术劳动保护措施管理办法
10	职业病防治管理办法
11	特种设备管理办法
12	大坝安全管理办法
13	信息系统安全防护细则
14	事故事件处置、调查细则
15	网络安全考核实施细则
16	安全生产考核实施细则

表 4-10　　　　　　　　　　　　　　安全管理自主编制制度清单

序号	制度名称
1	安全生产管理办法
2	安全生产达标管理实施细则
3	安全监督管理细则
4	参与工程建设安全管理细则
5	施工单位进入电力生产区域工作管理细则
6	现场作业安全管理细则
7	有限空间作业管理细则
8	动火作业管理细则
9	高处作业管理细则
10	临时用电管理细则
11	中央控制室管理细则
12	计算机房管理细则
13	电缆廊道管理细则
14	透平油罐室管理细则
15	蓄电池室管理细则
16	风洞管理细则
17	防止电气误操作装置管理细则
18	地质灾害防治管理细则

（二）编制思路及典型举例

电厂筹建初期，电厂需编制的核心制度是《安全生产委员会工作规则》《安全生产责任制》《双重预防机制》《安全培训管理办法》《参与工程建设安全管理实施细则》等，这些制度在筹建初期即编制发布。因筹建阶段暂不涉及大坝管理、特种设备管理、现场作业管理、重要生产区域管理等，《大坝安全管理办法》《特种设备管理办法》《现场作业安全管理细则》等制度在筹建阶段陆续完成编制。总的原则是在管理开始前，制度先行。

在电力生产准备阶段，白鹤滩电厂结合实际需求制定的一些安全管理制度，在针对性管控安全风险方面发挥了重要作用，以下述两部制度进行举例说明。

《参与工程建设安全管理细则》。这是白鹤滩电厂在电力生产准备阶段制定的一项重要安全管理制度。从参建工作开始到接机发电前，电厂安全风险主要是参建人员在现场的风险以及现场设备风险，白鹤滩电厂全面梳理相关风险，明确了相关工作规范，提出了"六了解""七防范""八禁止"的工作要求（详见本章第五节安全文化建设），在参建现场安全管控上发挥了重要作用。

《施工单位进入电力生产区域工作管理细则》。白鹤滩水电站首批机组投产发电后，白鹤滩电厂将接管部分的电力生产区域并封闭管理，施工单位确实有进入电力生产区域的需求：一是电缆敷设等工作借道通行；二是在电厂接管区域开展环境整治等尾工处理工作；三是协助电厂开展接管设备检修消缺等工作。白鹤滩电厂充分梳理以上各类情况并对风险进行充分辨识，制定了该制度，明确了是否需要办理工作票、办理何种工作票、人员资格如何确定、如何办理工作票、如何通行、各方分别履行什么责任等事项。经实践检验，该制度有效管控了施工单位进入电力生产区域工作的各类风险，在机组调试期及电站投产初期安全管理工作中发挥了重要作用。

第三节　双重预防机制建设

双重预防机制建设是《安全生产法》中规定的生产经营单位主要负责人的七项职责之一，贯穿企业安全管理全生命周期。电厂在电力生产准备阶段即探索建设双重预防机制，对有效预防和控制安全生产事故，实现水电站从工程建设到运行管理的平稳有序过渡十分必要。本节介绍了双重预防机制建设的主要做法，分析了电力生产准备不同阶段双重预防机制建设的具体举措，介绍了白鹤滩电厂典型经验做法。

一、安全风险分级管控

安全风险分级管控包括安全风险点确定、危险源辨识、风险等级评价等内容，通常与职业健康安全管理体系的危险源辨识及风险评价工作相结合。

（一）安全风险点确定

电厂应全员参与电力生产准备期的风险点排查，为危险源辨识及风险评定做好准备。风险点主要分为静态风险点和动态风险点。

（1）静态风险点。其主要包括设备设施场所、作业场所、人员密集场所等。

（2）动态风险点。其主要包括现场操作、检修、维护、检查、试验、取样、化验以及动火、进入受限空间等作业活动。

（二）危险源辨识

针对排查确定的风险点，电厂要组织全员开展安全生产危险源辨识，辨识应从基层班组发起，经部门审核、单位评审，形成全电站《危险源辨识与风险管控清单》，危险源辨识包括全面辨识、专项辨识、日常辨识。

（1）全面辨识。针对自身工作实际和生产特点，每年至少开展一次全面的危险源辨识工作。全体人员全方位、全过程辨识生产工艺、设备设施、作业环境、人员行为和管理体系等方面存在的危险源。

（2）专项辨识。在生产作业环境、生产环节、作业流程等发生较大变化时或新业务开展、高风险项目实施前，开展专项风险辨识工作。

（3）日常辨识。针对每日工作实际，开展危险源辨识。包括当日作业内容、危险源、可能导致的后果、预防控制措施和注意事项等内容。

（三）风险评价分级

危险源辨识完成后，电厂要组织各部门逐项分析各危险因素可能导致的事故或伤害后果，并进行定性或定量评价，按评价出的最高风险等级作为该危险源的风险等级，风险评价通常结合职业健康安全管理体系相关工作开展。

根据事故的可能性和后果，结合行业监管要求，安全风险等级从高到低划分为特别重大安全风险、重大安全风险、较大安全风险、一般安全风险和较小安全风险。

（四）风险分级管控措施

风险评价完成后，电厂要根据风险分级、分层、分类、分专业管理原则，从技术措施、管理措施、培训教育措施、个体防护措施、应急措施等方面进行选择，分层级制定风险分级管控措施，逐级审查，并考虑措施的可行性、可靠性、先进性、安全性、经济合理性等。

部门是风险分级管控的责任主体，风险分级管控层级分为单位、部门和班组三级。其中，一般及以上风险由单位、部门和班组分三级进行管控；较小风险由部门和班组分两级进行管控。

部门每周开展风险分析工作，由班组组织开展风险辨识与评价，提出风险分级管控清单报部门；部门每周召开风险分析例会，对风险进行分析，形成部门风险分级管控清单报上级安全管理部门；安全管理部门对风险分级管控清单进行汇总并经本单位分管安全负责人审批后，报送上级单位。较大及以上风险严格按照"五落实"（落实隐患排查治理责任、落实隐患排查治理措施、落实隐患排查治理资金、落实隐患排查治理时限、落实隐患排查治理预案）要求制定管控措施，并经电厂主要负责人审核后，报送上级单位。各部门根据工作实际，动态更新危险源辨识与风险管控清单。

（五）风险管控督办检查

电厂应按照风险等级越高、督办力度越大的原则，加强较大及以上等级安全风险的挂牌督办。对排查发现的重大及以上风险，由单位主要负责人挂牌督办；较大风险，由单位分管安全负责人挂牌督办。定期开展巡查工作，督促落实风险分级管控责任。

较大及以上风险工作开展期间，应安排专人实行全过程旁站监护，各级安全监察人员靠前监督指导。

（六）风险信息报送

电厂应指定专人负责风险信息的统计，按即时、周、月、季周期进行上报。评估为重大及以上等级的安全风险应即时上报，并纳入周、月、季周期累计上报；评估为较大、一般等级的安全风险，按周统计上报，并纳入月、季周期累计上报；评估为较小等级安全风险，按月统计上报，并纳入季度周期累计上报，能源监管机构有报送要求的，从其要求报送。

（七）风险教育、公告和警示

电厂应加强对员工的风险教育和技能培训，确保每名员工都掌握安全风险的基本情况及防范、应急措施。在醒目位置和重点区域分别设置安全风险公告栏；对重点岗位要制作岗位安全风险告知卡，标明主要安全风险、可能引发的事故隐患类别、事故后果、管控措施、应急措施及报告方式等内容。

依据安全风险类别和等级建立安全风险清单，绘制"红橙黄蓝"四色安全风险分布图。其中，红色代表特别重大风险、重大风险，橙色代表较大风险，黄色代表一般风险，蓝色代表较小风险。

二、隐患排查治理

电厂应建立完善隐患排查治理制度，按照"全覆盖、零容忍、严管理、重长效"的要求，组织开展隐患排查治理工作。

（一）隐患分类

隐患一般分为人身安全隐患、电力安全事故隐患、设备设施事故隐患、大坝安全隐患、安全管理隐患和其他事故隐患六类。根据危害程度，分为特别重大、重大、较大、一般和较小隐患，分别对应可能造成特别重大事故、重大事故、较大事故、一般事故和电力安全事件。

（二）隐患排查

隐患排查分为外部排查和内部排查。外部排查是指按照国家安全、卫生等法规要求进行的法定监督、检测检查，以及政府部门组织的安全督查；内部排查是上级公司、电站内部根据生产情况开展的计划性和临时性的自查活动，可建立日常检查、专项检查、综合检查等相结合的安全检查工作机制。

电厂应制定年度检查工作计划，制定检查工作方案，开展安全检查，及时排查消除事故隐患。对安全检查中发现的人的不安全行为、环境的不安全因素和管理上的缺陷，按照立行立改和"五定"（定整改责任人、定整改措施、定整改完成时间、定整改完成人、定整改验收人）原则，落实整改跟踪督办；对安全检查中发现的设备缺陷等物的不安全状态，依据设备设施缺陷相关管理规定，对设备缺陷进行登记、复核、处理、关闭，形成覆盖各层级、全链条的隐患排查治理网格化安全管理体系。

（三）隐患整治

电厂应对隐患实行分级治理、挂牌督办和跟踪治理。对排查发现的特别重大、重大隐患，由单位主要负责人挂牌督办；较大隐患由单位分管安全的负责人挂牌督办。安全管理部门会同相关业务归口职能部门，对各部门的隐患排查治理情况进行督办检查。

部门是隐患排查治理工作的责任主体，建立部门隐患排查治理情况督办机制及单位层级督办机制，各级负责人定期或不定期开展监督检查，通过单位办公例会、安全环保分析会等进行周统计、月分析、纵横向对比，充分发挥单位、安全管理部门、责任部门监督督促合力，确保发现隐患跟踪到位、闭合及时。对较大及以上隐患，由单位主要负责人组织制定治理方案并组织实施；对一般、较小隐患，由各部门组织责任班组整改，及时完成治理。各部门指定专人负责隐患信息的统计，按即时、周、月、季周期进行上报，具体报送时限及要求同风险信息报送。

隐患排查治理方案内容应包含治理的目标和任务、采取的方法和措施、经费和物资的落实、负责治理的机构和人员、治理的时限和要求、安全措施和应急预案等。各部门在隐患排查治理过程中，采取相应的安全防范措施，防止事故发生。隐患排除前或者排除过程中无法保证安全的，应当从危险区域内撤出作业人员，并疏散可能危及的其他人员，设置警戒标识；对暂时难以停止运行的相关生产设施、设备，应当加强维护、保养和监视，必要时申请停运，防止事故发生。

三、阶段性特点分析

水电站建设管理与生产准备之间的关系可以分为"建管合一""建管分离"和"建管结合"三种模式。其中，"建管结合"模式下的安全管理最为复杂，双重预防机制建设也更具挑战性。"建管结合"模式下，水电站接管初期，往往存在建管交接短暂期管理边界模糊、管理模式不一、信息沟通不畅等诸多不利因素，容易导致管理漏洞，客观存在的部分安全风险防范也容易被忽视，可能导致安全事故事件发生。为实现水电站从工程建设到生产运维的安全高效、平稳有序衔接，电厂应结合水电站实际和工程建设进展，科学分析不同阶段安全管理特点，并有针对性地制定措施。

（一）单一参与工程建设阶段

单一参与工程建设阶段，电厂员工直接参与到工程建设中，由于工程建设现场工作点多面广、环境复杂多变，不安全、不确定因素多，安全管理形势复杂。单一参与工程建设阶段安全管理特点及举措见表 4-11。

表 4-11　　　　　　　　　　　单一参与工程建设阶段安全管理特点及举措

序号	安全管理特点	主要举措
1	洞室开挖、电焊烟尘、打磨作业、通风不良等导致地下厂房空气污浊，同时存在施工机械噪声等，可能导致尘肺病、噪声聋等职业病	（1）规范劳保配置。制定防尘口罩、防噪耳塞等劳用品配置标准，申报年度采购资金计划，组织采购、规范发放，配足配齐合格劳用品，确保劳动防护措施落实到位。 （2）合规开展职业健康管理。将职业健康管理纳入安全管理体系，申报职业健康体检专项资金，规范开展年度职业健康体检，维护员工职业健康
2	施工单位作业人员劳动技能和安全素养普遍不高，是"三违"（违章指挥、违章操作、违反劳动纪律）的主体，施工机械设备、电动工器具、安全工器具管理不规范，违规违章作业、不安全文明施工可能威胁员工人身安全	（1）建立反馈渠道，督促施工单位开展安全教育培训，规范员工安全行为。充分发挥参建人员管理者角色作用，督促施工单位严格落实入场安全教育培训、设备设施进场报验、特种作业持证上岗等要求；融入工程建设作业安全监督体系，组织或参与施工现场定期安全监督检查，及时通报并消除作业现场人的不安全行为、物的不安全状态、环境的不安全因素和管理上的缺陷，降低员工进入现场的安全风险。 （2）加强员工进入工程施工现场安全管控，制定管理制度标准，规范教育交底、流程审核、行为管控等，杜绝因安全知识欠缺、施工现场风险不掌握、个人行为失控等导致的意外伤害情况
3	施工高峰期，立体交叉作业管理难度大、高排架高处坠落及坠物安全风险大、大件吊装及起重二次倒运频次高、工程车辆交通安全风险突出等诸多不利因素客观存在，安全风险动态变化，作业风险信息掌握不及时、不正确等可能导致员工意外伤害	建立网格化的实时通报机制，全员参与风险提醒，帮助员工实时了解施工现场主要风险点状况，通过教育培训、警示教育，培养安全意识，养成进入施工现场辨识、关注作业风险的行为习惯
4	参建单位众多，安全管理机制、管理重心存在一定差异，安全管理协同联动、步调一致不能得到有效落实	统筹谋划，主动参与，建立参建各方多方联动、共同参与安全管理的工作机制，促进建设项目一体化安全管理落地。建立良好工作协调机制，充分发挥协调协同安全管理作用，形成安全管理合力，比如开展专项联合监督、参与项目例会等

（二）建设和运行管理交接阶段

建设和运行管理交接阶段，工程建设与运行管理交叉并行。装修、消防、供水供电等尾工较多，与运行设备设施存在交叉作业。现场高处作业、动火作业、临时用电作业较多，孔洞、照明、临边、设备设施隔离等安全防护设施不完善，存在高处坠落、物体打击、误碰设备、火灾等风险。建设和运行管理交接阶段安全管理特点及管控举措见表4-12。

表 4-12　　　　　　建设和运行管理交接阶段安全管理特点及管控举措

序号	安全管理特点	主要举措
1	长期参与工程建设，受工程建设期相对粗放的管理模式影响，参建人员安全意识有待提升，不能快速适应生产运行阶段精细化管理模式要求	规范安全监督工作，严格管控现场作业风险，及时通报违章违规现象，严肃安全考核，提升全员安全意识，确保作业安全。可考虑以下措施： （1）开展高频次安全管理法律法规、制度标准宣贯培训，入脑入心，增加全员知识储备。 （2）组织安全管理提升专项行动，以高压安全监督、严厉考核问责规范作业行为。 （3）搭建安全管理交流平台，充分讨论，共同谋划，提升安全意识
2	设备设施及区域移交动态变化、建设收尾期施工单位安全管理力量薄弱、运行与建设管理边界区域作业行为对生产运行的影响存在不确定性	主动作为，加强管控，将管理边界区域纳入日常管控范围，全面分析影响设备运行安全的施工、管理、环境等外部因素，制定针对性的管控措施，及时发现野蛮施工、习惯性违章、不良环境因素等，堵塞安全管理漏洞
3	接管设备设施及区域内存在较多遗留尾工，需建设施工单位进入电力生产区域开展尾工处理，施工因素可能影响电力设备正常运行	加强施工单位作业风险管控，将参建单位作业风险管理纳入安全管理体系，制定专项制度标准，在约束参建单位作业行为工作中，确保《电力安全工作规程》相关要求的刚性执行
4	电力生产与设备调试并行开展，存在走错间隔、误动、误碰设备的风险	有效落实人防、物防、管理防等措施，做好安全提示监督。可考虑以下措施： （1）增设物理隔离措施，比如硬质隔离围栏。 （2）完善运行设备设施标识，比如悬挂"运""生产区域、请勿靠近"等安全警示牌。 （3）布置安保岗点，24h值守，周期性巡逻。 （4）组织新接管设备设施区域专项检查，改善设备设施运行环境
5	接管初期，设备设施运行功能有待进一步验证，存在突发设备障碍风险	加强接管设备运行风险管控，全面辨识形成设备设施风险管控清单，强化设备运行过程分析管理，建立周期性设备诊断分析工作机制
6	设备投入运行，安全管理环境发生变化，基础性安全管理工作有待探索完善	梳理主要基础安全管理工作要素，逐项研究制定落实措施，以标准化思维规范工作落实
7	设备运行初期，部分设备设施设计功能无法满足生产运行、检修维护本质安全管理新需求	大力推行"科技兴安"，促进新技术、新设备、新装备的应用
8	高温、大风等季节性、地域性风险，极端天气变化等，可能导致意外伤害、设备损坏	结合地域特性，分析主要自然灾害因素及特征，搭建预警信息接收平台，建立应急响应标准和机制，及时、准确、规范、有序开展应急处置

四、白鹤滩水电站实例分析

白鹤滩电厂针对白鹤滩水电站电力生产准备期间的风险隐患管理特点，探索实施了一系列行之有效、操作性强的双重预防机制建设的具体做法，下面从安全管理基础工作开展、安全风险管控、安全管理手段创新三个方面进行介绍。

（一）夯实安全管理基础

1. 安全管理基础工作规范化、标准化

安全管理工作表单化，建立《安全管理工作事项跟踪清单》《定期工作清单》《本质安全管理记录表》，及时开展各项安全管理工作。安全台账规范化，编制安全台账指南并组织宣贯，指导各部门、分部（值）规范安全台账管理。班前会、工前会标准化，编制记录模板，明确班前会、工前会具体要求。预警响应规范化，编制《自然灾害预警信息响应行动表》，规范预警信息接收及响应记录。信息报送规范化，梳理突发事件信息报送要求，编制《事故（事件）信息报送快速指南》，印刷成册，放入值班工具包，高效指导信息报送工作。高危作业管理标准化，编制转轮排架搭拆、流道检查等高风险作业指导书，将每一项操作步骤细化并明确责任人，严格按作业指导书开展工作。安全监督检查目标化，每天辨识当日存在的高空、动火、临时用电、起重等高风险作业，在安全业务工作群发布当日现场重点工作清单，针对性开展现场安全监督检查。梳理典型违章案例，根据首轮年度检修现场典型违章现象，明确对照检查要求，杜绝类似问题重复发生。

2. 技术创新提升安全管理

建设智能管控平台安全环保模块，利用信息化手段管理检查发现的安全问题，实现问题隐患有效跟踪督办，开展周统计、月分析、纵横向对比，避免同类问题反复出现。以问题为导向，研究改进设备设施运维过程中的安全保障设施，加大技术创新在安全管理工作中的应用，例如研发应用进水口流道检修综合保障系统、台车临空作业平台、门机临空面可伸缩式围栏、台车动滑轮防脱槽装置等，进一步保障作业人员安全。利用设备安装期，加装上下爬梯、栏杆扶手、检修平台等安全防护设施，确保设备运行期间维护检修人员安全，提高设备本质安全水平。

3. 打造安全管理交流平台

利用"安全生产大讲堂"、安全生产月例会等平台，开展班组安全管理工作交流，基层班组轮流做专题发言，分析当前存在的安全风险，明确管控要求，交流安全管理经验教训，相互学习，互相促进，共同提高安全管理水平。在内部网站开设专栏，开展"安全大家谈"活动，鼓励员工主动思考、相互启发，不断提升全员安全意识。

（二）抓实安全风险管控

1. 重视与参建各方联动

与白鹤滩工程建设部质量安全部通力合作，互通信息，开展安全生产专项监督，查处违章违规行为，开展安全考核，将地下厂房小动物防范、电缆廊道运行风险管控等事项列入共同督办事项，及时高效推动相关问题解决和风险防范，形成安全管理合力。与监理及各参建单位安全管理人员建立良好工作协调机制，及时督促施工单位完成相关问题整改，消除外围不安全因素，有效管控接管区域及非接管区域安全风险。

2. 强化进入现场管理

按照专业分工安排专人全程跟踪机组调试情况，掌握一手资料，确保调试质量。调试机组与接管区域完全硬隔离，悬挂安全标识，严格执行"两票三制"制度，24h 安保值守。现场调试操作员站只保留调试机组监控画面，只授予调试机组操作权限，防止误操作。与调试指挥部及时沟通，严格执行调度指令，规范涉网调试程序。

制定并落实《员工进入施工现场安全管理实施细则》《关于加强进入工程建设施工区域安全管理工作的通知》等要求，形成"六了解""七防范""八禁止"工作要求，实行人员进入施工现场审核制、新员工安全交底及"老带新"制，加强员工进入工程建设施工区域安全管理，有效防范安全风险，确保人身安全。

3. 加强接管设备管理

制定白鹤滩水电站机组大负荷长周期运行控制措施，做到技术有保障、巡检有落实，确保设备设施安全稳定运行。辨识设备运行风险，编制设备运行风险辨识与管控措施表，加强接管设备风险辨识及预控；积极开展设备趋势分析，严格落实日、周、月诊断分析机制，及时消除设备运行风险，定期组织召开诊断分析会，全面把控机组运行状态。

4. 规范工程尾工处理

编制《施工单位进入电力生产区域工作管理细则》，规范尾工处理，防止误碰误动运行设备，确保施工人员安全。加强尾工消缺人员资质审查和通行管理，严格执行工作票制度和尾工消缺专人监护制度。定期组织外协单位开展安全警示教育。不定期开展项目管理专项检查，建立外协单位黑名单制度，对现场检查存在问题的外协单位负责人进行约谈。

（三）创新安全管理手段

1. 创新建立安全风险"吹哨"机制

开展基于网格化的工程建设现场安全风险动态评估管控。一是建立安全风险"吹哨"机制，发现安全风险实时发布，及时提醒，动态管控，建立安全风险吹哨群，及时提醒员工做好现场实时风险防范，提高员工安全意识，及时协调相关单位有效管控风险。二是建立"重要安全风险提醒"机制，根据设备调试和运行维护工作开展情况，落实重要试验操作前安全风险提醒，有效管控重要风险。通过及时"吹哨"和提醒，实时高效管控现场风险点，有力保障复杂现场环境下的全员人身安全。白鹤滩电厂网格化安全管理体系如图 4-1 所示。

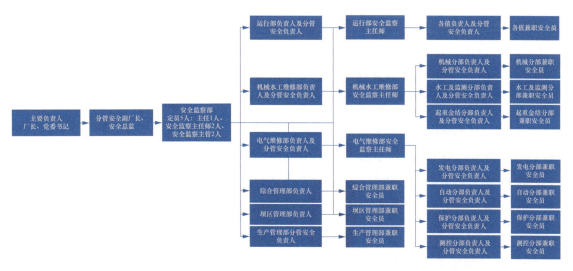

图 4-1 白鹤滩电厂网格化安全管理体系

2. 创新开展安全管理专项行动

传统安全管理存在安全监督不规范、无标准、随意性强，安全监督质量难保证，人情执法，通报少，追责轻，警示效果差，举一反三效果不理想等不足。电厂制定《"用数据实时发声，让违章无处藏身"专项行动工作方案》，组织开展专项行动，进一步规范了安全监督行为。专职安全管理人员每日对现场作业活动开展全覆盖监督检查，过程中佩戴工作记录仪，以科技手段杜绝人情执法，并将现场监督检查视频上传电厂内部网站，接受全厂监督；建立本质安全管理记录表，实现监督检查可追溯；建立定期通报分析机制，当日问题当日发布，例会通报，安全分析会通报；制定追责标准，严肃考核追责；剖析原因、不断改进，存在问题较多的班组，在电厂每月安全分析会上进行自我剖析，制定提升措施。通过此次专项行动，员工长期参与工程建设所导致的安全管理粗放、安全意识薄弱的状况得到扭转，习惯性遵章意识明显提升，现场违章违规行为明显减少；同时，形成了常态化现场安全督查机制，有效促进了安全管理效果提升。

3. 创新成立"五防"专项巡查工作组

针对建管结合期特点，成立"五防"（防火、防水、防尘、防烟、防盗）工作组，重点开展接管与非接管管理边界区域风险隐患排查，同时检查接管区域"五防"控制措施落实情况。通过确定巡查路线，建立专项工作通报群，每日巡查并在工作群及时通报，建立专项记录表，每周编制巡查工作报告，提出工作建议，梳理和闭环需整改事项，确保专项巡查工作抓实抓细抓出成效。专项工作开展期间，及时发现了接地网被盗、消防水管渗水、违规存放易燃物品等问题，并及时协调各参建单位完成问题整改闭环，有效避免了非接管区域各类风险对运行设备设施产生影响。

第四节　应急体系建设

应急体系建设承担防范化解重大安全风险、及时应对处置各类灾害事故的重要职能，是水电站电力生产准备期间安全管理的重要内容。本节介绍了电厂应急体系建设所涉及的应急保障建设、应急预案建设、应急物资管理、应急队伍管理、应急预案演练、值班和信息报送、应急评估管理等方面内容，并完整介绍了白鹤滩电厂应急体系建设实例。

一、应急体系建设主要内容

电厂应急体系建设应坚持预防为主、预防与应急相结合的原则，建立健全统一领导、综合协调、分类管理、分级负责、属地管理的应急管理体制和上下贯通、多方联动、协调有序、运转高效的应急管理机制。根据《突发事件应急预案管理办法》《突发事件应对法》等法规标准要求，应急体系建设主要包括以下七项内容。

（一）应急保障建设

按照《突发事件应对法》要求，电厂应建立统一指挥、职责明确、运转有序、反应迅速、处置有力的应急救援体系，最大限度地减少人员伤亡和财产损失。同时还应建立应急管理组织机构，做好机构内部各成员的分工、应急队伍的建立与培训等工作，确保岗责清晰，不缺位、不失位。

（二）应急预案建设

应急预案是针对可能发生的生产安全事故，为迅速、有序地开展应急行动，降低人员伤亡和经济损失而预先制定的方案。是在辨识和评估潜在危险、事故类型、发生的可能性及发生的过程、事故后果及影响严重程度的基础上，对安全生产应急机构职责、人员、技术、装备、救援行动及其指挥与协调方面预先作出的具体安排。应急预案编制工作包括：

1. 成立机构

《生产经营单位生产安全事故应急预案编制导则》规定，电厂需要成立应急预案编制工作小组，吸收有关部门和单位人员、有关专家及有应急处置工作经验的人员参加。应急预案编制工作小组应以主要负责人为组长，负责提供经费保障、联系应急预案修编及评审备案的领导以及工作协调等。

2. 预案编制准备

《生产经营单位生产安全事故应急预案编制导则》规定，应急预案编制应当依据有关法律、法规、规章和标准，紧密结合实际，在开展风险评估、应急资源调查、案例分析的基础上进行。

（1）风险评估，主要是识别突发事件风险及其可能产生的后果和次生（衍生）灾害事件，评估可能造成的危害程度和影响范围等。

（2）应急资源调查，主要是全面调查电厂应对突发事件可用的应急救援队伍、物资装备、场所和通过改造可利用的应急资源状况，合作区域内可请求援助的应急资源状况，重要基础设施容灾保障及备用状况，以及可通过潜力转换提供应急资源的状况，为制定应急响应措施提供依据。必要时，也可根据突发事件应对需要，对本地区相关单位和居民所掌握的应急资源情况进行调查。

（3）案例分析，主要是对典型突发事件的发生演化规律、造成的后果和处置救援等情况进行复盘研究，必要时构建突发事件情景，总结经验教训，明确应对流程、职责任务和应对措施，为制定应急预案提供参考借鉴。

电厂在预案编制前应充分调查电站及周边地区相关应急资源，编写风险评估报告和应急资源调查报告，确定应急预案体系清单。

3. 预案编制

电厂应根据前期编制的风险评估报告、应急资源调查报告、案例分析，确定本单位应急预案体系。依据《水电站大坝运行安全应急预案编制导则》《特种设备事故应急预案编制导则》《社会单位灭火和应急疏散预案编制及实施导则》《生产经营单位生产安全事故应急预案编制导则》等要求，充分运用智能推演、态势感知、情景构建等编制应急预案。

4. 预案评审

根据国家能源局《电力企业应急预案评审与备案细则》相关要求，水电厂应及时组织开展应急预案评审工作，以确保应急预案的合法性、完整性、针对性、实用性、科学性、操作性和衔接性。

应急预案评审前，电厂应当组织相关人员对专项应急预案进行桌面演练，以检验预案的可操作性。如有需要，也可对多个应急预案组织开展联合桌面演练。演练应当记录、存档。

应急预案评审工作由编制应急预案的企业或其上级单位组织。组织应急预案评审的单位应组建评审专家组，对应急预案的形式、要素进行评审。评审工作可邀请预案涉及的有关政府部门、国家能源局及其派出机构和相关单位人员参加。也可根据本单位实际情况，委托第三方机构组织评审工作。评审专家组由电力应急专家库的专家组成，参加评审的专家人数不应少于 2 人。

5. 预案发布

根据《突发事件应急预案管理办法》有关规定，电厂应急预案经评审后，由单位主要负责人签署公布。应急预案应当在正式印发后 20 个工作日内向可能受影响的其他单位和地区公开。

6. 预案备案

根据《突发事件应急预案管理办法》有关规定，电厂应当在应急预案印发后的 20 个工作日内，将应急预案正式印发文本（含电子文本）及编制说明，向有关单位备案并抄送有关部门。中央企业集团所属单位、权属企业的总体应急预案按管理权限报所在地人民政府应急管理部门备案，抄送企业主管机构、行业主管部门、监管部门；专项应急预案按管理权限报所在地行业监管部门备案，抄送应急管理部门和有关企业主管机构、行业主管部门。

7. 预案培训

电厂应当通过编发培训材料、举办培训班、开展工作研讨等方式，对与应急预案实施密切相关的管理人员、专业救援人员等进行培训。牢固树立"应急培训不到位就是隐患"的意识，全面落实应急培训主体责任，策划制定年度应急预案培训计划，把应急管理人员、班组长和专兼职应急救援队伍作为重点培训对象。

8. 预案动态修订

根据《突发事件应急预案管理办法》有关规定，电厂应当加强演练评估，主要内容包括演练的执行情况，应急预案的实用性和可操作性，指挥协调和应急联动机制运行情况，应急人员的处置情况，演练所用设备装备的适用性，对完善应急预案、应急准备、应急机制、应急措施等方面的意见和建议等。电厂应当建立应急预案定期评估制度，分析应急预案内容的针对性、实用性和可操作性等，实现应急预案的动态优化和科学规范管理。

应急预案原则上每 3 年评估一次。应急预案的评估工作，可以委托第三方专业机构组织实施。

有下列情形之一的，应当及时修订应急预案。

（1）有关法律、法规、规章、标准、上位预案中的有关规定发生重大变化的。

（2）应急指挥机构及其职责发生重大调整的。

（3）面临的风险发生重大变化的。

（4）重要应急资源发生重大变化的。

（5）在突发事件实际应对和应急演练中发现问题需要作出重大调整的。

（6）应急预案制定单位认为应当修订的其他情况。

（三）应急物资管理

根据安全监管总局等部门关于加强企业应急管理工作的意见，电厂要加大对应急能力建设的投入力度，使人力、物力、财力等生产要素适应应急管理工作要求，做到应急管理与企业发展同步规划、同步实施、同步推进。切实加大对应急物资的投入，重点加强防护用品、救援装备、救援器材的物资储备，做到数量充足、品种齐全、质量可靠。

（四）应急队伍管理

根据《国家安全生产监督管理总局关于加强基层安全生产应急队伍建设的意见》（安监总应急〔2010〕13号）有关规定，对于未明确要求建立专职安全生产应急队伍的电厂，要建立兼职应急队伍或明确专兼职应急救援人员，并与邻近专职安全生产应急队伍签订应急救援协议。

（五）应急预案演练

根据《国务院办公厅转发安全监管总局等部门关于加强企业应急管理工作意见的通知》（国办发〔2007〕13号）相关要求，电厂应从实际出发，有计划地组织开展预案演练工作，按照"广泛参与、多方联动、形式多样"的原则，使有关单位、人员、队伍能够熟练掌握，以便在应急预案实施中能够迅速地各就其位、各负其责、有机配合。

电厂应当建立应急预案演练制度，通过采取形式多样的方式方法，对应急预案所涉及的单位、人员、装备、设施等组织演练，做到岗位、人员、过程全覆盖，推进电力突发事件应急演练由示范性、展示性向实战化、基层化、常态化、全员化转变。通过演练发现问题、解决问题，进一步修改完善应急预案。

（六）值班和信息报送

电厂应做好重要节假日、汛期等重要时段的值班值守，严格执行领导干部到岗带班、关键岗位24小时值班和信息报告制度，按照《国家能源局综合司关于做好电力安全信息报送工作的通知》（国能综安全〔2014〕198号）、《国家能源局综合司关于进一步规范电力安全信息报送和事故统计工作的通知》（国能综通安全〔2018〕181号）等文件要求报送相关信息，确保信息及时畅通，发生事故或险情时，快速响应、妥善应对。

根据《安全生产法》相关规定：电厂发生生产安全事故后，事故现场有关人员应当立即报告本单位负责人。单位负责人接到事故报告后，应当迅速采取有效措施，组织抢救，防止事故扩大，减少人员伤亡和财产损失，并按照国家有关规定立即如实报告当地负有安全生产监督管理职责的部门，不得隐瞒不报、谎报或者迟报，不得故意破坏事故现场、毁灭有关证据。

根据《生产安全事故报告和调查处理条例》等法律法规要求，电厂应按照"属地管理、分级负责"的原则，按要求于事故发生后 1h 内向国家能源局派出机构、事故发生地县级以上人民政府安全生产监督管理部门和负有安全生产监督管理职责的有关部门报告事故信息；房屋建筑和市政工程生产安全事故，还应同时报告当地住房城乡建设主管部门；涉及水电站大坝或流域安全的，还应同时向有管辖权的水行政主管部门、地方海事局或者流域管理机构报告；地方政府有其他相关报送规定的，同时遵守其规定。

（七）应急评估管理

根据《国务院安委会关于进一步加强生产安全事故应急处置工作的通知》（安委〔2013〕8 号）相关要求，企业应建立健全事故应急处置总结和评估制度。

电厂要在电力生产准备期间，针对安全生产和应急管理的季节性特点，进一步强化防范自然灾害引发的生产安全事故，加强汛期等重点时段的应急准备，强化应急值守，加强巡视检查，做好物资储备，做到有备无患。在事故应急救援和处置结束后，要及时总结事故事件应急救援和处置情况，按照国家安全监管总局《生产安全事故应急处置评估暂行办法》有关要求，详细总结相关情况，并按要求报告。

二、白鹤滩水电站实例分析

（一）应急保障建设

白鹤滩电厂结合实际，成立了应急组织机构，应急组织机构示例如图 4-2 所示，同时还制定了应急管理制度，明晰了各部门及相关人员的应急管理责任，明确了应急管理综合协调部门和专项突发事件应急管理责任部门，切实健全应急管理组织体系。

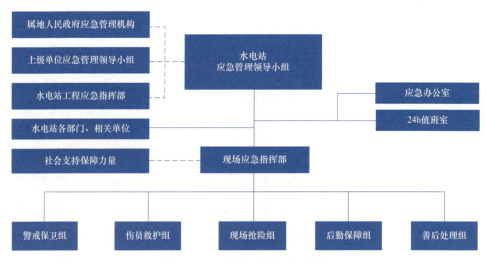

图 4-2　电厂应急组织机构示例

（二）应急预案建设

（1）预案编制。白鹤滩电厂根据应急资源调查报告和风险评估报告，统筹编制了自然灾害、事故灾难、公共卫生和社会安全 4 类共 44 部应急预案（1 部综合应急预案、15 部专项应急预案、28 部现场处置方案），并根据建管结合期和稳定运行期的特点，动态更新预案体系清单，如在电力生产准备期还增加了机组调试试运行突发事件应急预案。电站转入稳定运行期后的应急预案体系清单如图 4-3 所示。

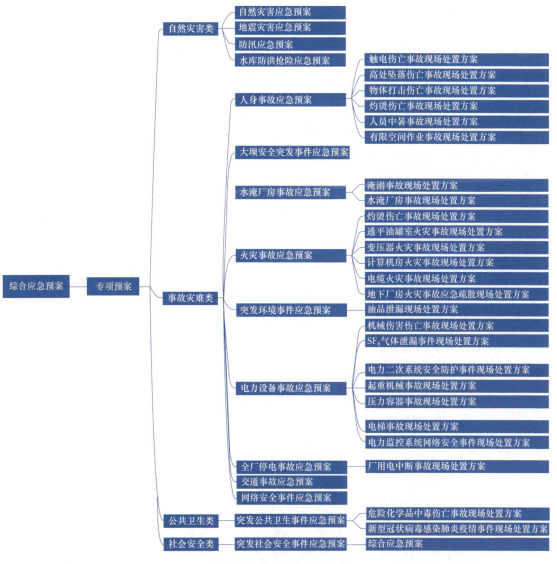

图 4-3　应急预案体系清单

（2）预案评审。白鹤滩电厂在应急预案评审前，完成了所有应急预案的桌面演练、实战演练及内部评审。邀请了云南、四川两省电力应急专家库的 6 位专家、国家能源局云南监管办、属地政府应急管理部门参加了应急预案评审。

（3）预案发布。白鹤滩电厂应急预案经评审后，由厂长签署发布，并按要求向相关建设单位、参建单位及其他相关方公开。

（4）预案备案。白鹤滩电厂在应急预案印发后的 20 个工作日内，将总体应急预案、专项应急预案正式印发文本（含电子文本）及编制说明分别向国家能源局云南监管办、宁南县应急管理局、巧家县应急管理局、宁南县市场监督管理局、巧家县市场监督管理局、宁南县生态环境局、巧家县生态环境局、长江电力进行了备案，通过形式审查，保证应急预案层次结构清晰、内容完整、格式规范、编制程序符合规定。

（5）预案培训。白鹤滩电厂每年组织应急管理领导小组成员、专兼职安全管理人员参加应急管理培训并取得安全培训合格证，培训内容包含应急预案，通过培训切实提升应急处突能力。

（6）预案修订。白鹤滩电厂持续加强应急预案动态管理，根据有关法律、法规、标准的变动情况，预案的演练评估情况，以及作业条件、设备状况、人员、技术、外部环境等变化的实际情况，及时评估、补充或修订应急预案，为迅速、有序、高效开展应急处置提供可靠支撑和保障，并按照有关规定将修订的应急预案及时报当地政府主管部门、上级公司备案。

（三）应急物资管理

白鹤滩电厂根据应对和处置各类突发事件的工作需要，认真研究制定应急物资储备计划，科学确定应急物资储备的种类和数量，按照有关规定设置应急设施，配备应急装备，储备应急物资，建立管理台账，安排专人管理，及时更新和补充有效期以外的、状态不良的，以及缺失的必备物资装备，确保其完好、可靠，应急救援物资储备满足突发事件应急需要。

（四）应急队伍管理

白鹤滩电厂建立专职消防队、组建白鹤滩水电站志愿消防队和防汛突击队，同时建立由技术负责人、设备管理主任等人员组成的应急救援队伍，并同上级公司、各兄弟电厂、白鹤滩工程各参建单位、云南能监办等建立应急联动机制，共享应急专家资源，形成分类分级、全面覆盖的应急专家资源库。

其中，白鹤滩电厂专职消防队基本情况如下：

白鹤滩电厂专职消防队成立于 2016 年 1 月 16 日，主要承担白鹤滩电厂的灭火救援、应急救援、工区消防安全巡查等工作。同时也对白鹤滩电厂周边的乡镇开展地方社会救助。

白鹤滩电厂专职消防队现有管理员 4 人、监控班 8 人、消防救援队 37 人，共计 49 人。目前配置有消防指挥车 1 辆，消防泡沫车及消防水罐车各 1 辆，同时配置了消防救援、山岳救援、交通道路救援、水域救援及个人防护等多种救援装备。

白鹤滩电厂专职消防队每月进行一次达标考核，每季进行一次比武考核，年终进行综合考核，考核成绩与本人的成长进步及薪资挂钩，实现"以考促训""靠素质立身"建设目标。根据工区实际情况编写相关作战指挥方案及灭火救援、应急救援方案，并定期组织开展演练提升队伍整体战斗力，为保障白鹤滩电厂消防安全打下了坚实的基础。

（五）应急预案演练

白鹤滩电厂结合实际，按照法规、标准、制度的要求，综合制定年度应急演练计划，确保总体应急预案、专项应急预案每年至少开展一次应急演练，现场处置方案每半年至少开展一次应急演练，火灾应急演练至少每半年开展一次，电梯事故应急演练至少每半年开展一次。每年组织策划开展实战演练20余次，剩余未开展实战演练的应急预案须通过桌面推演的形式完成演练，确保所有应急预案在3年内全部完成实战演练。通过演练及时发现和改进应急处置工作中存在的不足，进而提升白鹤滩电厂、各协作单位快速响应、协调处置的能力和水平。

（六）值班和信息报送

白鹤滩电厂制定每日值班表，每个部门专业搭配，双人值班，切实做到责任到人、管理到位。同时研究细化自然灾害、事故灾难、公共卫生和社会安全等各类突发事件信息报告的要求，编制生产安全事故（事件）信息报送快速指南，提高突发事件信息报告的及时性和准确性。

（七）应急评估管理

白鹤滩电厂作为安全生产应急管理工作的主体，按照《电力企业应急能力建设评估管理办法》要求，邀请电力应急专家库的专家紧密围绕预防与准备、监测与预警、应急处置与救援、事后恢复与重建四个方面，对白鹤滩电厂开展了应急能力建设现场评估，评估得分率为96.3％。同时持续强化并落实《安全生产法》《突发事件应对法》中关于安全投入、应急准备和应急处置与救援的各方面要求，确保应急管理所需的资金、技术、装备、人员等方面的投入不仅满足日常应急管理工作需要，且必须保障紧急情况下特别是事故处置和救援过程中的应急需要。

第五节 安 全 文 化 建 设

安全文化建设是一项系统工程。本节介绍了安全文化建设要点和典型安全文化理念，并结合白鹤滩水电站实例，介绍了参建安全行为准则和班组安全文化建设方面的经验做法。

一、安全文化建设要点

电厂在水电站电力生产准备期，需要传承和发扬行业安全文化、上级单位安全文化，也需要有意识地塑造、提炼、总结、宣传本单位的安全文化。电力生产准备期间，电厂的安全文化建设有以下六大要点。

（一）诊断现状，找准文化创建路径

电力生产准备期间，针对施工现场环境恶劣、施工作业点多面广、施工现场安全管理粗放等特点，电厂要根据工作需求，运用科学的方法，深入调查分析，找到安全管理中存在的问题，挖掘产生的原因，有针对性地提出解决方案，确保电厂参建人员的人身安全，不断夯实安全管理基础。

（二）提炼理念，培养自觉守规习惯

安全管理的核心是管人，而管人第一位是管思想。电厂要针对现状分析发现的问题，结合本单位安全管理实际，在工作实际中探索，于员工中挖掘，从安全管理中总结，提炼本单位安全文化理念，在潜移默化中引导培养员工自觉守规习惯，实现文化理念引领安全、促进安全。

（三）固化机制，用制度约束行为

电厂要将经过实践检验的好的机制、做法等固化到本单位制度和管理标准中，不断建立健全制度体系，并深度融合安全绩效管理，形成强有力的约束，最终实现标准制度"写我所做，做我所写，让标准成为习惯，让习惯符合标准"的良性循环。

（四）及时纠偏，引导行为自觉养成

习惯养成需要一个过程。电厂要在安全管理实践中强化监督，各级安全监督管理人员常态化开展现场监督检查，发现违章作业及时纠偏，并进行正确指引，强化员工遵章守纪意识，引导员工养成良好习惯。

（五）营造氛围，施加潜移默化影响

氛围营造是实现本质安全的重要途径。电厂在电力生产准备期间，要通过提升本质安全的工作环境水平，设置完善的安全警示标识、安全文化标语，开设安全论坛、安全课堂，以及充分发挥示范班组、先进个人引领效应等方式，系统地营造浓厚氛围，在不知不觉中影响员工行为，提升员工安全意识和安全技能。

（六）以人为本，实现人的本质安全

要坚持以人为本，在员工中孕育出被高度认可的安全行为规范、安全价值观，并通过班组等管理机构营造出自我约束、自我管理、和谐共生、遵章守规的文化氛围，真正让员

工实现从被动安全到主动安全，从依赖监督到加强自主管理，从受限于制度纪律到标准内在化和习惯养成，从关注自我到留心他人安全、帮助他人安全的转变，逐步实现人的本质安全。

二、典型安全文化理念

相比安全管理制度和作业规程，简洁精炼的安全文化理念更加生动形象。电厂可以吸收传承好安全生产领域或电力行业已有的典型安全文化理念，结合实际提炼更加符合本单位安全管理的文化理念。下面介绍一些比较典型的安全文化理念。

（一）安全生产"四不伤害"原则

（1）"不伤害自己"是"四不伤害"原则的基础，也是从业人员的本能需要。要求员工必须增强自我保护意识，严格遵守安全生产规章制度，提高安全操作技能。在日常工作中，员工应充分了解工作任务，明确自身职责，掌握工作技能，避免由于疏忽、失误或操作不当而导致自身受到伤害。同时，员工还应保持良好的身体和精神状态，穿戴符合安全规定的防护用品，避免在危险环境下工作。

（2）"不伤害他人"是"四不伤害"原则的重要组成部分，也是安全生产的纪律要求。在多人同时作业的环境中，员工必须相互尊重、相互协作，避免自己的行为给他人带来伤害。员工应严格遵守操作规程，保持作业现场的整洁和有序，确保设备、工具等的安全使用。同时，员工还应关注他人的安全状况，发现不安全因素及时提醒和纠正，共同维护安全和谐的工作环境。

（3）"不被他人伤害"要求员工在工作中保持高度警惕，增强自我防范意识。员工应关注周围的安全状况，发现不安全因素及时报告和处理。同时，员工应学会拒绝违章指挥和强令冒险作业，保护自己的合法权益，在紧急情况下，迅速采取正确的应对措施，确保自身安全。

（4）"保护他人不受伤害"体现了员工之间的关爱和团队精神。在工作中，员工应关注他人的安全状况，发现他人可能受到伤害时及时提醒和帮助。在紧急情况下，员工应积极参与救援工作，尽自己所能保护他人的生命安全。共同努力构建安全、和谐、互助的工作环境。

（二）电力行业"四个安全"理念

电力行业"四个安全"理念是指安全是技术、安全是管理、安全是文化、安全是责任。技术保障安全，管理提升安全，文化促进安全，责任守护安全。

（1）安全是技术。技术是保障电力安全的基础，是有效杜绝电力生产事故事件的保障，是实现电力本质安全的首要途径。电厂要在电力生产准备期间，全面梳理行业内"重点""难点""痛点""家族性"问题，从技术层面将运行管理经验提前运用到电站设计、设备制造、安装调试、运行维护等过程，推动本质安全型电站建设。

（2）安全是管理。管理贯穿电力生产准备期和运行期的全过程，是促进技术发展、强化责任落实、建设安全文化、实现安全生产的关键手段。安全管理通过对管理环节的拆分和管理流程的优化等，实现人与环境、任务的协调，达到控制风险、消除隐患的目的。电厂在筹建阶段，就要建立健全安全管理组织机构，建立科学的安全管理制度体系，做好生产过程风险管控和安全管理，强化安全监督，确保安全管理体系运转高效。

（3）安全是文化。通过厚植安全文化理念，完善、提高安全意识，提升安全素养，规范安全行为，使从业人员由被动安全转向主动安全，从而有效防范和减少安全事故事件。电厂在筹建阶段，应厚植安全发展理念，各项工作开展和布置，应始终强调安全，守牢安全生产的"红线"和"底限"，引导员工树立"生命大于天，责任重于山""抓安全生产就是在做善事""对安全负责就是对家庭负责"等安全理念，在潜移默化中激发员工安全意识和安全习惯，让员工形成自觉安全行为。

（4）安全是责任。就是将责任作为守护安全的底限措施，建立健全安全保障体系和监督体系，明确全员安全责任清单，贯彻责任落实措施，强化安全责任追究，有效规范和约束员工行为，达到守护和保障安全生产的目的。电厂安全生产工作需要严格落实"三管三必须"（管行业必须管安全、管业务必须管安全、管生产经营必须管安全）和"党政同责、一岗双责、齐抓共管、失职追责"要求，建立健全并落实好"知责尽责、层层负责、人人有责、各负其责"的全员安全生产责任体系。

三、白鹤滩水电站实例分析

白鹤滩电厂高度重视安全文化建设，坚持以文化促安全，传承长江电力"精益-责任"文化和"五项兴安"安全文化，有力保障了白鹤滩水电站电力生产准备工作的安全顺利推进。

（一）参与工程建设安全行为准则

1. 进入工程现场"六了解、七防范、八禁止"

为确保员工进入施工现场安全，白鹤滩电厂总结提炼了进入工程现场"六了解、七防范、八禁止"，详见表 4-13。

表 4-13	进入工程现场"六了解、七防范、八禁止"要求
六了解	了解工作本身的安全要求。 了解工作现场的安全情况。 了解共同工作人员的安全状况。 了解进出工作现场的通道情况。 了解施工现场环境保护状况。 了解在发生紧急情况时如何处理
七防范	防滑跌、防触电、防坠物、防坠落、防挤碰、防车祸、防落单
八禁止	禁止穿拖鞋、凉鞋、高跟鞋或带钉的鞋进入施工现场。 禁止不戴安全帽进入施工现场。 禁止酒后进入施工现场。 禁止违规翻越、攀登或移动施工现场安全遮栏。 禁止未经许可随意操作设备。 禁止在爆破警戒时间内人员和机械设备闯入警戒点范围。 禁止在起重机械或高空作业下面停留和通过。 禁止在施工用登高转梯、排架上跑动，其人员数量和限载符合要求

2. 二次回路施工"六防"

为提升现场机电安装施工质量，白鹤滩电厂在电力生产准备阶段提出二次回路施工"六防"要求，详见图 4-4。

图 4-4　二次回路施工"六防"要求

3. 现场参建工作"六个确保"

白鹤滩电厂从掌握施工现场进度、质量，及时协调、跟进、解决问题，保障参建工作效果角度，总结提炼了参建工作"六个确保"，具体如图 4-5 所示。

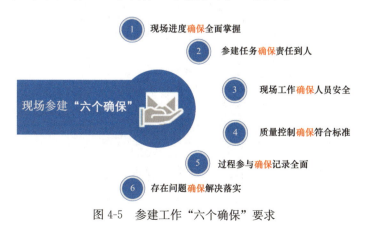

图 4-5　参建工作"六个确保"要求

（二）班组特色安全文化

1. 运行值"九字"管理

运行值针对电站安全运行提出"严、准、防、带、细、快、多、查、公""九字"管理，详见表4-14。

表 4-14   "九字"管理

项目	口号	工作要求
严	抓好一个"严"字	严字当头抓安全： 安全学习严要求、工作过程严把关、安全问题严批评
准	立足一个"准"字	落实标准提高质量： 强化规范标准学习、培训、落实
防	做好一个"防"字	安全第一、预防为主： （1）开好班前会，预防人的不安全行为。 （2）做好巡视检查，预防设备的不安全状况。 （3）强化执行规范，预防工作方法的不安全执行。 （4）充分辨识危险源，预防工作环境的不安全因素
带	强化一个"带"字	发挥先进模范带头作用： 带头学规范、带头现场示范、带头树立典型、带头自我批评
细	深化一个"细"字	细字为先，思考全面： （1）观察仔细：现场巡视、操作细致入微，不放过任何蛛丝马迹。 （2）思考全面：各个岗位、员工均要做到思考全面，不依不靠，并且做到相互监督提醒，强化责任担当意识
快	要求一个"快"字	行动要快，提高执行力： 传达安全要求快、发现问题处理快、事故隐患整改快、违章操作制止快、安全问题汇报快
多	保持一个"多"字	多交流、多提醒、多总结、多关心： （1）班前会多交流多沟通，提出想法和疑问。 （2）班中工作多提醒多强调，避免违规操作。 （3）班后工作多总结，扬长避短。 （4）班组成员多关心，避免情绪失常、精神状态不佳
查	坚持一个"查"字	以查促改，不断提高： （1）班前检查不能少：班前检查梳理当班期间工作任务。 （2）班中排查不能少：班中排查工作任务执行情况，并及时调整优化。 （3）班后复查不能少：班后复查本班工作完成情况
公	做到一个"公"字：	公平公正，有奖有惩： （1）根据实事，认真全面分析。 （2）沟通交流，做好批评教育。 （3）绩效考核，确保公平公正

2. 维护班组现场监护"十问"

维护班组针对项目监护提出现场监护"十问"要求，详见表4-15，"问"出要求，"问"出安全。

表 4-15　　　　　　　　　　　　　现场监护"十问"要求

1	是否办理工作票？
2	每日工前会（安全交底）是否完成？
3	工作班成员是否已全部在工作票上签字？
4	危险源辨识是否充分？
5	安全防护措施是否落实到位？
6	对其他作业面的影响是否提醒到位？
7	安全工器具是否检查到位？
8	特种作业人员是否持有效证件上岗？
9	作业区域定置管理是否到位？
10	工作间断和结束是否做到工停场清、工完场清？

3. 维护班组登高作业"五维一体"和"四色管理"

维护班组总结提炼出登高作业"五维一体"和"四色管理"要求（详见图 4-6、图 4-7），从严管控登高作业风险。

图 4-6　登高作业"五维一体"要求

图 4-7　登高作业"四色管理"要求

第五章　参 与 工 程 建 设

参与工程建设是电力生产准备工作的重要组成部分。在工程建设阶段，电厂结合已投运水电站在设计、制造、安装、调试、运行、检修等过程中暴露的问题、积累的经验做法，提前参与到业主方管理、工程监理、设备监造、机电安装、联合开发等过程，使相关风险得到预控，实现提升工程质量、培养锻炼人才等目的。本章结合白鹤滩水电站实例，对参与工程建设相关工作进行了系统介绍。

第一节　参 建 管 理

在"建管结合"模式中，电力生产准备工作与工程建设紧密结合。电厂作为电力生产准备工作主体派驻人员参建，参建人员被赋予水电站运行管理者和工程建设管理者的双重身份。为实现参建过程全覆盖，电厂依据工程建设及机组投产节点，全周期、跨期间、分阶段建立参建组织结构，确保参建工作的全面性、系统性和深入性。

本节以水电站工程土建开挖至全部机组投产发电时间为主线，将参建划分为前期（工程土建开挖至电厂整体入驻）、中期（电厂整体入驻至机组全部投产运行）及后期（电站机组全部投产运行后）三个阶段，从参建组织机构建立、人员选派、重点工作等方面介绍"建管结合"模式下的参建管理工作。

一、前期参建

电厂在借鉴行业内其他水电站工程建设与生产准备经验的基础上，根据水电站建设的特点和水电项目开发各阶段需求，运用系统管理方法，采取组织、经济等手段，规划参建管理工作。

国内水电工程在土建开挖期，工程建设现场主要施工内容主要包括大坝、地下洞室等部位的岩体开挖、基岩灌浆、基础混凝土浇筑等。电厂通常在土建开挖期即成立电力生产准备组织机构，并组织参建前期人员入驻水电工程建设现场。

（一）组织结构

水电工程土建开挖期，电厂依据业主方部门设置，选派参建人员到业主方项目管理部门参与相关工作。随着工程建设推进，施工范围扩大，电厂将分批次增派参建人员至业主方项目管理、质量管理、安全管理、技术管理等部门。参建前期管理组织结构图如图5-1所示。

图 5-1　参建前期管理组织结构图

（二）人员选派

水电站主体工程建设前期，主要施工内容为大坝边坡、基坑及地下洞室岩体开挖、基础结构混凝土浇筑、金属结构制造等。首批参建人员应以水工专业人员为主，一般可在工程截流后开始介入，确保能够全面掌握大坝及地下洞室群从开挖、支护到结构混凝土浇筑等全过程的地质条件，以及水工建筑物结构、防渗排水、监测等设计施工情况。在引水发电系统等主体工程首批金属结构主材开始采购时，金属结构专业人员可以开始参建。

电厂在选派参建人员时，需充分考虑水电站运行管理期人员队伍需求，做好各专业人才储备统筹规划。前期派驻的参建人员应选择综合能力强、能够吃苦耐劳、有参建经历或较为丰富工作经验的人员，确保其能在参建过程中提出问题并协调解决，避免已投运水电站常见问题在新建水电站工程中发生。后续可结合工作需要选派资历较浅的员工。

（三）重点工作

前期参建人员入驻业主方各项目部，以业主的身份、从运行管理的角度参与工程项目质量、进度、安全、技术、合同等管理，过程中需重点关注其他水电站运行期出现过的问题。本阶段重点工作如下：

（1）土建开挖、地基处理阶段：做好地质勘察资料收集，分析地质问题对运行管理的影响，并提出控制措施。全过程跟踪重要结构部位地质问题处理、施工情况，留存相关技术报告及影像资料，为运行管理提供决策依据。

（2）结构混凝土浇筑、金属结构安装阶段：重点参与质量控制，提出结构优化设计建议，记录关键施工工艺及质量控制措施，系统梳理、关注施工过程中可能造成运行风险隐患的问题。

二、中期参建

随着机电设备制造、安装工作的启动，电力生产准备工作也逐渐深入。电厂宜在水电工程首批机组投产前1～3年整体入驻工程建设现场。整体入驻后，电厂人力资源充足，可进一步扩大参建规模和参建范围，此时参建进入中期阶段。

（一）组织结构

中期参建阶段，电厂应从设计、制造、安装、调试等全过程质量把控角度出发，分批次派驻机械、电气等专业人员到建设单位机电安装部门、工程监理单位、设备制造单位、机电安装单位等参建。中期参建管理组织结构图如图5-2所示。

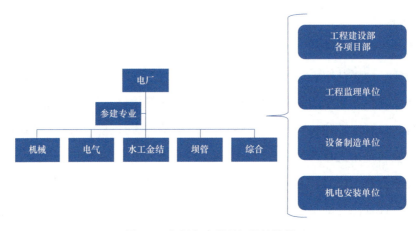

图 5-2　中期参建管理组织结构图

（二）人员选派

电厂宜在地下厂房转入混凝土浇筑工序和机组主要部件制造开始时（如转轮设备开始加工、关键系统联合开发时），选派机械、电气专业人员参建。也可安排人员参与业主方安全管理、坝区管理、综合管理等工作，让员工提前熟悉环境和相关工作，为电厂相关职能管理培育、储备人才。

（三）重点工作

这一阶段参建工作由参建小组管理模式向参建专业管理模式转变。本阶段重点工作如下：

（1）成立专业工作组，各专业由分管领导统筹，专业负责人牵头，带领专业工作组参建成员管控设备设计、制造、安装、调试等各阶段质量。

（2）定期召开专业工作组会议，研究分析共性问题、重点问题，必要时联合设计、施工等参建各方召开专题会。

（3）在设备设施专业管理基础上，推行生产区域网格化管理，实现纵向分级管理、横向分专业负责。

三、后期参建

电站全部机组投产发电后，工程全面转入运行管理阶段，大部分参建人员将陆续回到电厂，投入到电力生产和设备运行维护工作中，部分参建人员将继续参建，此时进入参建后期阶段。

（一）参建目的

机组安全准点投产发电是水电工程建设的重要目标，在机组安装调试期间，将优先组织开展推动机组投产发电的关键工作。当全部机组投产发电后，部分未完成但不影响工程安全运行的非关键工作，会被作为尾工处理。

随着机组投产，电站核心工作也由工程建设转为运行管理，更重要的是业主和建设方主要骨干人员、主要工程设备等资源将陆续离场，投入到下一个工程建设项目，处理尾工的人力物力不足，这会导致尾工处理进度不可保障，因此电厂有必要保留部分人员继续参建，推动尾工处理。

（二）人员选派

遗留尾工主要涉及部分辅助设施建设及电站环境整治等工作，负责尾工推进的参建人员主要从电厂涉及相关尾工工作的运行维护部门中挑选，由其所在部门直接管理。尾工处理涉及的协调工作，主要由电厂生产管理部门负责。

（三）重点工作

工程尾工一定程度上会影响辅助设备设施的运行，特别是环境整治相关尾工，不仅影响水电站整体外观形象，也存在一些安全风险。推进尾工处理是后期参建的工作重点。

（1）电厂须联合建设和参建各方梳理并制定尾工处理计划，做好过程跟踪、质量验收和现场安全管理。

（2）电厂生产管理部门须协调运行、维护等部门，在保障机组安全运行前提下，为尾工顺利开展创造便利条件。

（3）对涉及带电设备周边区域作业、高空作业、动火作业、有限空间作业等高风险作业的尾工，参建人员要重点管控好设备运行安全、人员安全。

四、白鹤滩水电站实例分析

早在白鹤滩工程土建开挖期，白鹤滩电厂即选派技术管理人员参与现场项目管理，6 年多时间里累计选派 188 名电力生产技术与管理人员，超过了同期白鹤滩电厂到岗人数的 50%。参建范围覆盖工程建设、监理、施工、设备制造等各方，涉及工程相关设计、招标与合同执行、设备制造与出厂验收、安装监理与调试等全生命周期管理。

　　白鹤滩水电站建设重要时间节点如图 5-3 所示。

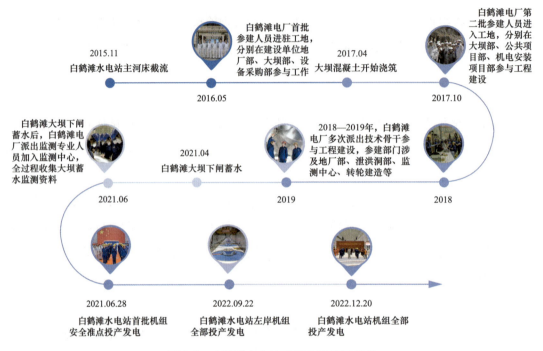

图 5-3　白鹤滩水电站建设重要时间节点

白鹤滩电厂参建管理工作主要有以下特点。

(一) 源头介入深度参与

　　2015 年 11 月，白鹤滩水电站成功截流。2016 年 5 月白鹤滩电厂成立参建小组，选派了第一批参建人员入驻白鹤滩工程项目部，此时地下厂房洞室、大坝基坑处于开挖阶段，有利于参建人员尽早全面熟悉工程情况、工程设计及结构特点。白鹤滩电厂主动参与电站设计与技术协调，并对枢纽建筑物结构设计及设备布置情况等进行系统性梳理，广泛收集、学习、了解电站前期设计成果，从电站运行管理的角度出发，发现问题及时向相关方提出改进建议，有效落实了"设计零疑点"要求。

(二) 过程管控提升质量

　　从设备设计、制造、安装等环节入手，助力白鹤滩"精品工程"创建。统筹参与项目管理、机电安装、监理监造等力量，从业主方、监理方、制造方、施工方的角度全方位参与管控机电设备质量，建立高效的问题发现、协调、解决机制。同时系统研究电站技术问题，编制了《参与电站建设重点技术问题分析手册》《白鹤滩水电站特别重要技术建议预控方案》等，对机组转轮质量预控等 17 类重要技术建议进行详细分析，提出处理措施及参与电站建设过程中的具体技术建议，并在参建过程中进行了实践应用。

（三）尾工推进消除风险

白鹤滩水电站机组全部投产发电后，仍遗留一些工程尾工，尽管风险可控在控，但也需要尽快推动处理。白鹤滩电厂统筹梳理遗留尾工，按照对电力生产可能造成的影响程度，对尾工进行分类，并划分处理优先级。在符合相关管理要求的前提下，对影响程度大且业主方和建设方留存力量不足以高效快速处理的尾工，白鹤滩电厂积极主动作为，协调组织处理。机组全部投产后一年内，白鹤滩电厂组织协调建设和参建各方高质量完成大坝工程、地下厂房全部尾工。

第二节　参　建　内　容

电厂的参建工作主要包括参与业主方工作、参与工程监理、参与设备监造、参与联合开发、参与无水调试等，本节结合白鹤滩水电站实例，对主要参建工作内容进行介绍。

一、参与业主方工作

电厂一般以选派人员到业主方工作或到业主方开展建设监督等方式参与业主方工作。参建工作中，参与业主方工作一般最早开始，并且贯穿整个主体工程建设期。参与业主方工作人员借助业主方在工程建设中的主导地位与管理优势，建立电厂与业主、设计、监理、施工等各方的联系机制。

（一）主要工作

参建人员围绕水电站建设，以业主方项目管理人员的身份开展项目管理工作。参建人员分布在业主方不同部门，尽管在管理职能和工作分工上有所差异，工作中侧重点也有所不同，但通常会涉及以下几方面工作。

1. 项目准备

参建人员的项目准备工作是参与水电站主体或辅助工程项目实施的前期工作，主要内容包括参与项目设计方案的审查，编制、审核项目招标文件等。

业主方一般设置专业部门负责项目招标工作，项目招标委托给专业公司。参建人员通常不参与项目招标发标、评标等工作，主要是配合投标文件清理、现场踏勘、现场样品制作等。

2. 技术管理

参建人员技术管理主要工作为参与项目供图计划制定与执行、施工图初审，组织开展设计技术交底、施工方案审核、现场技术核定、竣工图审核等。

技术管理与运行期工作直接相关，是参建人员的重点关注工作之一。参建人员要将施工图纸管理作为技术管理工作的主线，制定的供图计划要满足项目的进度要求，审核施工图要注意复核现场实际情况，现场技术问题核定要注意满足设计标准，同时要与施工条件匹配。

3. 合同管理

参建人员参与合同管理主要工作有现场工程量的见证、工程量计算文件的审核、合同变更的初审、质量安全处罚事项合同执行的审核等。

参建人员受参建身份制约，不能完全履行业主方的合同管理职能，合同管理工作不包括合同文件签批、合同支付审批等主体责任范畴的事项。

4. 质量管理

业主方质量管理是按照合同文件约定的责任、权限和质量标准履行职责和义务。参建人员主要工作有现场工序管控、质量检查、抽样见证、现场质量文件签署、质量问题分析与处置、设备出厂验收、监督监理、施工单位的质量管理体系建立与运行、配合质量监督机构等开展相关工作。

工程质量管控是参建人员重点关注的核心工作。参建人员结合电站运行管理经验，总结分析同类电站运行期出现的问题，在参建质量管理中开展预控，落实改进与优化措施，发挥更好的质量管理作用。

水电站因其在国民经济、公共安全方面特殊的地位，工程质量关系重大。参建人员要充分认识到质量管理的重要性，坚持"千年大计，质量第一"理念，将质量管理作为重点工作，以保证质量管理工作流程完整、过程真实、相关人员有效履职，实现质量工作目标。

5. 安全管理

参建人员安全管理工作分为两个部分。

第一部分是承担合同文件规定的安全责任。参与风险辨识、隐患排查、安全检查、应急管理等，对责任范围内的施工安全负组织、协调、监督责任。具体工作有对施工及监理单位进行月度/季度/年度检查、考核、奖惩，组织审核重大安全技术方案、措施及费用，监督重大安全技术方案、措施落实，监督施工、监理单位落实安全管理体系建设与人员配置要求，开展安全培训等。

第二部分是参建工作对应的安全管理责任。参建人员按照安全管理目标分解与业主方签订安全责任书，履行个人职责内的安全管理责任，如实报告安全事故，参与事故调查，建立安全档案等。

6. 进度管理

参建人员一般以日、周、月、年为进度管控节点，以里程碑事件为进度管控目标。主要工作有检查现场进度、组织召开例会、督促落实保障措施、进度信息收集与报告等。需要注意的是项目进度会受到前后工序制约、作业场地限制、人员机械保障、材料供应情况、作业环境、管理程序等多重因素影响，参建人员在制定进度保障措施时须予以充分考虑，有针对性地细化措施。

7. 沟通与协调

参建人员一方面作为业主方项目管理人员组织相关方的沟通与协调，确保各方信息传递畅通、及时；另一方面作为电厂与各建设相关方沟通协调机制的重要支点，也是沟通协调机制能否有效运行的关键因素之一。参建人员在电厂整体入驻工区之前，应确保沟通协调机制正常运转、信息及时报告反馈，在协调沟通化解各方矛盾方面发挥着重要作用。

8. 其他工作

参建目标是保证水电站从建设到运行的平稳过渡、减少遗留问题、培养人才队伍等。除参与业主方项目管理外，还应深入参与综合管理、坝区管理、资料管理等。

（二）白鹤滩水电站实例分析

白鹤滩电厂针对参与业主方工作，制定了参建计划、参建方案，并做了充分的人员、技术、后勤保障等方面准备。白鹤滩电厂在 2016 年 5 月至 2022 年底，先后选派 6 批次共 50 余人参与业主方工作，参建人员技术建议落实率达 80% 以上，其中重点技术问题基本全部落实。白鹤滩水电站建设期管理模式如图 5-4 所示。白鹤滩水电站运行期管理模式如图 5-5 所示。

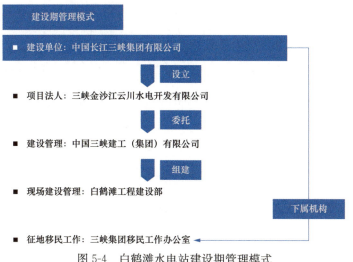

图 5-4　白鹤滩水电站建设期管理模式

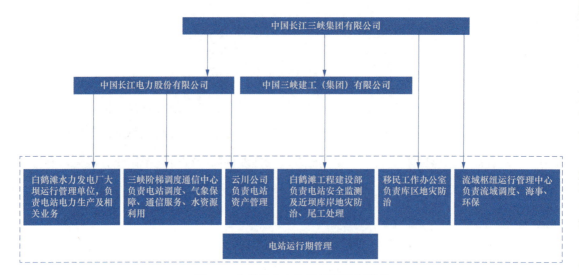

图 5-5　白鹤滩水电站运行期管理模式

白鹤滩电厂参与业主方工作有着自身明显的特点，主要体现在以下几个方面。

1. 紧扣工程节点，提前介入、全程参与

参与业主方工作主要以工程截流、主体工程全面开工、机电设备安装开始、工程蓄水、首批机组投产等工程重要节点为契机，参建人员提前 6 个月入驻业主方部门，提前熟悉参建工作内容、现场环境。白鹤滩电厂参与业主方工作持续 6 年，根据工程进度及业主方工作需求，对口选派业务骨干参与业主方工作。参建人员以业主方项目管理人员身份开展工作，服从业主方统一管理，与业主方执行相同的工作、休假制度，全面融入业主方管理体系中，同时增加了业主项目部管理人员，增强了项目管理力量。

2. 研提技术建议，积极协调、推动落实

参与业主方工作前，白鹤滩电厂对行业内已投运水电站存在的重点问题进行整理、分析，分类分级制定了改进优化措施。参建人员发挥业主方项目管理的主导作用及管理优势，与业主方、各相关单位通过设计联络会、专题会等平台，以及负责人定期会面、业务层随时沟通等机制，积极推动重点问题改进优化措施落实。经过参建人员的沟通协调和大力推动，白鹤滩水电站副厂房布局调整、机电及辅助设备选型、二次系统功能优化等改进优化建议均得到有效落实。

3. 健全参建体系，组织有力、推动有序

白鹤滩电厂根据工程进度、电厂人员入驻进度、阶段重点工作等，对参与业主方工作采用不同管理模式与组织方式。2016—2018 年电厂整体入驻工区前，参建人员以参建小组模式进行管理。2018 年底电厂整体入驻工区后，参建人员以专业组管理模式进行管理，与运行期电厂"以设备管理为主线、以设备主任为中心"的技术管理模式相适应。参与业主方工作6年间，参建人员始终做到工作归属有组织，沟通机制有位置，信息报告有路子，结果反馈有回执。重点问题技术建议、建设过程关注问题等实现了闭环管理，运行期的管理要求得到有效落实。

4. 着眼人才培养，科学谋划、分批历练

水电站建设周期长，不同阶段对参建人员的要求不同，不可避免要进行参建人员轮换。白鹤滩电厂分阶段参与业主方工作，电厂整体入驻工区前，前期参建人员以业务分部负责人和业务骨干为主，40%的参建人员担任业主方项目工作组负责人，专业及综合能力得到极大提升。电厂整体入驻工区后，设置业主方参建人员轮换过渡期，（一般为3~6个月），并结合导师带徒、工作交接等机制，对新加入的参建人员进行培训，使其有足够时间熟悉参建工作和现场环境。

二、参与监理工作

电厂人员以监理人员身份深度参与工程建设的模式，在国内三峡、安谷、阿海、清江隔河岩等水电站已有较多先例。

（一）主要工作

参建人员参与监理工作主要是参与机电安装监理，以机电安装质量管控为首要目标，以参建人员不发生人身伤害等安全事件为底线，做好工程进度管控。通过参与监理工作，也可提升参建人员专业技术水平和沟通协调能力。参与监理工作主要有以下几个方面。

（1）根据监理工作特点、施工条件和对影响工程质量因素的分析与预控措施的研究，明确机电安装及调试质量管理要点，制定质量控制流程，参与编制《监理工作实施细则》等管理文件。

（2）审查设计图纸、技术要求、施工方案等文件，参与生产性试验与施工工艺评审，落实规范和标准要求。

（3）对到货设备进行检查验收。核查设备型号、规格、数量、外观、装箱单、附件、备品备件、专用工器具、产品的技术文件等出厂物品和资料。核查承建单位提交的进场材料质量证明文件、生产许可证、出厂合格证、材料样品和检验（检测）报告等文件资料，按规定组织材料抽检、复查。

（4）开展安装、调试、试验等阶段检查及验收工作。系统梳理国家标准、行业标准、企业标准、厂家图纸、厂家安装工艺等文件，细化各工作控制节点要求，严格按照各项标准检查验收。

（5）巡查施工工作面，开展施工设备设施检查与人员资格检查，排查并督促消除施工安全隐患，及时制止不安全施工行为，开展施工现场安全文明施工管理工作。

（6）开展设备缺陷处理。对于一般设备缺陷，根据监理责任指示相关单位明确缺陷处理意见，并协调相关单位处理缺陷；对于重要缺陷，应及时报告，要求责任单位研究提出消除缺陷的处理方案，经审批后协调缺陷处理。

（7）组织监理协调会议。及时报告参建工作中发现的重要缺陷、安全隐患，汇报施工过程中的重要设计变更、施工技术变更等信息，协调解决安装过程中遇到的技术难点、意见分歧。

（8）系统收集机电设计、安装、调试过程中产生的信息资料，做好归档管理。

（二）白鹤滩水电站实例分析

白鹤滩电厂参与监理工作人员具备三峡、溪洛渡、向家坝等水电站丰富的运维经验，在实现机电安装"安全""准点""精品""美丽"目标等方面发挥了重要作用。从 2019 年 11 月至 2022 年 8 月，电厂先后安排 40 余名人员参与监理工作。

1. 安全方面

白鹤滩电厂参与监理工作人员始终把安全放在首位，参与《安全监理细则》编制，在工作中，重点审查施工组织设计中的安全技术措施和专项施工方案，现场监督施工单位落实。在机电设备安装期间多方参与、多面作业、多人施工的复杂施工环境下，加强违规施工作业管控，有效管控作业安全。系统梳理现场典型隐患、风险清单，制定风险管控措施，并形成安全手册。在每日现场工前会上，每个参与监理工作小组对组内成员进行针对性安全交底。同时参与监理工作人员积极开展各施工现场"安全随手拍"等活动。

2. 准点方面

白鹤滩电厂人员的加入，大大增强了监理人员队伍的力量，为多个工作面同时检查、验收创造了条件，大大缩短了工序衔接时间。参与工程监理人员坚持重要工序全过程旁站，认真把控施工质量，大幅度减少返工；积极协调设计单位、施工方、供货方、业主方等各方资源，及时处理施工难点、技术变更、意见分歧等，有力保障了机电安装及调试工作高效有序推进，为机组安全准点投产作出了贡献。

3. 精品方面

机电设备安装质量管控是白鹤滩电厂监理参建工作的重点。白鹤滩电厂参与监理工作人员对工序质量实施事前、事中、事后全过程、全方位跟踪监督，严格把控机组设备安装重点、难点，及时发现并协调解决施工中的质量问题。具体有以下几个方面工作。

（1）严格执行精品标准。电厂梳理国家标准、行业标准及企业标准，参与编制了

《1000MW水轮发电机组安装质量检测标准》及《白鹤滩水电站公用辅助设备安装质量检测标准》，形成机电安装质量控制总纲，以严格的标准来控制机电安装的质量。

（2）重要工序全程旁站。白鹤滩电厂编制《特别重要技术问题预控方案》《设备技术难点和薄弱点清单》等，在机电设备安装阶段有针对性地进行管控。参与监理工作人员提前梳理定子铁心安装、三部轴承安装、机组轴线调整、GIL管道对接及封盖等重要工序，实施全程旁站检查，确保安装工序、施工标准、测量数据满足标准要求，将现场施工中遇到的问题和隐患消除在萌芽阶段，为设备后续调试及并网发电提供保障。

（3）隐蔽工程重点关注。白鹤滩电厂根据流域水电站多年运维经验梳理了《机组设备运行缺陷信息统计表》《机组重要部位螺栓、密封安装预控跟踪表》，共计100余项，并根据安装过程中存在的潜在风险制定了预控措施300余条。参与监理工作人员积极落实各项跟踪、检查措施，及时发现机组平压管不锈钢伸缩节密封损坏等问题。同时，对发现的问题进行举一反三排查，做到发现一个问题，解决一类问题。

（4）缺陷闭环处理。为解决建设过程中出现的各种问题，白鹤滩电厂参与监理工作人员协同监理单位建立缺陷检查及跟踪闭环管理机制，严格按照管理步骤开展设备及安装缺陷管理，发现并推动缺陷闭环管理。在机组移交电厂前按日跟踪检查尾工和缺陷处理情况，明确缺陷处理责任单位、责任人、处理时限等，实现了机组及辅助设备"零尾工"接入系统调试和移交。参与监理工作缺陷管控流程如图5-6所示。

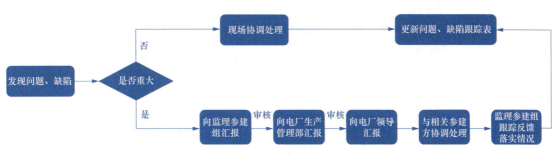

图5-6　参与监理工作缺陷管控流程

4. 美丽机电方面

在白鹤滩水电站机电安装前期，白鹤滩电厂参建人员参与编制了管路（油水气）、阀门、接头，桥架、电缆、防火封堵及接地，二次线缆、电气盘柜及柜内布线，标识标牌等美丽机电相关标准。

为有效推动美丽机电标准落地，白鹤滩电厂传承借鉴行业内各水电站电缆桥架安装及敷设施工经验教训，制定《白鹤滩水电站电缆线路施工质量预控方案》，从事前、事中、事后对电缆桥架安装及敷设工作进行精细化控制，并成立电缆及桥架安装质量控制示范作业面专项工作组（"微笑团队"）。采用 3DMAX/BIM 等软件对工程的油、水、气管路及电缆桥架进行建模，在 3D 环境下模拟施工，优化各类管路走向，避免管线碰撞；严格施工方案审查，强化参建人员培训管理，实行样板工程示范施工，待样板工程验收合格后，施工队伍方可进场施工。强化责任意识，建立各工作面施工质量电厂专人负责制，将质量管理责任到人。严把验收质量关，针对电缆线路施工各个环节编制相应的质量验收表，严肃验收程序。

美丽机电成果图如图 5-7 所示。

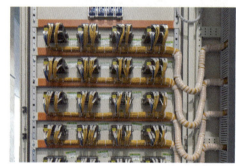

图 5-7　美丽机电成果图

5. 实践经验

（1）重视原始资料。水电站机电设备安装过程的原始数据是后续机电设备运行状态诊断分析及设备检修（尤其大修）的重要依据。设备内部零部件安装、埋件安装等细节影像资料对设备缺陷原因分析、技术培训有重要意义。因此参与监理工作人员应做好原始安装调试数据及安装过程影像资料收集整理工作。在建立资料收集工作机制的基础上，要开发"傻瓜式"的影音文件上传、编辑工具，减少影像资料收集整理的工作量。

（2）定期轮换工作。机电安装工期相对较长，具备流水作业特性，参与监理工作人员在各个工作面应当定期轮换学习。建议各工作面的人员半年左右轮换一次，这样既有利于消除单一重复工作带来的疲倦，也利于监理参建人员熟悉不同工作面、不同设备以及工作方法，有助于人才的全面培养和专业能力提升。

（3）数字化辅助工具应用。监理参建工作过程测量及验收数据量较大，部分安装工作的实际数据会因机组调试运行参数不断调整，有些工作数据调整次数达到十多次，要注意对数据进行校核更新。可以借助数字化手段，如数字化平台、智能小程序等辅助工具，实现测量数据的连续收集。

三、参与设备监造

设备监造是按照设备供货合同要求，对水电站采购的主要机电设备的制造过程进行监督。主要机电设备监造包括水轮发电机组、调速器、500kV 主变压器、500kV GIS（气体绝缘开关）、门机、桥机等。

参与设备监造，是指电厂人员以监理身份参与设备的制造工艺流程、制造质量以及设备制造单位质量体系的监督工作。

（一）主要工作

设备监造工作主要依照监造协议开展，包括主要机电设备的进度、质量、第三方检测、阶段性验收、出厂验收及外协质量管理等。主要工作如下：

（1）分包方采购的原材料质量证明文件的检查。主要部件制造投料前，应审查原材料的型号、规格、理化性能、无损检测等材质证明，审查合格后方可投入生产。逐一核对材料检测记录和质检报告每项内容，必要时还要对数据进行复核计算，合格后见证签字。

对合同要求进行第三方检测的部件原材料，监造人员进行第三方检测试样的取样见证，完成试样的出厂送检。当第三方检测结果显示原材料不合格时，监造配合进行相关争议和不合格品处理、重新复检等工作。

（2）零部件生产制造的工序检查见证。监造人员在设备制造一道工序完成后，见证点必须检查合格，才能转序到下一道工序。产品的制造与中间试验可能在不同的生产地点进行，同类产品不同项目号，制造过程中存在不同工序点的并行检查见证。受温度、湿度等环境因素影响，需要在不同时段连续进行检查见证，不得有遗漏，以确保进度的顺利推进。

（3）生产过程中的监控和测量。监造人员组织生产单位负责人每天开展工艺巡检，通常1天至少2次，检查已定工艺、工装、工人操作的适配性、安全性；排查现场安全隐患、生产进度、工艺优化、工装改进、文明生产等方面的问题。纠正、处罚违反工艺规范事项产生的工艺问题。

（4）对分包方产品质量及生产进度实施监控。

1）认真分析制造厂生产计划、零部件供应计划，及时指出存在的偏差，根据具体的问题制定相应的措施。

2）检查制造厂投入的人力、设备情况。

3）严格质量控制，避免返工和报废情况发生。

4）进度控制的合同管理措施：依据合同规定，要求制造厂合理、紧凑安排生产。

5）进度控制的信息管理措施：对计划进度与实际进度进行对比，及时汇总形成周月报告。

6）进度控制的协调措施：与制造厂生产部门协调，督促制造厂保证设备制造的资源供应。

（5）对产品质量控制点现场见证。转轮、下机架制造过程中质量见证关键工序必须停工待检。转轮焊接后、机加工、静平衡试验三个阶段关键工序，监造工程师和业主方验收组参与现场测量和探伤检测，确认合格后签证转序并形成关键工序验收会纪要，有效确保了产品质量和工期进度。

（6）对发现的质量问题协调技术部门处理。

1）普通偏差（C类）。普通偏差是生产过程中产生的偏差，对产品质量和装配连接没有影响。白鹤滩监造站根据质量标准，对普通偏差督促制造方采取措施处理，修正满足质量要求后继续进行下序施工。

2）不影响质量的主要设备的偏差（B类）。转轮和下机架制造发生B类偏差，白鹤滩监造站督促制造厂分析原因，采取措施处理，直到合格为止，否则不得进入下道工序施工。

3）严重偏差（A类）。转轮和下机架制造发生A类偏差时，白鹤滩监造站开启不符合项报告单（NCR单），要求制造方查明原因，采取处理措施，报业主和监造方审查批准后实施，直到合格为止，不合格产品不得转序施工。

（7）产品完工技术、质量资料审核。监造人员在合同设备制造完成后，对照标准审核材质证明、第三方检验证明，以及全部的质量管控文件、全部阶段性验收记录和全部的检验记录，审核合格后，签署接收文件。需业主方见证的重要部件，监造方预验收合格后，组织业主方参与出厂验收。

（二）白鹤滩水电站实例分析

白鹤滩电厂选派25名经验丰富的技术骨干，于2018年起赴全国20个主要设备厂家参与主机设备、变压器、GIL、桥机、转轮等设备驻厂监造，全程参与主要设备的制造见证，有效控制了设备制造进度与质量。进入安装现场的机组主要设备均达到优良标准，实现了4台百万机组转轮"零配重"、2台百万机组转轮"零残余不平衡力矩"等突破，做到设备"制造零偏差"。白鹤滩水电站转轮加工厂16台转轮制造静平衡试验结果汇总表见表5-1。

表 5-1　　　　　白鹤滩水电站转轮加工厂 16 台转轮制造静平衡试验结果汇总表

左右岸	机组号	转轮静平衡方法	合格标准（kg·m）	优良标准（kg·m）	最终残余不平衡力矩（kg·m）	配重（kg）	配重平均值（kg）	残余不平衡力矩平均值（kg·m）
东电转轮352t	1 号	应力棒法	187	74	8.17	88	43.2	10.55
	2 号	应力棒法	187	74	10.6	42		
	3 号	应力棒法	187	74	6.702	34		
	4 号	应力棒法	187	74	0	129		
	5 号	应力棒法	187	74	28.83	0		
	6 号	应力棒法	187	74	19.54	0		
	7 号	应力棒法	187	74	10.59	0		
	8 号	应力棒法	187	74	0	52.6		
哈电转轮338t	9 号	静压悬浮法	100	75	7.19	87	60.62	20.60
	10 号	静压悬浮法	100	75	3.2	78		
	11 号	静压悬浮法	100	75	9.03	42		
	12 号	静压悬浮法	100	75	11.06	80		
	13 号	静压悬浮法	100	75	25.6	62		
	14 号	静压悬浮法	100	75	41.043	0		
	15 号	静压悬浮法	100	75	28.8	82		
	16 号	静压悬浮法	100	75	38.88	54		

下面以参与转轮监造为例，介绍白鹤滩电厂参与设备监造工作情况。

1. 转轮监造过程管控

监造参建人员系统梳理白鹤滩水电站机组转轮制造特点，明确监造重点工作。

1）转轮材料为冷裂倾向较大的马氏体不锈钢，焊接易产生脆化组织和氢致裂纹，焊接过程中要严格控制预热温度、层间温度、保温温度；

2）转轮整体结构尺寸大，叶片坡口结构由大钝边不焊透和焊透两部分组成，焊量大，须严格遵循焊接顺序，控制焊接变形量；

3）由于运输限制，转轮上冠、下环分瓣组焊，转轮焊接过程中下环组圆拼缝的焊接量应尽可能小，以控制下环的焊接变形，同时下环应具有足够的强度，防止下环拼接焊缝开裂；

4）叶片与上冠、下环焊缝盖面前先粗磨；

5）转轮翻身是关键，其吊运与翻身必须严格遵守特大件安全操作规程。

2. 转轮监造实践经验

（1）严格执行监造标准。设备监造中，参建人员需用到很多类别的标准，这些标准涉及国家标准、行业标准、企业标准。对同一工作内容，在不同标准中可能有不同的要求。对标准的应用应注意如下几点：

1）监造检查见证各工序完成的质量，不能主观臆断。在各项工序检测中，确保每一项控制标准达到要求。

2）参与监造人员必须熟练掌握相关标准。加强对标准的学习，领会后把握好检验内容、检验尺度、最低要求等，同时要注意标准的更新。

（2）掌握零部件的设计图纸和工艺追溯。参与监造人员必须熟练掌握零部件的结构设计图纸，才能熟悉所监造部件各个构件的组成、材料属性、整体结构和制造工艺。同时要关注原材料第三方检测的合格证、前序制造检测的合格证明等。

对完工部件的工艺追溯，可以依据图纸图号，从单个零件一直溯源到材料下料与进料环节。进而将部件的全部材料下料情况，以及标准件、非标件、部件组成等都梳理清楚。通过文件见证，查验各个环节中产品制造质量。

（3）部件制造的钢印号追踪。结构部件的编号，都有对应的唯一项目号，必须严格对应其所规定的项目号。项目号与部件编号均用钢印打在指定的位置。这是工艺管理对构件进行编码的刚性要求。

参与监造人员在检查见证制造工序的质量时，要通过紧密追踪钢印号进行工艺核查与追溯，才能全面系统地掌握部件生产的工艺路线图和部件在工序扭转中的准确性，从而将监造和技术监督管理服务到点，执行到位。

（4）积极跟踪新技术新材料新工艺新设备。激光测量、焊接机器人等技术应用逐渐成熟，在制造领域的应用会逐步加深。孪生技术、智能制造的飞速发展，也会引进到水电站其他部件的加工制造中。这些新技术的应用，将直接影响转轮制造全工序改进、工艺文件和质量计划的改版与改进。

随着新技术、新材料、新工艺、新设备的应用，对应的质量计划中的见证点、文件见证的方法以及验收方式也会发生改变，参与监造人员要主动学习新技术、新材料、新工艺、新设备的应用。

（5）监造阶段的资料收集与管理。参与监造人员要高度重视资料的收集归档。在制造阶段，设备制造厂在项目进程中，依据合同和实际情况，需要参与监造人员不断审核、修改、完善设计图纸，材质检验报告，以及第三方验收签证。最新版的图纸、设计报告、工艺规范、工艺卡等文件资料不仅是部件制造的纲领性文件，也是后续进行质量追踪的依据。

四、参与联合开发

参与设备联合开发是指电厂人员以业主代表的身份，与设备制造厂家工作人员共同组建工作组，相互协作、优势互补，研究解决设备制造、功能开发过程中的问题，实现质量预控目标的阶段性工作。

通过参与关键设备联合开发，使联合开发设备更加匹配其他厂家相关设备、更加符合电厂工作习惯。参与联合开发人员以业主代表身份参与工作，可督促设备制造厂家及时采购、生产设备，掌握设备制造进度和质量，确保制造厂家能够按期交货并控制设备制造质量，并且从设计开始就参与设备制造和工厂测试全流程工作，掌握了设备开发、维护工具，熟悉了设备特性，可有效提高设备投运后的维护能力。

（一）主要工作

参与联合开发工作内容包括图纸设计、程序研发、功能验证、工厂测试等。水电站计算机监控系统和调速器控制系统是电站运行发电的关键设备。下面以计算机监控系统和调速器控制系统联合开发为例，介绍联合开发主要工作内容。

计算机监控系统和调速器控制系统都是客户化需求非常强的控制系统，水电站的规模、型式、重要性以及设备状况不同，对控制系统的要求就不同。联合开发可以弥补系统制造厂家对现场情况不了解的缺陷，能更好地将用户的管理重点、运维习惯和经验融合到控制系统中。联合开发人员在控制系统生产基地与厂家工作人员一起，开展如下工作（包括但不限于）：

（1）计算机监控系统、调速器控制系统人机接口的画面编辑和运行报表编制。

（2）计算机监控系统数据库源文件的定义和编辑。

（3）计算机监控系统语音报警的定义及语音录制。

（4）计算机监控系统所有现地控制单元数据库定义和人机接口画面编辑。

（5）计算机监控系统设备控制流程的设计和软件编程。如机组现地控制单元顺序控制及辅助设备、500kV 断路器、10kV 开关及 400V 开关、电站公用设备、泄洪设备设施等。

（6）计算机监控系统模拟屏驱动器控制输出点定义和编程。

（7）计算机监控系统 AGC、AVC 边界条件以及算法的定义。

（8）计算机监控系统与梯调、厂内其他子系统通信的数据定义。

（9）计算机监控系统历史数据的定义以及相应编程工作。

（10）计算机监控系统终端监视软件的开发和画面编辑（生产信息查询系统）。

（11）计算机监控系统现地控制单元外部通信接口编程。

（12）收集并确认调速器控制系统相关信息，包括水情信息、机组特性、电网需求等方面的数据，为系统设计提供基础。

（13）审核调速器控制系统的设计方案，评估方案的合理性和可行性，并优化。

（14）审核调速器控制系统硬件选型及配置情况。

（15）调速器控制系统液压设备、转速计算等关键控制流程的设计。

（16）参加计算机监控系统、调速器控制系统功能的测试（工厂预验收）。

（17）其他需要联合开发的软件编辑。

（18）人员培训。

在进行上述各项工作过程中，须重点关注对水电站长期安全稳定运行影响较大的技术细节，主要内容如下：

1. 计算机监控系统数据库源文件定义

计算机监控系统数据库源文件定义工作主要包含数据库测点标识编码、测点命名、测点报警属性确定等。其中，数据库测点标识编码、测点命名是计算机监控系统数据库定义的核心工作，编码和命名质量的好坏直接影响系统的好用性和易用性。

应预先确定数据库测点标识编码和测点命名规则，形成具有统一风格、含义清晰、简单明了的数据库测点标识和命名体系。数据库测点标识编码和命名应能够反映测点送出的控制系统、盘柜、测点产生设备、测点属性等信息，该项工作一般由参建人员主导完成。在现场调试和日后的维护工作中，现场工作人员可直接根据测点编码和命名确定信号来源、信号故障性质等信息，快速定位和处理故障。

2. 人机接口设计

人机接口设计主要是指计算机监控系统和调速器控制系统画面设计及实现，运行人员通过人机接口画面实现设备运行状态监视和控制功能。控制系统的画面风格、报警信号的颜色区分、运行日报表设计等内容应能较好地满足运行人员习惯，对运行人员已熟悉的内容不宜做颠覆性修改。画面设计应以电厂参与联合开发运行人员为主导，设计初稿应征求电厂其他运行人员及相关负责人意见。

信息丰富的监视画面设计，有利于运行人员及时发现设备异常，避免设备故障扩大；简洁明了的控制面板设计，有利于运行人员操作设备，避免误操作。

3. 控制流程开发

控制流程开发主要是根据电厂的运维经验完善设计院提出的主要控制流程初稿，根据实际设备情况补充设计所有设备的控制流程。主要控制流程一般包括机组正常开机和停机流程、机械和电气事故停机条件、机械和事故停机流程、事故闸门和导叶事故关闭装置控制流程等。

参与联合开发人员应收集类似水电站开停机失败案例、非计划停运案例等故障案例，提出控制流程具体建议。组织设计院、主机厂家、监控厂家以及其他设备厂家共同讨论，确立流程设计优化的各项因素和条件，形成共识，并由设计院确认可供现场实施的主要控制流程。良好的控制流程可有效提高机组开停机成功率,避免非计划停运,有效控制设备运行风险。

4. 计算机监控系统 AGC 和 AVC 功能实现

AGC 和 AVC 功能的实现需要确定边界条件、明确控制策略和控制参数。联合开发工作人员应收集本电站水电机组的各种特性曲线,如水头-出力限制曲线、各水头下机组的振动区等,确保 AGC 和 AVC 控制不越过机组边界条件。根据电站所在电网对 AGC 调节速度、调节精度、与一次调频配合逻辑等要求,确定 AGC 调节死区、全厂有功允许误差、单次下令有功最大变幅、单机最大调节步长等关键参数。

开展 AGC 和 AVC 功能模拟试验,模拟正常调节功能,模拟各种故障工况下 AGC 和 AVC 动作结果。通过这些工作,确保 AGC 和 AVC 功能安全可靠,技术指标符合所在电网要求,不发生负荷波动等异常情况。

5. 盘柜设计及元器件选型

计算机监控系统和调速器控制系统控制盘柜布置、元器件选型、配线质量影响设备运行可靠性及维护方便性。参与联合开发人员应充分参与盘柜设备布置设计,充分考虑功能实现、散热良好、美观整洁、方便维护等因素,可采用布置试验盘柜的方式验证设计效果。元器件选型应充分汲取类似电站运行经验,选择稳定可靠的产品,减少设备运行缺陷和风险。全程参与首台套控制设备的配线工作,及时优化柜内走线、冷压头制作等配线工艺。确保控制系统"零尾工""零隐患"验收出厂。

(二)白鹤滩水电站实例分析

白鹤滩水电站计算机监控系统和调速器控制系统的联合开发工作开始于 2020 年 3 月,计算机监控系统联合开发工作持续 6 个月,调速器控制系统联合开发工作持续 3 个月。2020 年 3 月,白鹤滩水电站主要控制系统设计已基本完成。2020 年 10 月,计算机监控系统和调速器控制系统首批设备出厂。一般来说,联合开发工作安排在控制系统设计基本完成,且首批设备出厂前 6 个月左右开展。

白鹤滩水电站计算机监控系统联合开发工作常驻制造厂家人员 6 人,调速器控制系统联合开发工作常驻制造厂家人员 5 人。其中,运行专业人员 1 人,其余均为自动控制系统维护专业人员,机械维护人员也参与了调速器控制系统联合开发工作。为更好开展培训工作,在出厂测试等环节,加派维护人员参与联合开发专项工作。

在驻厂参与联合开发工作期间,电厂人员与制造厂家人员一起,完成了图纸设计、程序研发、功能验证、工厂测试等各项工作,组织了一次设计联络会。总结和分析计算机监控系统和调速器控制系统联合开发过程。

1. 深度参与，做到"设计零疑点"

白鹤滩电厂参与联合开发人员均有大容量水电机组的运维经验，熟悉水电站现场设备运行情况。在联合开发期间，深度参与计算机监控系统、调速器控制系统的流程设计、盘柜布置设计等工作，与设计院人员沟通现场情况和电厂安全管理重点，提出流程设计意见，除个别特殊情况外避免了"单测点"启动事故停机流程的设计，冗余配置了开机流程跳转条件。将 LCU 所有的电气测量回路布置到一个盘柜中，最大化减少 TV、TA 回路跨盘柜连接情况。

2. 尽早准备，跨年度开展工作

联合开发工作需要收集的资料很多，电站总体工程设计、主机设备、电站其他控制系统设备、电厂工作人员前期相关工作经验总结等都是联合开发工作顺利开展的必要资料。白鹤滩电厂联合开发工作在 2019 年初就开始准备，全面梳理了联合开发工作需要实现的各方技术要求，形成文档并持续补充完善。因各种技术要求提出较早，白鹤滩电厂参与联合开发人员在工作中解决了盘柜内温湿度控制器选型等技术问题，有效避免了其他水电站设备投运后缺陷较多的问题。

3. 组建工作组，强化目标管控

白鹤滩电厂成立了计算机监控系统和调速器控制系统联合开发工作组。工作组强化目标管理，负责联合开发整体目标细化分解、控制流程编写等重要工作，并明确责任。工作组根据工作需要，开展以目标为导向的各种活动，最大限度提高工作效率。每周编写周报并开展例会，周报包括本周主要工作内容、遗留问题、技术讨论会商议结果等内容，方便后期工作追溯。根据首批设备到厂时间，联合制造厂家制定设备装配计划，每项工作指定电厂和制造厂家两方责任人，有力保障了首批设备按时到厂。

4. 一体协同，充分发挥专业优势

白鹤滩电厂联合开发工作组充分发挥电厂维护和运行人员的专业特长，使计算机监控系统和调速器控制系统既满足相关技术标准要求，也满足电厂运行习惯。维护人员主要开展数据库定义、流程编写等工作，运行人员主要开展画面风格设计、画面元素审核、参与数据库属性审核等工作。开发过程中维护人员与运行人员充分沟通，能够使技术与用户需求协调统一。

五、无水调试

无水调试是设备在现场安装完成后，为检验设备是否能正常工作以及其性能是否达标所进行的一系列静态试验。电力生产准备人员深度参与设备调试过程，可以掌握设备情况，为投产后设备安全稳定运行进行技术储备。无水调试主要包括透平油系统调试、厂用电系统调试、排水系统调试等项目。

（一）透平油系统调试

1. 调试概述

透平油系统包括油罐、油泵、滤油装置、系统管道等设备，其中系统管道以各机组支路阀门为界。透平油系统调试主要是检查系统管道各部件的密封性能，确认设备运行性能良好。该试验分别启动油泵、滤油装置等设备，设备正常运行后，再将新油充至运行油罐中，采用滤油装置进行循环过滤，直到油质化验合格为止。

2. 关键点及控制措施

（1）系统耐压试验：按照辅助设备安装质量标准进行耐压试验，如有渗漏，则应排空处理后再次试验，直到合格为止。

（2）油罐清洁度检查：油罐充油前，须开盖进行复检，如有异物，须采用面团吸附颗粒物。

（3）油罐油质化验：透平油循环过滤前后，油质应进行送检，油循环时间应足够充分以保证滤油效果。

（二）厂用电 10kV 系统保护调试

1. 调试概述

厂用电 10kV 系统保护调试主要是检验厂用电 10kV 系统保护、备自投装置模拟量采样、开入开出等功能是否正常，保护（动作）逻辑是否正确，外回路二次接线是否正确，TA、TV 极性是否正确，伏安特性与设计是否相符。主要包括保护装置单体功能调试、互感器极性及通流通压试验、备自投试验、整组试验、保护极性及一次设备带电试验。

2. 关键点及控制措施

（1）确认保护装置型号正确，软件版本、程序校验码与出厂时确认的一致，且在调试过程中需要核验交流通道一、二次额定值与设计是否相符，防止采样插件选型错误。

（2）试验时，若要外接交流电压，应确认已断开 TV 二次空气开关或熔断器，并测量电压回路确无电压，将电压端子外侧绝缘隔离后，方可进行柜内试验，防止 TV 反向充电。

（三）厂用电 0.4kV 备自投调试

1. 调试概述

0.4kV 备自投调试主要是模拟上级 10kV 电源失电后 0.4kV 备自投装置动作试验，确保备自投动作逻辑及设备动作正确，保障下级重要负荷不断电。主要包括 0.4kV 系统备自投装置全自动模式试验、0.4kV 系统备自投装置半自动模式试验、0.4kV 退出模式试验三项试验。

2. 关键点及控制措施

(1) 备自投动作后应根据设备特性留足开关机构充能时间，避免因机构充能未完成导致备自投动作失败。

(2) 当上级 10kV 开关不具备停电条件时，可考虑通过 0.4kV 进线开关进行模拟试验。

（四）发电机-变压器组保护调试

1. 调试概述

发电机-变压器组保护调试主要是检验发电机保护、变压器保护、主变压器非电量保护模拟量采样、开入开出等功能是否正常，保护（动作）逻辑是否正确，外回路二次接线是否正确，TA、TV 极性是否正确，伏安特性与设计是否相符。主要包括保护装置单体功能调试、互感器极性及通流通压试验、整组试验、保护极性及一次带电试验。

2. 关键点及控制措施

(1) 应复核瓦斯继电器检测报告，确保其实际动作值与设计相符。

(2) 主变压器非电量保护试验，需要从瓦斯继电器、表计本体处模拟真实动作，以验证整个回路的正确性，不可采取直接短接触点的方式。

（五）开关站及出线设备保护调试

1. 调试概述

开关站及出线设备保护调试主要是检验开关站及出线设备保护、高频切机装置、安控装置、失步解列装置模拟量采样、开入开出等功能是否正常，保护（动作）逻辑是否正确，外回路二次接线是否正确，TA、TV 极性是否正确，伏安特性与设计是否相符。主要包括保护装置单体功能调试、互感器极性及通流通压试验、重要继电器校验、线路保护通道联调、整组试验、保护极性及一次设备带电试验。

2. 关键点及控制措施

(1) 带并联电抗器的线路，T 区保护除配置出线开关两侧 TA 和线路 TA 外，还需要配置电抗器支路 TA，防止 T 区保护正常运行时出现差流。

(2) 检查户外出线场保护用 TA 二次绕组绝缘，并在出线设备投运前持续关注，确保其投运后绝缘合格、功能正常。

（六）泄洪设施无水调试

1. 调试概述

泄洪设施无水调试主要是在无水条件下检查闸门及门槽埋件安装质量、液压启闭机液压阀件动作是否灵敏、开度仪显示是否准确、各信号指示灯显示是否正确及控制程序是否合理等，确保大坝蓄水时闸门能正常进行启闭。主要包括液压启闭机调试和闸门启闭机联调，其中液压启闭机调试包括油泵空载试验、液压系统耐压试验、系统压力整定及液压系统排气等内容；闸门启闭机联调包括全行程启闭、自动复位试验及持门试验等内容。

2. 关键点及控制措施

（1）液压系统油液循环过滤。采用过滤装置对系统油液进行循环过滤，直至清洁度检测合格后，方可将油液注入油缸。

（2）液压系统压力试验。严格按照相关要求逐级升压进行压力试验，确保每个压力等级下保压时间达到要求，无渗漏及变形现象。

（3）闸门水封润滑。闸门联动过程中应使用喷淋装置对闸门水封进行充分润滑，避免水封干摩擦造成损坏。

（4）联调过程监测。做好联调过程中各项监测，避免闸门卡滞、偏斜等造成意外事故。

（5）充压水封调试。重点关注电动球阀动作情况，做好全开、全关位的整定；做好水封保压试验过程记录，若出现保压不好的现象，应全面检查管路或者水封粘接、压板安装情况。

（七）机组现地控制单元无水调试

1. 调试概述

机组现地控制单元无水调试是通过对现地设备进行远方操作，检验现地控制单元能否对各个子系统设备进行远方控制，能否正确采集现地设备运行、停止时的状态数据并在监控系统进行显示与存储，能否按设计的开停机、事故停机过程对各系统、设备进行控制，事故停机信号能否按设计逻辑触发事故停机流程，水机后备保护能否正确动作，并按设计流程进行停机、快速关闭进水口闸门等控制，以及验证同期合闸功能是否正常。

2. 关键点及控制措施

（1）测点核对时要按照测点顺序，以设计点表、施工配线点表为依据，核对监控系统数据库，确保数据库测点定义与实际信号一致。核对数据库模拟量，确保量程与实际测量范围一致，保证模拟量测量正确。

（2）控制命令核对时要确保监控系统画面操作命令按钮连点与画面、数据库定义一致。按点表顺序在画面依次下发操作命令，检查程序接收命令与控制设备是否一致，防止因命令错误出现设备误操作。

（3）水机后备保护及事故停机流程功能测试时，应模拟事故及所有闭锁条件，同时监视程序及画面，确保事故源及所有闭锁条件都满足时，才触发事故停机。

（4）单设备控制流程测试时，应根据设计流程图，核对机组控制程序，确保程序与流程

图一致，防止程序错误导致设备不按流程动作。

（八）进水口闸门电控系统无水调试

1. 调试概述

进水口闸门电控系统无水调试是通过对液压泵、各个电磁阀进行控制操作，检查电控系统能否正常控制液压泵启动与停止、能否正常控制进水口闸门开启与关闭。同时检查电控系统对液压系统运行时的油位、油压、油温等信号监视是否正常。检查闸门在开启与关闭过程中的速度、开度值反馈是否正常。模拟可能出现的故障，检查电控系统根据故障严重程度所做出的紧急控制及报警是否与设计一致。闸门全开后，进行持门试验，检验液压系统的密封性是否完好，闸门下滑情况是否符合要求。

2. 关键点及控制措施

（1）系统升压时，要注意监视系统油压及安全阀动作情况，若出现液压超限情况，应立即停泵。

（2）闸门持门试验应严格控制质量标准，持门试验若出现下滑量过大，应检查液压系统密封是否正常、是否漏油等，发现问题应处理后重新进行试验。

（九）调速系统无水调试

1. 调试概述

调速系统无水调试是通过对液压系统油泵、电磁阀进行控制操作，检验液压系统能否正常控制油泵启动与停止、能否正常控制电磁阀开启与关闭。同时检查液压系统运行时的油位、油压、油温等信号监视是否正常。通过对导叶进行控制操作，检验调速系统对机械液压随动系统的控制功能是否正常，检查调速系统对频率与导叶开度的测量是否准确。模拟调速器故障工况，检查调速系统对故障信号的判断与报警是否正确。

2. 关键点及控制措施

（1）液压系统启泵升压时，应密切监视压油罐压力，确保压力到设定值后，油泵停止运行。

（2）涉及操作导叶的各项试验，须确保条件具备，避免导叶动作伤人事件发生。

（十）发电机自动化系统调试

1. 调试概述

发电机自动化系统调试是对发电机辅助设备进行操作，检查电控系统对高压油系统、轴承冷却循环系统、机械制动、粉尘/油雾吸收装置、机坑加热器、外罩通风系统等设备的控制功能是否正常，对发电机辅助设备的状态信号采集是否正常。模拟可能出现的故障，检查电控系统根据故障严重程度所做出的紧急控制及报警是否与设计一致。

2. 关键点及控制措施

设备操作时，涉及到操作高压油顶起泵、推导油外循环泵、外罩通风泵和粉尘/油雾吸收泵、制动风闸和检修密封的各项试验，须确保条件具备，严防伤人事件发生。

（十一）技术供水系统调试

1. 调试概述

技术供水系统调试是对技术供水泵、电动阀进行操作，检查电控系统对技术供水泵、电动阀的状态监视和控制功能是否正常。在管道阀门打开，技术供水泵运行时，检查技术供水压力和流量是否正常，检查冷却系统管路密封是否良好。模拟监控下令自动开启、开关技术供水系统，电控系统能否按流程控制电动阀与技术供水泵。模拟可能出现的故障，检查电控系统根据故障严重程度所做出的紧急控制及报警是否与设计一致。

2. 关键点及控制措施

（1）首次操作技术供水泵启泵时，须确保条件具备，避免伤人事件发生。泵连续运行一段时间后，检查泵运行情况，发现异常立即停泵检查。

（2）管路充水后，应检查管路有无渗漏水现象；检查各系统的冷却水流量是否符合要求。

（十二）水轮机自动化系统调试

1. 调试概述

水轮机自动化系统调试是对水轮机辅助设备进行操作，检查电控系统对水导轴承冷却系统、主轴密封系统和顶盖排水系统等设备的控制功能是否正常，对水轮机辅助设备的状态信号采集是否正常。模拟可能出现的故障，检查电控系统根据故障严重程度所做出的紧急控制及报警是否与设计一致。

2. 关键点及控制措施

涉及操作水导外循环泵、主轴密封增压泵、顶盖排水泵的各项试验，须确保条件具备，避免启泵伤人事件的发生。

（十三）直流系统调试

1. 调试概述

直流系统调试主要目的是检验直流系统回路接线是否正确、各模块设备功能是否正常、参数设置是否满足运行要求、蓄电池组性能是否符合规范规定，确保直流系统具备投运条件。主要包括充电装置稳流精度试验、稳压精度试验、纹波系数试验、均流试验、限压限流试验、充电装置软启动时间检查、保护及报警功能试验、通信功能检查、绝缘检测仪功能试验、蓄电池巡检模块功能试验、蓄电池内阻及电压测量试验、蓄电池组核容试验等内容。

2. 关键点及控制措施

蓄电池组核容试验开始前，应检查蓄电池组电缆、连接条电压降满足要求。核容试验过程中注意监视蓄电池电压及温度变化情况，出现电压异常或温升过大时应立即停止试验，查明原因并处理后方可继续进行试验。

（十四）励磁系统静态调试

1. 调试概述

励磁系统静态调试的主要目的是检验励磁系统回路接线是否正确、励磁调节器控制功能是否正常、灭磁开关控制回路及分合闸动作是否正常、各测量元件测量精度是否满足励磁系统运行要求，励磁系统是否具备投产条件。主要包括励磁设备上电检查、模拟量开关量校验、功能模拟试验、灭磁回路试验、控制逻辑验证、功率柜整流试验等内容。

2. 关键点及控制措施

（1）调试开始前，应确认励磁所用 TV、TA 回路阻值无异常，每组 TA 二次绕组只允许有一个接地点；励磁系统起励变压器、隔离变压器、同步变压器等回路阻值无异常；励磁系统的二次控制电缆均应采用屏蔽电缆，电缆屏蔽层应可靠接地。

（2）励磁静态调试试验接线在调试完成后应及时拆除、恢复，试验过程中修改励磁参数时应做好记录，并在试验完成后立即恢复。

（十五）公用排水系统调试

1. 调试概述

公用排水系统调试是对排水泵、电动阀等关键设备状态进行模拟，对设备进行操作，检验电控系统对排水泵、电动阀的状态监视和控制功能是否正常，检验电控系统对液位信号的模拟量与开关量采集是否正常。模拟水位信号变化，检验电控系统能否根据水位情况自动进行启停泵控制。模拟可能出现的故障，检查电控系统根据故障严重程度所做出的紧急控制及报警是否与设计一致。

2. 关键点及控制措施

自动化元件校准。电磁流量计应安装在水平管道上，两个测量电极不应布置在管道的正上方和正下方位置。液位监测元件安装位置应远离液体进、出口。被测液体液位波动较大的，应加装防波管或套筒。被测液体有较多污物时，应加装拦污格栅。测量集水井液位时，探头应离开集水井底部一定高度安装，并采取防止泥沙堵塞和水生物附着的措施。

（十六）压缩空气系统调试

1. 调试概述

压缩空气系统调试是对自动化元件信号进行模拟、对空气压缩机进行操作，检验电控系统对空气压缩机的状态监视和控制功能是否正常。检验电控系统对气压信号的模拟量与开关量采集是否正常。模拟气压信号变化，检验电控系统能否根据压力情况自动进行启停空气压缩机控制。模拟可能出现的故障，检查电控系统根据故障严重程度所做出的紧急控制及报警是否与设计一致。

2. 关键点及控制措施

压力表和压力开关的校准。接入的标准仪表和被校仪表内应无油质及腐蚀性物质以及其他杂质，否则将影响仪器正常工作。

第六章 接 机 发 电

接机发电是电力生产准备的冲刺阶段，是对前期各项准备工作成果的集中检验，主要包括外部条件准备、运行管理准备、并网调试、设备设施接管等工作。本章结合白鹤滩水电站实例，对接机发电相关工作进行了系统介绍。

第一节 外 部 条 件

水电站投产发电前须具备相关外部条件，包括可靠性代码申请、并网调试申请、大坝备案与注册、发电业务许可证办理、取水许可证办理、蓄水期应急预案报备、特种设备管理及特种作业人员取证、并网调度协议签订、购售电合同签订、电站水库调度规程报批、调度资格取证、设备命名与编号申请、水电站水库运用与电站运行调度规程准备、成立机组启动验收委员会等，本节结合白鹤滩水电站实例，简要介绍了接机发电外部条件的相关规定以及办理流程。

一、电站可靠性代码申请

《电力可靠性管理办法（暂行）》中明确，电力可靠性管理是指为提高电力可靠性水平而开展的管理活动，包括电力系统、发电、输变电、供电、用户可靠性管理等，电力企业应依照该办法开展电力可靠性管理工作。国家能源局负责全国电力可靠性的监督管理，国家能源局派出机构、地方政府能源管理部门和电力运行管理部门根据各自职责和国家有关规定负责辖区内的电力可靠性监督管理。中国电力企业联合会（以下简称中电联）开展电力可靠性管理行业服务，并受政府委托承担监管支持工作，制定并组织实施电力行业可靠性管理规章制度和评价规程，建立电力行业统一的可靠性管理信息系统。

电厂成立后，应尽快向中电联可靠性管理中心提出企业代码申请，按要求填报和提交《发电企业代码申请表》。申请表内容包括电厂名称、调度名称、地理位置、单机容量、台数、投产日期、投资主体及控股比例、所在电网及机组类型等。电站在投产发电前应完成可靠性注册，将电站相关信息导入可靠性管理系统；同时应择机派人参加由中电联组织的可靠性管理人员培训及能力评估考试，须通过考试并取得资格证书。

白鹤滩电厂于 2020 年 12 月提交可靠性企业代码申请，2021 年 1 月电站完成可靠性注册，2021 年 6 月 28 日首批机组投产发电。

二、并网调试申请

根据《电网运行准则》有关规定，新建、改建、扩建的发电、输电、变电工程首次并网 90 天前，拟并网方应按照相应电网调度机构要求提交相关资料，主要包括电站在规划、设计与建设期、并网前期及正常生产运行期等不同阶段的资料。

在并网调试前，发电企业应向相应电网调度机构提交调试方案及并网申请。申请书内容包括：①工程名称及范围；②计划投运日期；③试运行联络人员、专业管理人员及运行人员名单；④安全措施；⑤调试大纲；⑥现场运行规程或规定；⑦数据交换及通信方式。

白鹤滩电厂于 2021 年 3 月向国家电力调度控制中心提交了并网运行申请书。结合白鹤滩水电站电气一次、二次系统设备安装和试验，以及接入国家电力调度控制中心（以下简称国调中心）、国家电网西南电力调控分中心（以下简称西南调控分中心）的通信通道及业务测试等实际情况，2021 年 6 月 16—21 日先后完成白鹤滩左右岸电站接入电网系统倒送电调试工作。随后根据机组网下试验进展，向国调中心逐台申请并网试验，2021 年 6 月 28 日首批 1 号、14 号两台机组完成并网全部试验后正式投产发电。

三、大坝备案与注册

按照《水库大坝安全管理条例》和《水电站大坝运行安全监督管理规定》等相关规定，水电站按照不同坝高与库容归属不同行业主管部门监管。国家能源局管理范围的大坝应根据《水电站大坝安全注册登记监督管理办法》进行安全注册登记，电力企业应当在规定期限内申请办理大坝安全注册备案与登记。在规定期限内不申请办理安全注册登记的大坝，不得投入运行，其发电机组不得并网发电。

大坝经过蓄水安全鉴定后，首台机组转入商业运行前，建设单位应将蓄水安全鉴定报告、蓄水安全鉴定书及其他安全管理情况向国家能源局大坝安全监察中心备案。电厂应当在枢纽工程竣工安全鉴定或大坝安全定检检查 3 个月内，向国家能源局大坝安全监察中心提出书面安全注册登记申请。大坝注册登记等级分为甲、乙、丙三级，新建电站大坝注册登记须达到甲级。

白鹤滩电厂 2020 年 12 月启动大坝备案工作，2021 年 6 月完成备案；2023 年 6 月启动大坝注册工作，2024 年 4 月完成大坝注册书面申请，同年 7 月完成大坝首次安全注册登记，获得国家能源局大坝安全监察中心颁发的"甲级"认证证书，大坝安全管理实绩考评分为 91 分，为当前国家能源局监管范围内新建大坝首次安全注册的最高分。

四、发电业务许可证办理

电力业务许可证分为发电、输电、供电三个类别，其中发电业务许可证申请单位可以是公用电厂、并网运行的自备电厂或国家能源局规定的其他企业。电力业务许可证办理方式分为告知承诺制与一般程序两种。告知承诺制方式办理许可申请材料仅包括申请表和承诺书；一般程序办理许可还须提供法律、法规、规章、规范性文件要求的相应材料。申请人有较严重的不良信用记录或存在曾作出虚假承诺等情形的，在信用修复前不适用告知承诺制。告知承诺制方式办理许可，如符合法定条件，派出机构当场作出行政许可决定，受理当日即可获得许可；一般程序办理许可在受理后还须按规定的程序审查，一般在 20 个工作日内取得许可。

发电业务许可证办理流程主要包括申请材料提交、申请材料审查、作出许可决定、信息公开等环节。新建水电站发电业务许可证办理，首先应明确办理主管机构、办理流程和材料要求，然后按照管理要求可在现场或通过网上办理。根据相关规定，新建水电机组所属企业应在机组完成启动试运行时间点后 3 个月内取得发电业务许可证，逾期未取得的不得上网发电。

白鹤滩水电站发电业务许可证发证机构为国家能源局云南监管办公室（以下简称云南能监办），办证基本流程如下：

（1）登录云南能监办门户网站查询相关规定，确定申请材料。

（2）根据填报要求，提交申请材料。

（3）云南能监办对申请材料进行受理审查。

（4）行政许可申请正式受理后，云南能监办对申请材料进行审查，必要时进行现场核查。

（5）云南能监办准予许可，出具《准予行政许可决定书》并颁发发电类电力业务许可证。

五、取水许可证办理

取水许可制度是国家境内直接从江河、湖泊或地下水取水的单位和个人应遵守的一项制度。《中华人民共和国水法》规定："国家对直接从地下或者江河、湖泊取水的，实行取水许可制度。"新建、改建、扩建的需要申请取水许可的建设项目，申请人应当在取水工程（设施）开工前提交取水许可申请材料。建设项目建设期施工用水及运行期附属用水的取水申请，应当在提出建设项目取水申请时一并提出。

与发电业务许可证办理一样，首先应明确业务许可办理主管机构，再按照流程办理取水许可证，同时还应组织员工参加主管机构举办的取水单位取用水管理培训。

白鹤滩水电站取水许可证发证单位为水利部长江水利委员会（以下简称长江委）；根据白鹤滩工程建设总体计划，在工程开工建设前即开展取水许可证办理工作，2021 年 6 月—2022 年 12 月白鹤滩水电站先后完成 16 台机组试运行并投入生产，2023 年 4 月长江委完成现场核验后，同年 5 月颁发了运行期取水许可证。

六、蓄水期应急预案报备

根据《电力企业应急预案管理办法》和《生产安全事故应急预案管理办法》等有关规定，电力企业是应急管理工作的责任主体，应当建立健全应急预案管理制度，完善应急预案体系，规范开展应急预案的编制、评审、发布、备案、培训、演练、修订等工作，保障应急预案的有效实施。电力企业应急预案体系主要由综合应急预案、专项应急预案和现场处置方案构成。应急预案经评审或者论证后，由电力企业主要负责人签署公布，并在公布之日起 20 个工作日内，按照分级属地原则，向安全生产监督管理部门和有关部门进行告知性报备。需要报备的应急预案包括综合应急预案、自然灾害应急预案和事故灾难类专项应急预案。

白鹤滩电厂于 2020 年 2 月启动应急预案体系建设工作，2020 年 7 月完成应急预案编写，2020 年 9 月完成应急预案评审和发布，2021 年 4 月向云南监管办、宁南县应急管理局、巧家县应急管理局、宁南县市场监督管理局、巧家县市场监督管理局、宁南县生态环境局、巧家县生态环境局以及长江电力备案。

七、特种设备管理及特种作业人员取证

根据《中华人民共和国特种设备安全法》和《特种设备安全检查条例》等有关规定，特种设备使用单位应当使用符合安全技术规范要求的特种设备，特种设备使用前或者投入使用后 30 日内，特种设备使用单位应当向直辖市或者设区的市的特种设备安全监督管理部门登记，应按照安全技术规范的定期检验要求，在安全检验合格有效期届满前 1 个月向特种设备检验检测机构提出定期检验要求，未经定期检验或者检验不合格的特种设备不得使用。

根据《生产经营单位安全培训规定》有关规定，生产经营单位的特种作业人员，必须按照国家有关法律、法规的规定接受专门的安全培训，经考核合格，取得特种作业操作资格证书后，方可上岗作业。

白鹤滩水电站在特种设备安装完成后，即开展特种设备注册及校验工作；2019年9—11月白鹤滩电厂开展多批次特种设备作业人员、特种作业人员取证工作，先后共60余人取证，确保满足接机发电的需求。

八、并网调度协议签订

并网调度协议是指发电厂与电网之间、电网与电网之间在并网前，根据平等互利、协商一致和确保电力系统安全运行的原则，确立相互之间权利义务关系的契约。签订并网调度协议的主要目的是保障电力系统安全、优质、经济运行，维护电网经营企业和发电企业的合法权益，保证电力交易合同的实施。协议双方应注意所签并网调度协议与购售电合同相关约定的一致性。并网调度协议的基本内容主要包括双方的责任和义务、调度指挥关系、调度管辖范围界定、拟并网方的技术参数、并网条件、并网申请及受理、调试期的并网调度、调度运行、调度计划、设备检修、机电保护及安全自动装置、调度自动化、电力通信、调频调压及备用、事故处理与调查、不可抗力、违约责任、提前终止、协议的生效和期限、争议的解决、并网点图示等。

新建水电站并网发电前应与相应调度机构签订并网调度协议，并报相应电力监管机构备案。白鹤滩电厂于2020年8月启动白鹤滩电厂并网调度协议签订准备工作，2021年6月与国家电网有限公司正式签订协议，并向国家能源局和国家能源局四川监管办公室备案。

九、购售电合同签订

购售电合同是指购电方与发电企业就电站电能消纳等事宜签订的合同。原则上新建水电站并网发电前，应与购电方（一般为国家电网有限公司或中国南方电网有限责任公司）签订购售电协议。随着电力市场化改革推进，水电站将逐步参与市场化交易，部分上网电量将会与用电企业或售电公司开展直接交易，上网电价通过市场化交易方式形成，合同签订内容将由传统的"电量块"过渡到电力曲线模式。

十、电站水库调度规程报批

为保障水库大坝安全，促进水库综合效益发挥，规范水库调度行为，依据《中华人民共和国水法》和《中华人民共和国防洪法》等法律法规，新建水电站正式投运前应编制水库调度规程并经相应主管机构审批。

水库调度规程一般由电站设计单位负责编制，电站管理单位提出具体要求；通常经管理单位内部审核通过后，再邀请水库及电站调度主管部门参加审查，通过后形成送审稿；送审稿一般报送至水利水电规划设计总院，由其组织审查，通过后报送地方行政主管部门。

《金沙江白鹤滩水电站水库运用与电站运行调度规程》由中国电建集团华东勘测设计研究院有限公司负责编制，2020 年 10 月提出规程送审稿。2020 年 12 月由水电水利规划设计总院组织相关方进行审查，根据审查意见修改完善后于 2021 年 1 月提出《金沙江白鹤滩水电站水库运用与电站运行调度规程（试行）》（征求意见稿）。2021 年 3 月根据征集意见修订完善后提出《金沙江白鹤滩水电站水库运用与电站运行调度规程（试行）》（报批稿），2021 年 4 月按要求报送四川、云南两省能源局。

十一、调度资格取证

根据《电网调度管理条例》有关规定，调度系统值班人员须经培训、考核并取得合格证书方能上岗。对于电站而言，应对与电网企业有调度业务联系的值班员进行岗位技能培训，同时应参与相应调度机构组织的受令资格培训及考核。值班员经培训并考核通过后取得受令资格证书，方具备与电网调度值班人员的联系资格。

白鹤滩水电站电网调度机构为国调中心。白鹤滩电厂按要求组织运行人员参加了国调中心调度受令资格培训和考试，2021 年 4 月完成首批运行人员调度资格取证工作，满足接机发电需求。

十二、设备命名与编号申请

根据《电力系统部分设备统一编号准则》，为适应电网的发展和大电网的互联，提高电力系统调度运行管理水平，凡 500kV 输变电设备，都应按照该准则统一编号；凡与 500kV 变压器中压、低压侧相连的设备，可参照该准则套编或按原系统编号原则编号。设备命名与编号的主管机构一般为电站相应的调度机构，电站应在正式投运前向调度机构申请，电网调度机构在收到拟并网方提出的厂站命名申请后的 15 天内下发发电站调度命名。

白鹤滩电厂于 2020 年 12 月启动设备命名与编号申请工作，2021 年 3 月国家电网有限公司印发了《关于白鹤滩电厂及送出工程相关一次设备调度命名编号及调度管辖范围划分的通知》，2021 年 6 月印发了《白鹤滩电厂国调管辖继电保护设备调度命名》。

十三、成立机组启动验收委员会

根据《水轮发电机组启动试验规程》有关规定，水轮发电机组及相关机电设备安装、检验合格后，应进行启动试运行试验，试验合格及交接验收后方可正式投入系统并网运行。为确保机组启动试运行及验收等工作有序开展，应提前成立机组启动验收委员会（以下简称启委会）。启委会一般由投资方、政府有关部门、电力建设质量监督机构、监理、电网、设计、施工、调试、主要设备供货商等单位组成。

白鹤滩水电站启委会由三峡集团、国家电网有限公司、四川省能源局、四川省电力公司调控中心、云南省能源局、水电水利规划设计总院、中国电建集团华东勘测设计研究院有限公司、可再生能源发电工程质量监督站等单位组成，启委会下设办公室、验收专家组、试运行指挥部、电力系统调度协调组、验收交接组，组织机构图如图 6-1 所示。

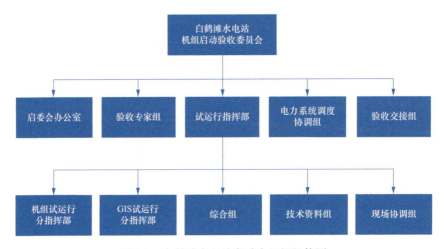

图 6-1 白鹤滩水电站启委会组织机构图

1. 启委会主要职责

（1）听取监理单位的质量检查报告，设计、施工、生产单位工作报告，以及试运行指挥部、电力系统调度协调组和验收交接组的工作汇报。检查机组、附属设备、电气设备、水工建筑物的工程质量及形象进度。

（2）确定验收交接的工程项目。

（3）通过现场检查和审查文件资料，确认机组启动验收各项条件是否具备，对存在的问题提出处理意见，审查批准机组设备启动试运行程序大纲和试运行计划。

（4）根据检查结果，审批机组能否启动，确定机组第一次的启动时间。

2. 办公室主要职责

负责启委会日常事务，起草启委会公文，汇集启动验收文件，安排启委会相关会议及启委会交办的其他工作。

3. 验收专家组主要职责

负责机组启动技术预验收工作，开展工程现场检查，评审验收资料，对机组启动验收提出审查意见以及启委会授权的其他工作。

4. 试运行指挥部主要职责

组织试运行工作，组织设备检修，组织编制试运行文件，编写设备验收报告，组织召开协调例会。

5. 电力系统调度协调组主要职责

根据机组调试计划，在试运行指挥部的统一指挥下，负责机组并网、系统调试、电力外送的调度协调工作。

6. 验收交接组主要职责

负责工程完成情况和质量情况检查、图纸资料收集整理、备品备件清点、验收交接组织工作。

十四、其他条件

水电站接机发电除要具备以上外部条件外，还应确定开关站接入系统调试方案和机组并网调试调度方案，并完成通信接入及调度自动化系统调试等工作。因水电站规模、类型及地方政策等差异，上述各项外部条件的必要性、办理流程和时限要求等方面可能存在不同，具体以实际为准。

第二节　运行管理准备

水电站运行管理准备是新建电站顺利投产发电的一项重要工作。本节从设备标识管理、设备定值及方式管理、运行值班安排、运行业务规划、运行调度协调、备品备件及相关物资准备等方面，介绍了水电站前期运行管理准备工作的具体内容，对关键节点的安全风险控制措施加以梳理，并介绍了白鹤滩水电站的部分相关实例。

一、设备标识管理

规范的设备标识能够减少水电站设备运行管理中因人为疏忽和操作失误等因素而导致的

安全事故，从而降低安全事故的发生率，为接管设备提供安全有利的调试环境，为顺利完成接机发电任务创造安全的作业环境。

（一）需求确定及方案制定

根据《水电厂标识系统编码导则》（GB/T 35707）要求，结合行业内已投产水电站成熟应用的方案，制定接机发电水电站机电设备设施标识相关技术规范。在电站运行管理准备过程中，根据设备设施的技术资料和电站生产区域布置情况，按职责分工做好标识规划、数量需求统计与设计方案等各项工作。各类标识牌在设计时须考虑功能、样式、材质、形状、色调、内容和安装方式等方面的一致性，并与周边设施设备、环境和空间保持协调。

（二）标识分类

设备设施标识主要包括生产区域安全警示标识、安全管理及职业健康标识、调度管辖设备标识、设备间标识、设备区域标识、生产区域管道介质流向标识、盘柜盘楣、阀门标识、建筑物标识、区域标识、位置标识、导向标识、生产区域内交通标识、消防标识、应急疏散标识等。设备设施标识应由电厂生产技术部门统筹并按照统一标准开展制作，电厂各生产部门根据标识管理责任分工开展各自责任范围的设备标识管理。

（三）白鹤滩水电站实例分析

白鹤滩电厂在接机发电工作倒计时阶段，采用项目管理方式开展电站标识制作和安装，范围涵盖了电站生产区域设备设施标识、安全警示标识、交通指示标识等。编制《白鹤滩水电站现场标识实施技术规范》，统一设备设施和环境信息的现场标识以及基本配置要求。以生产区域设备标识为例，按照规范整洁、醒目美观的原则，开展电站标识安装。根据工程建设进度及接机发电安排，条件具备一批，现场安装一批。原则上在机组有水调试试验之前，应完成机电设备相关标识的安装。白鹤滩电厂标识安装面临着现场机电设备调试试验开展与接机发电并行的局面，电厂人员根据设备调试进展和机组接管计划安排，统筹编制《机电设备标识安装实施推进表》，辨识标识安装工作的风险并做好安全措施，在保证已接管设备安全稳定运行的同时，确保待调试机组的标识按节点完成安装。

二、设备方式检查及核对

设备方式检查及核对是指对机电设备开展定值核对、运行状态检查及调整等。设备定值正确执行可确保电站电气设备在故障时及时被保护和控制，从而保障设备安全，避免故障扩大。设备运行状态检查及调整应按照设备规程及图纸开展。

(一) 设备定值核对

在开关站接入系统及机组并网调试前、机电设备接管后，电厂相关专业人员应开展发电机-变压器组及送出线路等调度管辖设备设施的定值核对，检查相关设备定值是否与厂家或者调度部门下达的定值单保持一致，比如机组三部轴承油位、油温、瓦温的报警定值和保护动作出口定值是否与设备厂家提供的定值单一致；调度管辖设备的开关保护定值、线路保护定值、母线保护定值是否与调度部门下达的定值单一致。通过检查核对设备定值，切实保障发电机-变压器组主设备及开关站系统的安全稳定运行。

(二) 方式检查及调整

在开关站接入系统及机组并网调试前、机电设备接管后，电厂运行人员要开展机电设备大检查工作，对照运行规程及设备系统图册核对机电设备阀门、电源开关、控制方式把手、继电保护连接片等设备状态，并梳理汇总发现的问题，编制《机电大检查问题梳理报告》。机电设备未接管前及时将问题反馈给调试试验人员；机电设备接管后及时将问题反馈给电厂相关专业人员进行确认，对不正确的设备状态进行调整，确保机组及设备接管后状态正常。

(三) 风洞及滑环室联合检查

在并网调试阶段机组首次手动启动试验之前、机组接管并开展年度检修工作后首次开机前，应联合各专业开展风洞及滑环室联合检查，对风洞及转子上方等机组转动部件及临近区域进行检查，经检查无异物且相关元器件紧固可靠无松动情况后，方可进行开机。

(四) 白鹤滩水电站实例分析

白鹤滩电厂在相关机电设备开展调试试验前及机电设备新接管后，组织运行值班人员及时对水轮机、发电机、励磁系统、调速系统、发电机-变压器组保护等各主辅系统开展机电设备大检查，重点检查设备正常运行方式下应该保持的状态，包括电源开关、隔离开关、熔断器、保护连接片、切换把手、阀门位置、装置指示以及柜内设备安全运行情况，并对设备标识有无缺失和损坏、影响设备和人身安全等危险源进行检查辨识。

例如，针对开关状态类的检查，参照表 6-1 开展，通过检查确保柜内的动力电源、控制电源开关和正常状态保持一致，以及各项元器件功能正常；针对方式切换把手状态类的检查，参照表 6-2 开展，通过检查确保柜面上的控制方式和正常状态保持一致，确保主辅设备的远方或现地操作功能正常；针对管道阀门状态类的检查，参照表 6-3 开展，确保油、水、气管道的阀门状态和正常状态保持一致；针对保护连接片状态类的检查，参照表 6-4 开展，确保发电机-变压器组保护及 500kV 调度管辖设备保护连接片的投退状态和运行规程保持一致；针对机组风洞及滑环室联合检查，参照表 6-5 开展，确保机组转动部件附近无异物且相关元器件安装牢固。

表 6-1　　　　　机电设备检查示例表 1（机组水轮机动力柜元器件状态表）

位置	名称	正常状态	实际状态
柜内	水轮机动力柜内 1 路进线电源开关	合上	合上
	水轮机动力柜内 2 路进线电源开关	合上	合上
	水轮机动力柜内Ⅰ段、Ⅱ段母联开关	断开	断开
	柜内照明、加热、风扇电源开关	合上	合上
	水轮机动力柜交流 220V 控制电源开关	合上	合上
	水轮机动力柜直流 220V 控制电源开关	合上	合上
	水轮机仪表柜电源	合上	合上
	水轮机辅助控制柜交流 220V 控制电源开关	合上	合上
	主轴密封控制柜交流 220V 控制电源开关	合上	合上
	辅助电源总电源开关	合上	合上
	直流 24V 总电源开关	合上	合上
	柜内指示灯	合上	合上
	柜内直流控制电源	合上	合上
	柜内断路器电操控制电源	合上	合上

表 6-2　　　机电设备检查示例表 2（机组发电机辅助设备控制柜元器件状态表）

位置	名称	正常状态	实际状态
柜面	第 1 组上导轴承油雾吸收装置"启动"按钮		
	第 1 组上导轴承油雾吸收装置"停止"按钮		
	第 1 组上导轴承油雾吸收装置控制方式把手	自动	自动
	第 2 组上导轴承油雾吸收装置"启动"按钮		
	第 2 组上导轴承油雾吸收装置"停止"按钮		
	第 2 组上导轴承油雾吸收装置控制方式把手	自动	自动

表 6-3　　　　机电设备检查示例表 3（机组调速器液压系统各阀门状态表）

位置	名称	正常状态	实际状态
水轮机层	01 号机调速器主供油阀	全开	全开
	01 号机调速器主管路压力表表前阀	全开	全开
	01 号机调速器主管路压力传感器 1 表前阀	全开	全开
	01 号机调速器主管路压力传感器 2 表前阀	全开	全开
	01 号机调速器主管路压力开关 1 表前阀	全开	全开
	01 号机调速器主管路压力开关 2 表前阀	全开	全开
	01 号机调速器主管路压力开关 3 表前阀	全开	全开
	01 号机调速器主管路压力开关 4 表前阀	全开	全开
	01 号机调速器 1 号压油泵进油阀	全开	全开
	01 号机调速器 1 号压油泵滤油器联通阀	全关	全关
	01 号机调速器 2 号压油泵进油阀	全开	全开
	01 号机调速器 2 号压油泵滤油器联通阀	全关	全关
	01 号机调速器 3 号压油泵进油阀	全开	全开
	01 号机调速器 4 号压油泵进油阀	全开	全开

表 6-4　　　　　　　机电设备检查示例表 4（机组发电机保护柜连接片状态表）

位置	连接片名称	正常状态	实际状态
发电机层	功能连接片		
	01 号发电机Ⅰ套差动保护	投入	投入
	01 号发电机Ⅰ套不完全差动保护二	投入	投入
	01 号发电机Ⅰ套裂相横差保护	投入	投入
	01 号发电机Ⅰ套基波零序电压定子接地保护	投入	投入
	01 号发电机Ⅰ套复压过流保护	投入	投入
	01 号发电机Ⅰ套定子过负荷保护	投入	投入
	01 号发电机Ⅰ套负序过负荷保护	投入	投入
	出口连接片		
	跳 01 号发电机灭磁开关 S101 Ⅰ跳	投入	投入
	停机至监控 1（中断量）	投入	投入
	停机至监控 2（开关量输入）	投入	投入
	跳 01 号发电机出口开关 201 Ⅰ跳	投入	投入

表 6-5　　　　　　　　　　风洞内及滑环室联合检查记录

序号	所属部套	检查部位	检查内容	紧固件组数	检查人员	检查情况	签名确认
1	上机架装配	上机架支臂与中心体	合缝固定，焊缝及热影响区无脱焊、开裂				
2		上机架接地线	连接螺栓、螺母无松动				
3		上机架振动传感器	接头及接线无松动、底座焊缝及热影响区无脱焊、开裂				
4		上机架与定子机座	连接固定，螺栓、螺母无松动，止动措施完整				
5		上机架与定子机座	连接限位顶丝无松动，止动措施完整				
6		外挡风圈	连接螺栓、螺母无松动，止动措施完整				
7		内挡风圈	连接螺栓、螺母无松动，止动措施完整				
8		上导轴承下油挡	连接固定螺栓、螺母无松动，止动措施完整				
9		上导轴承下油盆	连接固定及附件螺栓、螺母无松动，止动措施完整				
10		上导轴承冷却水管	连接固定螺栓、螺母无松动，止动措施完整				
11		上导轴承冷却水管保温层	连接固定，放水阀连接无松动，防凝露铝板无破损，铆钉无松动、脱落风险				
12		上导轴承加油、排油管	连接固定，放油阀连接无松动，螺栓、螺母无松动，止动措施完整				
13		上导轴承液位计	连接螺栓、螺母无松动，防松措施完整，标识牌固定牢固				
14		上导轴承摆度传感器	连接螺栓无松动，底座焊缝及热影响区无脱焊、开裂，接线无脱落				
15		消防管路	连接螺栓、螺母无松动，止动措施完整				
16		清扫检查	无异物遗留				

序号	所属部套	检查部位	检查内容	紧固件组数	检查人员	检查情况	签名确认
17	上机架下平台	下平台焊缝	焊缝及热影响区无脱焊、开裂				
18		进人门	铰链无裂纹				
19		进人门门锁	已拆除				
20	消防水管装配	环管固定管夹、环管法兰及接地线	连接螺栓、螺母无松动，止动措施完整				
21	上挡风板装配	挡风板（内侧）	连接螺栓、螺母无松动，止动措施完整				
22		清扫检查	无异物遗留				
23		密封板	螺栓、螺母无松动，止动措施完整；密封板无破损				
24	转子	挡板	螺栓、螺母无松动，止动措施完整				
25		支臂、磁轭、中心体、焊缝	（1）螺栓、螺母无松动，止动措施完整。（2）焊缝及热影响区无脱焊、开裂				
26		空气间隙（条件具备时）	定子铁心、磁极无损伤				
27		清扫检查	无异物				
28	定子	定子铁心振动传感器	连接接头及接线无松动，底座焊缝及热影响区无脱焊、开裂				
29	下挡风板	挡风板	合缝固定，螺栓、螺母无松动，止动措施完整				
30		挡风板支撑					
31		挡风板与磁极、定子间空间清扫	无异物				
32	推力轴承	装配螺栓	连接螺栓、螺母无松动，止动措施完整				
33		管夹					
34		管路法兰					
35		跨接线					
36		推力轴承油位计					
37	下导轴承	下导轴承摆度传感器	连接螺栓无松动，底座焊缝及热影响区无脱焊、开裂，接线无脱落				
38	下风洞上盖板	盖板装配	螺钉无松动				
39	定子外围	空气冷却器	无渗漏				
40		冷却水管及附件	无渗漏				
41		定子机座	无异物				
42		定子机座振动传感器	接头无松动，底座焊缝及热影响区无脱焊、开裂				
43		清扫检查	无异物				
44	滑环室	补气阀	无异物，螺栓、螺母无松动，止动措施完整				
45		油雾吸收装置	无异物，螺栓、螺母无松动，止动措施完整				
46		补气管、排水管	无异物，螺栓、螺母无松动，止动措施完整				
47		上导轴承	无异物				

序号	所属部套	检查部位	检查内容	紧固件组数	检查人员	检查情况	签名确认
48	发电机出口	发电机出口（A相/B相/C相）	软连接紧固件安装完整、无缺损、无松动				
49		发电机出口屏蔽板-墙面	紧固件安装完整、无缺损、无松动				
50		发电机出口屏蔽板-立筋	紧固件安装完整、无缺损、无松动				
51		发电机出口屏蔽板-上环板	紧固件安装完整、无缺损、无松动				
52		发电机出口端子罩（磁屏蔽罩）	紧固件安装完整、无缺损、无松动				
53		发电机出口外壳短路板	紧固件安装完整、无缺损、无松动				
54		发电机出口封母封堵板	紧固件安装完整、无缺损、无松动				
55		发电机出口检修平台（含支臂螺栓）	紧固件安装完整、无缺损、无松动				
56	发电机中性点	发电机中性点（A相/B相/C相）	软连接紧固件安装完整、无缺损、无松动				
57		发电机中性点检修平台（含支臂）	紧固件安装完整、无缺损、无松动				
58		发电机中性点屏蔽板-墙面	紧固件安装完整、无缺损、无松动				
59		发电机中性点屏蔽板-立筋	紧固件安装完整、无缺损、无松动				
60		发电机中性点引出线支撑	紧固件安装完整、无缺损、无松动				
61		发电机中性点TA底座（A相/B相/C相）	紧固件安装完整、无缺损、无松动				
62	发电机定子绕组汇流环	汇流环支撑（全部）	紧固件安装完整、无缺损、无松动				
63		引线支撑固定螺栓（左岸绝缘支撑）	紧固件安装完整、无缺损、无松动				
64		定子绕组端箍支撑（左岸端箍）	紧固件安装完整、无缺损、无松动				
65	发电机磁极	磁极间（上端部）（条件具备时）	连接紧固件安装完整、无缺损、无松动				
66		磁极间（下端部）（条件具备时）	连接紧固件安装完整、无缺损、无松动				
67		阻尼（上端部）（条件具备时）	连接紧固件安装完整、无缺损、无松动				
68		阻尼（下端部）（条件具备时）	连接紧固件安装完整、无缺损、无松动				
69		励磁引线（支臂及中心体）	紧固件安装完整、无缺损、无松动				

序号	所属部套	检查部位	检查内容	紧固件组数	检查人员	检查情况	签名确认
70		滑环、电刷及刷架	紧固件安装完整、无缺损、无松动				
71	滑环室	励磁电缆及其防护罩和槽盒	紧固件安装完整、无缺损、无松动				
72		碳粉吸收装置	紧固件安装完整、无缺损、无松动				

注 1. 每年检修时对所属部套的紧固件进行编号，并逐一核实。
2. 每年检修时对所属部套的紧固件修前修后拍照留痕对比。
3. 开展所属部套紧固件责任区的划分，责任到人。
4. 冷却水管保温层用扎带固定，每年检修时进行更换。
5. 拆除上导轴承下油挡排油管路，使用塑料堵头进行封堵，每年检修时检查。
6. 上导轴承加排油、冷却水管阀门使用胶带进行缠绕，然后使用扎带进行固定，每年检修时进行更换。

三、运行工作准备

运行工作准备主要是指运行调度协调、运行值班（值守）点设置、运行值班方式制定、运行业务规划等方面的准备工作，关系到水电站从建设到运行的平稳过渡。运行工作准备须结合电站接机发电工作实际。

（一）运行调度协调

1. 调度关系

（1）电力调度。电网调度机构是负责组织、指挥、指导和协调电网运行，负责包括辅助服务在内的电力现货市场运营的机构。

国家电网调度机构分为五级，即国家电力调度控制中心、分中心调度中心、省级调度中心、地区调度中心和县级调度中心。南方电网调度机构分为四级，即南方电网电力调度通信中心、省（自治区）级调度机构、地域（市、州）级调度机构、县级（县级市）调度机构。

（2）水库调度。长江委根据法律、行政法规规定和水利部授权，负责组织、协调、实施、监督长江流域（片）跨省江河流域、重大调水工程的水资源调度工作。

（3）白鹤滩水电站实例分析。国调中心和西南网调中心是白鹤滩水电站的上级电网调度机构。白鹤滩电厂严格执行《国调中心调控运行规定》《国家电网调度控制管理规程》《特高压互联电网稳定及无功电压调度运行规定》《国调直调安全自动装置调度运行管理规定》《国调直调系统继电保护运行规定》等规程规定的调度管理、运行操作和故障处理等相关要求。长江委是白鹤滩水电站的上级防汛调度机构。

2022年3月，白鹤滩水电站开展500kV外送线路转接工作，白鹤滩左岸电站机组和

500kV 系统、GIS 设备等全部停运，电厂面临接机发电、安全生产、首轮岁修、线路转接等工作交叉并行带来的巨大挑战。白鹤滩电厂针对左岸电站全停后厂用电薄弱的问题，提前组织开展风险分析，并制定预控措施，组织编制《白鹤滩左岸电厂全停期间厂用电风险预控方案》《白鹤滩左岸电站全停（500kV 线路转接）期间风险管控方案》，工作期间严格执行调度指令，期间精准执行调度操作命令票 20 张，共计 99 项调度指令，完成现场操作任务 83 个，共计 5800 余项，保障了 500kV 外送线路转接工作的安全有序开展。

2. 供水供电联系机制及实例分析

（1）供水供电管理。工区供水管理一般是指水电站生产、消防、生活水系统的运行、维护、检修及调度管理。工区供电管理一般是指水电站区域变电站及相应输电线路等构成的供电系统的运行、维护、检修及调度管理。

供水供电管理一般委托具有专业资质的运营管理公司进行管理。工区供水供电的可靠性对保障水电站工程建设、机组安装调试及电站安全稳定运行起着至关重要的作用。电厂应与供水供电运营管理单位明确各自的设备管辖范围及检修工作开展机制，并建立联系机制，定期召开供水供电协调会，通报当前的供水供电运行方式、存在的问题、供水供电设备检修计划等。

（2）白鹤滩水电站实例分析。白鹤滩电厂运行值班人员负责与供水供电运营管理公司开展实时调度工作联系、许可其进行管辖范围内影响电厂安全生产或电站供水供电可靠性的设备检修工作。每周六白班，电站中央控制室运行值班人员与供水供电运营管理公司值班人员核实相关供水供电方式有无变更，保证电站生产用水和用电的可靠性。

白鹤滩水电站机电设备安装调试及首批机组启动试运行期间，电站 10kV 厂用电系统基本形成，但来自发电机出口厂用高压变压器的工作电源未投运，仍需采用厂外电源作为主供电源，电站厂用电系统运行可靠性相对不高；此外，永久水源工程未完工，部分供水管线未投运，影响电站生产用水正常供给或备用。为确保白鹤滩水电站安全稳定运行，白鹤滩电厂编制《白鹤滩水电站投产初期供水供电可靠性研究》分析报告，深入分析影响供水供电可靠性的各种不利因素，采取有效措施提高工区供水供电可靠性。

（二）运行值班（值守）点设置

根据电站各生产办公区域资源和接机发电工作需要，在接机发电初期合理设置值守点，机电设备调试试验期间值守点设置在调试现场，随着机电设备全部接管及稳定运行，值守点逐步向后方转移。

当全部机组正式接管，电站全部机组投产发电并稳定运行后，在城市配置远程集控中心，远程集控中心负责全电站设备设施监视、控制以及生产协调、调度业务联系等工作。电站现场设置值班点，负责电站设备设施现场操作、巡回检查、诊断分析等各项工作。

（三）运行值班方式制定

1. 运行值班方式

电站接机发电初期，运行值班人员现场值班，稳定运行期采用远程集控运行模式，即现场值班和远程集控中心值班。运行值班人员休假结束前一天到达现场值班，次日参与轮班学习，熟悉电站运行方式、现场工作进度与计划。

2. 运行值班规划

为进一步了解值班工作模式、值守点人员配置、试验协调配合工作机制、值班点软硬件保障措施等是否适应接机发电需要，可提前开始试运行值班，在各方面工作准备充分并经试运行验证可行后，进入正式运行值班。

3. 运行值班开展

正式值班初期（首批机组调试）采取全员参与接机发电工作方式，成立相应专项工作组投入接机发电工作。如成立调试攻关小组全程参与机组调试工作，成立支援小组参与当班值各值守点工作，合理优化人力资源配置，保障接机发电工作的顺利开展。随着机组逐渐投产发电，视工作情况恢复至正常值班模式。

4. 白鹤滩水电站实例分析

白鹤滩电厂采用"4班3倒"运行值班模式，即6个运行班组中4个班组参与每日倒班，2个班组休假。倒班方式为"中班—操作班—白班—夜班"，周期可灵活调整，初期采用"18休9"运行值班模式，远期可适当缩短周期调整为"14休7"模式。正式值班初期（首批机组调试），操作班人员按白班、中班上班模式补充当班班组的人力资源，并安排部分人员作为夜班应急支援力量。

在白鹤滩500kV开关站接入系统前2个月，电厂运行值班人员启动试运行值班，设控制楼中央控制室、左岸厂房、右岸厂房三个值守点，采取"4班3倒"的值班模式，与电站投产后的正式值班模式一致。通过试运行值班促使员工提前适应"4班3倒"的倒班工作模式，进一步深入现场熟悉掌握设备运行规律，结合试运行值班情况，不断优化设备巡检内容、各值守点人员配置、工作沟通协调机制等，为机电设备正式接管做好充分准备。

（四）运行业务规划

1. 巡检路线规划

在机电设备投产接管前，应完成巡检路线规划（包括临时、初期、稳定运行期巡检路线），并制定运行人员巡回检查的相关规定、巡检项目和标准等内容。电站运行接管初期，机组投运前，在各接管区域设置适当巡检点，运行值班人员按临时巡检路线对接管区域设备设施开展巡检。机组逐渐投运后，运行值班人员按初期巡检路线对已接管运行区域及设备设施开展巡回检查工作。机电设备全部接管后，运行值班人员按稳定运行期巡检路线开展巡回检查工作。

2. 定期工作规划

电厂应在机电设备投产接管前，制定电站设备设施定期工作相关制度规范。定期工作应根据设备设施投运接管进度，按照接管初期、稳定运行期进行分阶段规划。自接管之日起，电厂应将各类设备设施纳入定期工作范畴，并建立相关定期工作台账。定期工作制定内容参考见表 6-6。

表 6-6　　　　　　　　　定 期 工 作 制 定 内 容

序号	定期工作内容	定期工作周期
1	电站公用气系统排污	1次/周
2	避雷器动作次数记录	1次/月
3	GIS开关油泵、开关动作次数记录	1次/月
4	机组备用顶盖排水泵启动试验/顶盖排水泵主备方式倒换	1次/月
5	深井排水泵启动试验/潜污泵投加热器及启动试验	(1) 深井排水泵启动试验：1次/季度。 (2) 潜污泵投加热器24h：1次/月。 (3) 潜污泵启动试验：1次/月
6	发电机-变压器组技术供水正反向倒换	(1) 汛期2次/月，非汛期1次/月。 (2) 只倒换运行机组正反向，且技术供水没有向主轴密封供水
7	测量备用机组定子、转子绝缘	1次/15天，停机备用开始计时
8	主变压器冷却器电源切换试验	1次/年
9	GIL定期巡检	1次/月

3. 诊断分析管理规划

电厂在各类设备接管之日起即开展设备运行的诊断分析工作，各部门应对责任区域设备开展日、周、月、年诊断分析。

每日对水轮发电机组重要参数进行定时段分析。日诊断分析报告内容包括机组三部轴承油位、瓦温；顶盖排水泵启动次数；发电机温度；公用排水泵启动次数、空气压缩机启动次数；泄洪设施图形监控巡检；水情信息；重要及异常事件；趋势分析；缺陷跟踪。每日根据相关的数据来源进行设备状态分析，并形成日设备分析报告，经运行部门审核后发布。日诊断分析报告内容参考表 6-7。

表 6-7 设备诊断分析日报告模板

设备诊断分析日报告（××月××日）

水情信息	××月×× 日水情	上游水位：m	入库流量	××月×× 日水情	日均入库流量	日均出库流量	上游水位最大变幅
		下游水位：m	m^3/s		m^3/s	m^3/s	m
当日重要事项概述	重要事件						
	异常事件						
趋势分析	当日趋势分析发现问题						
	趋势分析重点跟踪问题						
缺陷跟踪	当日重要缺陷						
	重点缺陷跟踪						
报告人：			审核人：				

每周对全厂所有机电设备及水工建筑物状态进行系统性分析，通过分析形成全面分析报告作为设备投退参考依据，同时归纳设备遗留缺陷、技改进度等技术信息以作为生产指导。周分析报告内容包括调速器、机组振动摆度、主轴密封、三部轴承、公用排水系统/公用气系统、顶盖排水、快速门、技术供水、气体绝缘金属封闭开关设备（GIS）、发电机温度、主变压器温度。分析其开关量、液位变化、温度变化、位移量等。

每月对各系统工况的重点分析，重点为考虑各设备关联因素间的综合分析，通过相关性对设备工况进行定时评估并做出趋势预测。分析报告内容包括水情发电信息、机组开停机、设备缺陷情况、设备整体评估［包含 500kV 开关站气体绝缘金属封闭开关设备（GIS）、机组三部轴承、主变压器、振动摆度、发电机温度、顶盖排水、公用排水泵、公用气系统、集水井来水量、快速门趋势、泄洪设施］、主要设备分析、运行注意事项。

以年为单位在长周期下的统计性分析，统计各系统设备故障率、运行参数变化率，与历史同期数据趋势对比以发现变化趋势并形成建议性报告。

设备运行诊断分析应针对机组调试、安装、首稳百日期间存在的问题开展专题分析，应对缺陷处理前后的数据进行分析对比，对维修后设备状态进行评估并对检修质量进行评定；设备发生故障或缺陷后，应及时对故障期间的数据进行分析，并提交故障专题分析报告。

4. 参考操作票编制

参考操作票是设备接管后运行人员执行操作的重要参考资料。在接机发电前期，电厂运行部门要完成电站各设备设施参考操作票的编写和审核，并根据现场设备的变更、技改等情况动态更新，确保电站新接管设备运行操作准确无误。

5. 巡检（屏）手册编制

为满足电站运行人员巡回检查和监控系统监屏巡屏需要，要提前编制巡检（屏）手册。巡回检查内容为运行人员巡回检查的相关规定、巡检路线、巡检项目和标准等；监屏巡屏内容为运行人员监屏巡屏的相关规定、监控系统各画面监屏标准等。巡检项目和标准参考示例见表6-8。

表 6-8　　　　　　　　　　　　　滑 环 室 巡 检 标 准

设备（装置）名称	滑环室	巡检周期标记						
序号	巡检部位	巡检内容	标准	重点关注	巡检周期	巡检方法	参数	参数范围
1	机头	机头灯	状态与实际相符，开机后机头灯常亮		S	目视		
2	滑环、电刷	电刷、滑环	无异声、打火、过短的电刷，电刷铜辫无断股、发热现象；电刷与滑环接触良好，无火花	★	S	观察		
		电刷架和刷握	电刷握把手安装牢固、运行可靠，无晃动，把手位置正确		S	观察		
		电刷、滑环温度	运行时温度	★	S	红外成像仪测温	集电环温度	<100℃
3	碳粉吸收装置	吸尘装置	工作正常，运行无异声		S	视、听		
		外观检查	吸尘管路畅通、风路无堵塞、无漏气	S	观察			
4	大轴补气装置	补气阀	补气阀不频繁动作、无漏水		S	观察		
		外观检查	管路无渗漏		S	观察		
5	上导轴承	上导轴承油位	上导轴承油槽磁翻板液位计显示油位正常，液位开关外观正常	★	S	目视	上导轴承油位报警	
		外观检查	管路无泄漏		S	观察		

注　S—班；D—天；W—周；M—月；Y—年。

6. 白鹤滩水电站实例分析

白鹤滩电厂于2021年初，结合白鹤滩水电站机电设备安装情况，启动运行业务工作。主要包括以下方面：

（1）制定巡检路线17条，并根据现场调试试验及机组设备设施接管进度，动态优化。巡检内容包括水轮机、发电机、励磁及调速系统、主变压器系统、500kV开关站相关设备及区域。对厂房内未接管区域开展延伸巡检，重点关注有无漏水和火灾隐患。

（2）确定投产初期及稳定运行期定期工作19项，包括公用气系统排污、顶盖排水泵启动试验及主备方式倒换、技术供水正反向倒换、机组及主变压器技术供水主备泵倒换等。

（3）根据设备运行特性，结合运行管理经验，对机组振动摆度、三部轴承油槽油位与瓦温、发电机定子绕组及铁心温度、技术供水流量及压力、厂用电率、变损率等进行数据收集，按日、周、月进行趋势分析，研究运行规律，找寻可能存在的潜在运行风险，加以预控。

（4）根据并网调试方案和机组投产后生产运行（如调峰开停机操作）及检修工作需要，开展参考操作票的编制及录入核对工作，共准备 500kV 开关站接入系统相关操作票 232 张，准备首批机组调试方案操作票 264 张。

（5）及时完成左右岸 500kV 开关站、首批投产 4 台机组、左右岸公用系统等设备标识安装，为"两票三制"基础工作的开展提供必要的技术保障。

（6）为进一步检验 500kV 开关站机电设备遥控稳定性，白鹤滩电厂于 500kV 开关站接入系统前 20 天组织开展了电站 GIS 系统模拟实战演练，提前熟悉系统调试流程，提升现场设备操作技能，有力保障系统倒送电试验的顺利实施。

在白鹤滩水电站首批机组投产发电后的半年内，白鹤滩电厂共形成日分析报告 184 份、周分析报告 27 份、月分析报告 6 份、专题分析报告 28 项。首批机组投产首年，共完成巡检任务 1883 次，数据抄录 33.1 万余条，完成操作任务 1862 个，累计 63479 项，许可、注销工作票 3362 张，执行定期工作 148 项；未发生重要缺陷漏检、重要信号漏监及误操作事件，实现"零非停"。

四、物资准备

物资准备是电站开展接机发电工作的一项重要前置工作，充足的物资供应是保障接机发电按进度实施和已接管机电设备安全稳定运行的重要条件。

（一）运行工器具

运行工器具包括各项安全工器具、地线、安全围栏、现地工具柜及柜内配置物资。根据水电站机电设备安装调试进度，实时了解和掌握现场施工进度及设备区域环境，及时有序开展相关运行工器具布置工作。原则上电厂值守点运行工具柜应在值守点具备值守条件前配置到位，生产现场运行工具柜应在机电设备投运接管前配置到位。

值守点运行工具柜内配置物资包含绝缘手套、绝缘靴、验电器、机械绝缘电阻表、噪声仪、测温仪、万用表、钳形电流表、数字绝缘表、移动线盘、巡检电筒、对讲机、电动起子、标识牌、盒式安全警示带、熔断器手柄、尖嘴钳、一字改锥、十字改锥、内六角扳手、套筒扳手、工具包、活动扳手、管钳等物资。现场运行工具柜内配置物资包含标识牌、开关小车摇把、主变压器分接头摇把、三相短路接地线、单相短路接地线、拉带式警示围栏等物资。

（二）备品备件及相关物资准备

1. 物资定额编制

按照物资使用途径，结合流域水电站多年运行经验及水电站实际，梳理编制个人工器具定额、公用工器具定额、非项目检修材料定额、备品备件定额，物资定额为物资采购的纲领性文件及采购管控依据。如备品备件管理细则、工器具管理细则、定额管理细则等管理标准，详细规定了物资管理工作的内容、要求和步骤。

2. 定额编制原则

（1）备品备件。备品备件定额指为保障电力生产设备安全运行，满足现场紧急抢修、缺陷处理而制定的备品备件储备品种及数量。新建的待投产电站应深度参与设备的设计、制造、安装、验收全过程，建议应提前一年开始备品备件定额编制工作，按总体策划、分批编制、前期适量配置、后期动态调整的原则组织编制。

备品备件定额主要包含物资编码、物资名称、规格型号（图号）、安装量、事故定额数量、储备定额数量、所属设备、制造商/成套商、责任部门、价格、实物图片、存储要求等信息，备品备件在事故定额与储备定额之间进行储备。备品备件储备评定因素主要如下：

1）功能性：是指备品备件出现故障时对整套设备或系统的影响程度。当设备发生故障时，通过设备是否能继续工作、是否有热备用设备替代故障设备、设备缺货损失大小等因素来判定。

2）采购周期：指采购需求下达后至物资到货的周期。采购周期短或小于维修时长的可不备或少备，如市场上可随时采购到的物资。

3）通用程度：日常维护、修理等需要的消耗性材料可不备、少备。

4）生命周期：指物资自投入市场至淘汰退市的周期。计划性技术改造、更新迭代快的、淘汰衰退期短的设备不备或少备。

5）故障模式：故障模式呈现较强的规律性，可进行计划性预防维修，涉及的设备可不备或少备。

（2）个人工器具。员工使用频率较高、价值较低的工器具，纳入个人工器具定额，根据所从事工种不同，配备不同工器具并设置使用年限，定期更换，使用年限一般为3～5年。

（3）公用工器具。根据职责分工和生产需要合理配置。对于须电厂自行完成的工序按需配置；可外包事务所需的、市场通用化程度较高的不纳入定额；其中维护检修的专用工具及仪器仪表、保障项目质量及安全的须纳入定额。

根据年度检修工作量合理配置，坚持集中配置和资源共享的原则。对于价值高、使用频次低、易于转运的大型工装按公司或区域统筹配置；对于使用频次低、单次使用时间短的通用工器具，按电厂配置；对使用频次高的通用工器具，按专业/部门配置。

为确保工器具品种和数量的科学性，可将定额划分为标准定额和非标准定额。通用的纳入标准定额，技术参数保持一致，可沿用或借鉴上级单位已确定的定额；因公司各电厂之间设备差异须自行配置的纳入非标准定额，由电厂自行编制。

（4）非项目检修材料。根据流域电站多年运行检修经验确定，可按单台机限定总额控制。

3. 物资采购

依据物资定额，提前梳理接机发电物资清册，结合接机发电进度及物资到货周期，分批有序提出采购申请，确保物资到货满足需求的同时避免库存积压。物资保障主要措施如下：

（1）大批量物资、市场化物资由采购部门实施集中采购，签订物资框架协议，明确供货周期，约定供货地点，可大大提高采购效率，节约时间成本及经济成本，实现成本管控。

（2）有特殊需求的物资应预留充足采购时间，单独安排采购窗口。如供货周期较长的进口物资、生产制造周期较长的核心设备、特定季节或工序所需的物资（如防汛物资）等。

（3）运输或报备情况有特殊要求的物资提前调研，提前策划。如危险化学品物资采购，据实申报需求，不积压。

第三节　并　网　调　试

并网调试（即启动试验及试运行）是水电站基本建设工程完成后运行交接验收的重要部分，是检查电站机电设备设计、制造、安装和调试质量的重要环节，是通过水轮发电机组等设备或系统启动试运行的方式，对机组引水、输水、尾水建筑物和金属结构、机电设备进行全面的考验，验证水工建筑物和金属结构、机电设备的设计、制造、施工质量是否符合设计要求，及时作出相应调整，使其达到稳定安全、经济运行的目的。通过并网调试，可以尽早发现设备存在的影响安全运行的不利因素，并为提出相应的解决措施提供科学的决策依据，及时消除隐患。根据设备的不同，主要分为开关站及送出线路并网调试、机组并网调试。

并网调试必须按照相关程序逐步进行，试验中的每一步（检查、操作、检测等）均采用人员观察和试验设备数据记录等方式，对过程中的现象、数据结合专业技术标准逐项分析，判断当前设备有无异常、主要节点是否按照过程控制要求有效执行。若发现异常，应采取措施纠正并重新试验，确保不影响后续试验和设备的安全运行，严禁未查明异常原因及采取措施即开展后续试验。整体试验完成后，应初步全面综合分析试验结果，判断试验是否达到目的，最终由试验人员编制正式试验报告，得出明确试验结论。

本节简要介绍了水电站并网调试各类试验概况、关键点及风险控制注意事项，并举例介绍了白鹤滩电厂在参与并网调试方面的经验和成效。

一、开关站及送出线路并网调试

（1）开关站升流试验

1. 试验概述

开关站升流试验主要是检验开关站及出线设备升流范围内所有 TA 二次回路是否正确，各保护、测量、计量、录波、安全自动化装置采样是否正确，电气一次设备有无异常。该试验根据试验机组进线在开关站内的位置、开关站接线方式和开关站串数选择升流点，串数较多时需要选择多个升流点分别试验，以覆盖开关站升流范围。

2. 关键点及风险控制

（1）确认试验范围内 TA 二次回路完整性、正确性，无 TA 二次回路开路风险。

（2）主变压器差动保护电流回路端子在进线短引线保护柜内断开后，应使用短连片进行封接，不能使用插拔式短接线，防止试验过程中误碰脱落导致电流回路开路。

（3）试验前应拆下线路保护装置光纤差动保护尾纤，防止试验过程中误跳对侧变电站线路开关。

3. 典型样票

为进一步说明开关站升流试验操作步骤、试验过程中的风险和预控措施，拟定了机组带主变压器对开关站升流试验样票参考示例，见表 6-9。

表 6-9 　　　　　　　　　　**机组带主变压器对开关站升流试验样票**

机组带主变压器对开关站升流试验原则操作票		
序号	操作步骤	风险分析
1	检查各设备满足试验前状态	（1）擅自操作调管设备。 （2）一次设备有故障导致试验失败。 （3）TA 二次回路开路导致设备损坏和人身伤害
2	开机至空转准备升流	
3	按照试验方案升流的方式接线图调整 500kV GIS 开关站相关开关和隔离开关状态	
4	升流依次按残流、5%、25%额定电流进行	
5	对 TA 回路在残流、25%额定电流时进行检查	
危险源预控措施清单		
（1）试验中如涉及调管设备的操作应提前向调度申请，得到调度操作许可后方可操作，不得擅自操作。 （2）先用残流检查 TA 通断情况，无异常后升电流至 5%的额定电流，再次检查无异常继续升流；确保 TA 二次侧不得开路。 （3）进行零起升流操作时，应点动"现地增磁"按钮，防止电流上升过快或超过试验需要的电流值。 （4）严格按照试验方案要求投退相关保护。 （5）试验人员应戴绝缘手套、穿绝缘鞋		

（二）开关站升压试验

1. 试验概述

开关站升压试验主要是检验开关站及出线设备升压范围内所有 TV 二次回路是否正确，各保护、测量、计量、录波、安全自动化装置采样是否正确，电气一次设备有无异常。试验前将开关站内除隔离点措施外，其余所有断路器、隔离开关合闸，接地开关分闸，在开关站内形成不接地整体。

2. 关键点及风险控制

（1）确认现场调试机组串与其他机组、送出线路在一次、二次方面已经实现完全的物理隔离，防止误送电。

（2）确认现场调试机组主变压器分接档位在工作档，确保 TV 二次采样值正确。

3. 典型样票

为进一步说明开关站升压试验操作步骤、试验过程中的风险和预控措施，拟定了机组带主变压器及开关站升压试验样票参考示例，见表 6-10。

表 6-10　　　　　　　　　　机组带主变压器及开关站升压试验样票

机组带主变压器及开关站升压试验原则操作票		
序号	操作步骤	风险分析
1	机组带主变压器及开关站升压试验前方式调整，调整开关站内断路器、隔离开关及接地开关至要求状态，升压过程中要求发电机-变压器组保护全部投入	（1）试验过程中违反调度纪律。 （2）试验人员触电。 （3）试验人员误操作导致触电、励磁误强励或设备故障。 （4）500kV 线路电抗器保护极性错误。 （5）机组带开关站升压过程中误操作
2	开机至空转，合上机组出口开关、交直流灭磁开关	
3	机组带主变压器及开关站零起升压，零起升压按 10% 额定电压缓慢逐级上升，在升压前先检查所有 TV 回路残压，升压 50%～100% 时检查 TV 回路二次侧数值，检查同期电压，故障录波、保护装置等电压是否正常	
4	零起升压至 10% 左右时检查 500kV 电抗器保护极性、差流，无异常后，再继续升压	
5	试验结束，将机组停机。做好措施恢复励磁变压器高压侧与主母线软连接	
危险源预控措施清单		

（1）试验中涉及调管设备的操作应提前向调度申请，得到调度操作许可后方可操作，操作完毕应立即汇报调度，不得擅自操作。

（2）将升压试验设备与其他设备有效隔离，一次设备有明显的断开点。

（3）进行零起升压操作时，应点动"现地增磁"按钮，每次增磁确认电压平稳后，再进行下次增磁，发现发电机-变压器组短路、绝缘被击穿或误强励导致机端电压过高，应立即逆变灭磁。

（4）机组带开关站升压前应对 500kV 线路电抗器保护极性进行校验。

（5）断开相关隔离开关、接地开关的控制电源及电机电源，并在现地柜操作把手上悬挂"禁止合闸，有人工作"标识牌。

（6）机组开机至空转过程中，监视机组自动开机流程执行正常，开机流程异常退出应立即检查原因并处理；试验完成后，机组执行停机流程，监视机组自动停机流程是否正确，辅设动作是否正确，否则手动帮助

（三）开关站并网调试

1. 试验概述

开关站并网调试由对侧变电站对线路充电进行试验，主要是检验站内充电试验范围内所

有 TA、TV 二次回路是否正确，各保护、测量、计量、录波、安全自动化装置采样是否正确，电气一次设备有无异常。主要包括对侧变电站腾空母线对线路充电试验、开关站对线路和高抗充电及保护带负荷测试。

2. 关键点及风险控制

（1）确认试验范围内继电保护装置及控制保护系统已调试完成，接线和极性正确，带开关传动整组试验正确，保护通道联调已完成，确保试验中保护设备能可靠切除故障。

（2）严格按照调度指令执行定值单和投退相关保护，确认保护装置运行定值区为本次试验定值所在区，防止误整定。

（3）收集相关试验数据、故障录波文件并存档，为后续设备故障分析提供依据。

二、机组并网试验

机组并网调试主要包括机组充水试验、升压试验、升流试验以及热稳定试验等，以下逐项进行介绍。

（一）机组尾水充水试验

1. 试验概述

机组尾水充水试验主要是检查低于尾水位以下水工建筑、机组相关部件的密封性能，检查各水压仪表、传感器工作情况，为机组有水调试做准备。该试验通过尾水倒灌方式向尾水管充水，期间进行机组水力监视测量系统排气及传感器整定，并投入主轴密封系统工作密封，直至尾水检修闸门两侧平压后停止充水。

2. 试验关键点及控制措施

（1）充水速度控制。充水应保持充水阀状态在全开或全关运行，充水水位上升速度按设计要求控制，可采取间歇充水的方式控制水位上升速度，充水过程中注意观察充水阀振动及异响情况。

（2）重点部位监视。充水过程中必须安排专人密切监视各部位渗漏情况，发现漏水等异常现象时，应立即停止充水进行处理，必要时将尾水管排空，确保厂房及机组设备安全。

（3）接力器分段关闭时间校核。充水后应进行静水状态下的调速器试验，须安排专人监视记录并分析数据，校核接力器分段关闭时间。

3. 典型样票

为进一步说明机组尾水充水试验安全措施、安全注意事项及危险源控制措施，编制了试验样票，见表 6-11。

表 6-11 机组尾水充水试验样票

机组尾水充水试验工作票		
序号	安全措施	风险分析
1	机组尾水闸门处于可靠关闭状态，尾水洞已经充水正常	
2	机组锥管进人门、蜗壳进人门已关闭	
3	机组蜗壳、尾水管排水阀启闭情况良好并已关闭	
4	机组、主变压器技术供水取水阀、排水总阀处于关闭状态	(1) 防止水淹厂房。 (2) 防止人身现场环境伤害
5	机组主轴检修密封在投入状态，机组机械制动已投入	
6	机组顶盖排水泵调试已完成，处于自动运行状态	
7	机组调速器系统油压正常，导水机构处于小开度	
安全注意事项及危险源控制		

　（1）尾水管应分阶段充水，充水阀应适时开启。第一阶段充水至合适高程，满足机组及主变压器技术供水调试要求。第二阶段充水至尾水水位后提尾水检修工作门。
　（2）充水过程中注意检查机组水位线以下各部以及混凝土结构不应有渗漏。
　（3）检修、渗漏集水井水位没有异常变化。
　（4）视情况对各相关水力测量表计、传感器进行排气。
　（5）充水过程中发现问题及时报告指挥部。
　（6）充水试验检查均应至少有 2 人同行，互相监护提醒防止滑倒、跌落、碰撞等伤害

（二）机组及主变压器技术供水系统充水、调整及切换试验

1. 试验概述

机组及主变压器技术供水系统充水、调整及切换试验主要是检验系统各部件的密封性能，检查滤水器、阀门等设备工作情况，确保机组及主变压器技术供水系统的可靠性。该试验通过尾水取水或其他主供水源向系统充水，各部位检查无渗漏后，模拟进行滤水器排污试验和切换试验，再根据水电站设备配置情况开展其余主设备启动试验，并模拟技术供水低流量试验。

2. 试验关键点及控制措施

（1）系统排气。系统管路、滤水器等设备充水时，应全开各部位排气阀进行排气，防止系统憋气。

（2）供水用户流量调整。先全开系统总管及支管阀门，按照总管及各支管路流量、压力设计要求，可适当调整总管和支管阀门开度（阀门无异常振动）。

（3）供水流量检查。若机组及主变压器技术供水系统采用加压供水方式，则须进行加压泵切换试验，检查流量、压力；若机组及主变压器技术供水系统采用减压供水方式，则须调整减压阀，使流量、压力满足设计要求。

（4）"正反向"供水。若机组及主变压器技术供水系统设置有"正反向"供水，则须进行"正反向"供水切换试验，检查"正反向"供水各用户管路流量、压力是否正常。

（三）机组压力钢管及蜗壳充水试验

1. 试验概述

机组压力钢管及蜗壳充水试验主要是检验压力钢管和蜗壳在有压状态下的密封性能和安全性能，检查各水压仪表计、传感器工作情况，确保各部位无渗漏现象。试验中打开进水口快速闸门顶充水阀进行充水，期间进行压力钢管及机组水力监视测量系统排气及传感器整定，充水平压后，手动提门至全开，先现地进行机组快速门静水启闭试验，再远方进行启闭试验及机械过速关闭试验。

2. 试验关键点及控制措施

（1）充水速度控制。充水应保持充水阀状态在全开或全关运行，充水水位上升速度按设计要求控制，可采取间歇充水的方式控制水位上升速度，充水过程中注意观察充水阀振动及异响情况。

（2）重点部位监视。充水过程中，必须安排专人密切监视各部位渗漏情况，发现漏水等异常现象时，应立即停止充水进行处理，必要时将压力钢管及蜗壳水排空，确保厂房及其机组设备安全。

（3）顶盖变形监视。充水过程中，需对顶盖、蜗壳门、尾水进人门变形情况进行监视，其中顶盖须安装百分表进行监测。

（4）机组蠕动检查。撤除机械制动，检查机组有无蠕动现象，如有蠕动，投高压油泵，投入机械制动，无蠕动后再退高压油泵。

3. 典型样票

为进一步说明机组压力钢管及蜗壳充水试验安全措施、安全注意事项及危险源控制措施，编制了试验样票，见表 6-12。

表 6-12　　　　　　　　　机组压力钢管及蜗壳充水试验样票

机组压力钢管及蜗壳充水试验工作票		
序号	安全措施	风险分析
1	机组尾水管已充水正常	
2	机组机械制动处于手动投入状态	
3	机组水机后备保护压板退出	
4	机组监控停机软压板退出	
5	机组快速门有杆腔进油阀全开，无杆腔进油阀全开	（1）防止水淹厂房。
6	机组、主变压器技术供水进水总阀、排水总阀全关	（2）防止人身现场环境伤害
7	机组进水口检修闸门已提起，快速门全关	
8	机组导叶全关，接力器自动锁锭投入。调速器处于现地电手动，液压系统备用正常	
9	顶盖排水系统投入自动运行状态	

安全注意事项及危险源控制
（1）现地确认调试机组快速门全关。 （2）充水试验按命令操作，提充水阀分阶段充水，检查无异常后再进行下一阶段充水。 （3）充水过程中注意监视蜗壳水压变化、蜗壳压力值，流道通气孔应通畅。 （4）充水过程中注意检查压力钢管、蜗壳排水阀、蜗壳进人门、蜗壳差压测流表计及管路、混凝土结构、导叶轴密封、测压管路、各测压表计及管路等部位不应漏水。 （5）充水过程中，若有异常情况，应立即汇报停止充水，进行处理。 （6）充水试验检查操作均应至少有 2 人同行，互相监护提醒防止滑倒、跌落、碰撞等伤害

（四）机组首次手动启动试验

1. 试验概述

机组首次手动启动试验主要是检验调速器手动操作下机组转速的稳定性，全面检查发电机组及其相关辅助系统的功能性、完整性，包括冷却系统、润滑系统、控制系统等，评估机组的运行状态和性能表现。试验时首先点动开启导叶至规定的小开度，机组启动后立即关闭导叶，确认机组滑行检查无异常后，第二次开机至规定的转速，按临时紧急停机按钮停机；再次手动启动机组，逐级升速至 100％额定转速，机组空转运行直到各部轴承瓦温稳定。

2. 试验关键点及控制措施

（1）开机前联合检查。风洞及转子上方经检查无异物后方可开机。

（2）紧急停机操作。水车室、风洞口临时紧急停机按钮已安装，并已接入监控系统紧急停机回路，安排专人值守手动紧急停机按钮，开机过程若出现异常，按照总指挥指令进行紧急操作。

（3）重点部位监视。开机过程中，安排人员监视水车室、风洞、机头罩等部位，如发现转动部分与静止部分有金属碰撞声、水轮机窜水、推力瓦温度突然升高、油槽甩油、机组摆度过大等异常现象应立即停机；如发现大轴摆度超过导轴承间隙或出现异常振动时，则停机进行动平衡试验。

（4）机组稳定性数据监视。试验过程中，安排专人监视并记录各部轴承瓦温、各部轴承油位、机组各部位振动及摆度值、发电机残压及相序以及调速器手动操作下机组转速的稳定性。

（5）转速验证。机组开机、停机、升速过程中，检验转速装置输入监控系统速度接点以及转速数据，注意进行调速器转速表与外接频率表显示核对，降速过程中再次检验。

3. 典型样票

为进一步说明机组首次手动启动试验操作步骤、危险源预控措施，编制了试验样票，见表 6-13。

表6-13 机组首次手动启动试验样票

机组首次手动启动试验原则操作票		
序号	操作步骤	风险分析
1	做好开机前准备检查项目，手动启动机组冷却设备、辅助设备	(1) 防止机组设备损坏。 (2) 防人身伤害。 (3) 防止烧瓦事故。 (4) 防止机组过速
2	将机组调速器控制柜置远方、调速器电气柜置现地电手动。按电气柜开机按钮发调速器开机令，开导叶3%~5%开度	
3	机组启动后，测试临时紧急停机按钮工作情况，立即关闭导叶。 检查并确认机组转动部分与静止部分无碰撞、摩擦和异常声响；如有异常，立即投制动粉尘吸收装置，手动投入风闸	
4	确认无异常，第二次开机至10%转速	
5	升速到25%转速，稳定运行2min左右，如果无异常，继续升速至50%、75%，不同转速下稳定运行2min左右	
6	检查并确认机组转动部分与静止部分无碰撞、摩擦和异常声响，再增速至100%额定转速运行。在各转速停留阶段测量机组振动、摆度。机组达到额定转速后停高压油减载装置	
危险源预控措施清单		

(1) 启动试验前检查确保机组转动部件附近无异物；在试验过程中，在集电环、粉尘吸收装置、上/下导轴承油雾吸收装置处监听有无异常声音。

(2) 水导轴承外循环及高压油系统正常后再进行开机，开机时注意导叶开度及开机过程转速监视。

(3) 手动开机之前确认冷却设备正常、调速器液压系统正常、锁定拔出、制动风闸退出。

(4) 监视水轮机主轴密封温度及各部位水温、水压、水流量及水压差。监视顶盖排水泵工作是否正常。

(5) 自机组启动至到达额定转速后的半小时内，严密监视推力瓦和导轴瓦的温度，每隔5min左右记录一次瓦温，检查温度是否有突变异常。以后每半小时记录一次瓦温。

(6) 试验检查操作均应至少有2人同行，互相监护提醒防止滑倒、跌落、碰撞等伤害

(五) 机组轴承温升试验及过速试验

1. 试验概述

机组轴承温升试验及过速试验主要测试轴承在不同转速下的温度上升情况，评估轴承的散热性能、材料耐热性以及润滑效果；同时，检验水轮机过速保护设定值的正确性和过速保护的可靠性，确保机组在过速情况下能够安全停机，避免事故发生。该试验手动启动机组逐级升速至空转，维持额定转速运行，直到机组瓦温、油温变化符合厂家设计要求。然后，手动缓慢增大导叶开度，机组升速至规定的设定值，校核转速中断量信号动作正常后，手动持续增大导叶开度使机组升速至机械过速保护的设定值，直至机械过速装置动作停机。

2. 试验关键点及控制措施

(1) 重要开关及回路检查。确认水机保护硬压板投入，保留手动落进水口闸门回路，将电气一级过速、二级过速至水机保护回路接线断开，将电气二级过速至监控回路接线断开。

(2) 调速器失灵紧急操作。过速试验过程中，安排专人值守手动紧急停机按钮，若调速器失灵则应立即手动按下水机保护屏"紧急落门"按钮和"紧急停机"按钮，关快速门、导叶停机。

（3）重要运行参数监视。过速试验过程中，安排专人持续监视并记录各部轴瓦温度、蜗壳压力、尾水管真空压力、机组振动和轴系摆度、接力器开关腔压力、分段关闭规律，直至机组完成自动停机。若轴瓦温度、机组振动等运行参数出现突变或不符合厂家设计要求，必要时须停机检查处理。

（4）磁极键检查。机械过速试验后，须重新打紧磁极键，全面检查转动部件有无异常。

（5）过速定值检验。若受水头限制，机组升速不能达到厂家规定的电气二级及机械过速保护定值，则在具备条件后补做相关试验，并重新修改机组运行定值。

（六）机组无励磁自动开停机试验

1. 试验概述

机组无励磁自动开停机试验是通过监控系统下令开机至空转，使机组按控制流程进行开机。检查开机过程中各设备是否按开机流程控制过程正常动作，开机流程每一步动作时，检查监控系统设备状态反馈信息与实际运行情况是否一致。在机组空转一段时间后，通过监控系统下令停机至机组全停，检查停机过程中各设备是否按停机流程控制过程正常动作，停机流程每一步动作时，检查监控系统设备状态反馈信息与实际运行情况是否一致。

2. 关键点及风险控制

（1）确认水机后备保护压板及监控系统事故停机软压板已投入；开机试验前确认保护压板均投入。

（2）确认发电机出口断路器、隔离开关、发电机出口接地开关、主变压器低压侧接地开关、发电机励磁系统灭磁开关处于分闸位置。

（3）调速器手动点动开机，机组转速上升时，检查确认机组各部转动部分与静止部分无摩擦和异常声响，稳定一段时间后，方可继续缓慢升速至额定转速。若在升速过程中，发现有任何异响，应立即停机检查。检查出异响原因并处理完成后，方可继续试验。

（七）发电机升流及发电机短路特性试验

1. 试验概述

发电机升流及发电机短路特性试验主要是检验发电机 TA 二次回路接线及测量回路是否正确，励磁系统功能是否正常，发电机定转子绕组有无异常，电流保护功能是否正常，电气一次设备有无异常。主要包括发电机升流试验、发电机短路特性试验和发电机灭磁试验。

2. 关键点及风险控制

（1）不加励磁利用发电机残压，使用伏安相位表检测短路范围内的 TA 二次残流（包括中性线 N 相电流），确认无 TA 二次回路开路风险后方可加励磁升流。

（2）升流试验过程中，持续监视定子绕组及铁心、轴瓦温度和轴承油位，如有异常，应立即断开灭磁开关。

（3）试验中验证裂相横差保护功能时，应使用测试线可靠短接发电机中性点电流回路端子后，方可划开电流回路端子连接片，防止 TA 二次回路开路。

3. 典型样票

为进一步说明发电机升流及发电机短路特性试验操作步骤、危险源预控措施，编制了试验样票，见表 6-14。

表 6-14　　　　　　　　　　机组发电机升流及发电机短路特性试验样票

机组发电机升流及发电机短路特性试验原则操作票		
序号	操作步骤	风险分析
1	检查机组控制单元、自用电、辅助设备、技术供水阀门、排水系统等状态符合试验要求	（1）防止人员触电等人身伤害。（2）防止升流、短路试验导致设备损坏。（3）发电机升流试验若利用电气制动作为三相短路试验短路点，注意升流试验电流不超过电气制动额定电流及时间要求。（4）短路特性试验电流要升至 1.1 倍发电机额定电流，是否能做需要电气制动厂家复核同意后才能进行，否则需要使用专门的短路试验装置
2	单步开机至机组空转	
3	励磁系统励磁电流控制方式，升流试验一次路径联通后，合交、直流灭磁开关，利用发电机残压产生残流，检测短路范围内的 TA 二次残余电流	
4	按"起励"按钮，加励磁升流至 5% 额定电流。检查无异常后继续升流至 25%、50% 额定电流，检查保护装置采样是否正常。检查发电机完全纵差、发电机裂相横差、励磁变压器差动保护差流。升流试验结束后降发电机电流至 0	
5	发电机短路特性试验，将机组逐渐由 0.0 倍额定励磁电流升流至 1.1 倍额定励磁电流，然后再降至 0.0 倍额定励磁电流，每隔 10% 倍额定励磁电流记录定子三相电流、转子电流、转子电压，绘制发电机短路特性曲线	
6	发电机短路特性试验完成后降机组电流至 0，断开交、直流灭磁开关。机组维持空转或停机备用	
危险源预控措施清单		

（1）试验遇异常情况时，立即下令中断试验，统一指挥处置。
（2）水导轴承外循环及高压油系统正常后再进行开机，开机时注意导叶开度及开机过程转速监视，缓慢增加导叶开度。
（3）手动开机之前确认辅助设备、调速器液压系统正常，锁定拔出，制动风闸退出。
（4）自动开停机时检查监控系统开、停机条件满足。
（5）升电流过程中缓慢增加励磁电流。
（6）若采用电气制动开关进行试验，应严格控制试验持续时间。
（7）试验前检查确保发电机保护柜及故障录波装置、同步向量测量装置及测量、计量包括备用 TA 在内的所有 TA 二次回路无开路。
（8）升流试验过程中使用测温仪检查发电机、封闭母线、电气制动开关、励磁变压器等各部位运行情况，如有异常，立即跳灭磁开关、跳他励电源开关；注意监视定子绕组及铁心、轴瓦温度、轴承油位，每隔 30min 记录一次

（八）发电机单相接地及升压试验、发电机空载特性试验

1. 试验概述

发电机单相接地及升压试验、发电机空载特性试验主要是检验发电机升压范围内所有 TV 二次回路是否正确，励磁系统功能是否正常，发电机定转子绕组有无异常，并在试验过程中进行注入式定子接地保护试验，测得各项补偿参数。主要包括发电机单相接地试验、发电机升压试验、定子过电压/定子过激磁/转子接地保护功能校验和发电机空载特性试验。

2. 关键点及风险控制

（1）在发电机机端 TV 柜分支母线处 TV 小车取某相做单相接地点时，要注意避免接地电流流过高压熔断器，以免烧断熔断器。

（2）在发电机中性点接地变压器隔离开关处做单相接地点时，要注意拉开隔离开关先接地，再合隔离开关。

（3）转子一点接地保护校验，调节电阻前须将转子电压降为零，且操作人员戴好高压绝缘手套后方可进行。

3. 典型样票

为进一步说明发电机单相接地及升压试验、发电机空载特性试验操作步骤、危险源预控措施，编制了试验样票，见表 6-15。

表 6-15   发电机单相接地及升压试验、发电机空载特性试验样票

发电机单相接地及升压试验、发电机空载特性试验原则操作票		
序号	操作步骤	风险分析
1	检查机组控制单元、自用电、辅助设备、技术供水阀门、排水系统等状态是否符合试验要求	
2	单步开机至机组空转	
3	发电机单相接地试验检验定子一点接地保护： （1）残压回路检查测量。 （2）95％定子一点接地保护发电机单相接地试验。 （3）空载 0％额定机端电压下完成注入式定子一点接地保护试验	（1）单步开机过程未严格执行流程复归，对后续试验产生影响。 （2）单相接地点设置不合理导致设备损坏。 （3）零起升压过程中未按试验要求进行分级升压导致设备损坏和人身伤害。 （4）人员触电
4	发电机零起升压试验： （1）按 25％、50％、75％、100％额定机端电压分级升压，升压过程中监视一次设备运行情况；查看 TV 二次侧电压采样值。 （2）记录机组同步相量测量装置电压、电流采样值。 （3）检测 TV 二次负载。 （4）记录定子铁心、上下指压板温度和铁心振动值。 （5）发电机升压试验完成后，按"灭磁"按钮灭磁，跳开直流灭磁开关	
5	保护功能校验： （1）定子过电压、过激磁保护。 （2）转子一点接地保护	
6	发电机空载特性试验	
7	试验完毕后按（就地灭磁）按钮。跳开他励电源开关	
8	分别进行 50％额定机端电压、100％额定机端电压下灭磁特性试验，录制试验波形	
9	根据后续试验实际情况决定是否停机	
危险源预控措施清单		
（1）监控系统单步开机至空转后要严格执行流程复归。 （2）机组零起升压过程中，要严格按照试验要求控制机端电压，以防电压过高。 （3）接地保护试验中，注意防止接地电流过大烧毁 TV 熔断器和人身伤害。 （4）调节转子接地电阻时，须将转子电压降为零，操作人员须带高压绝缘手套。 （5）进行零起升压操作时，应点动操作。 （6）发电机空载特性试验时，机端电压不得超过 1.3 倍额定电压和额定励磁电流		

（九）主变压器升流及单相接地试验

1. 试验概述

主变压器升流及单相接地试验主要是检验主变压器升流范围内所有 TA 二次回路是否正确，各保护、测量、计量、录波、安全自动化装置采样是否正确，电气一次设备有无异常。主要包括主变压器升流试验、发电机完全差动保护功能校验、主变压器差动保护功能校验、主变压器高压侧单相接地试验、发电机非全相保护功能校验。

2. 关键点及风险控制

（1）不加励磁利用发电机残压，使用伏安相位表检测试验范围内的 TA 二次残流，确认无 TA 二次回路开路风险后方可加励磁升流。

（2）试验中校验发电机完全差动保护功能时，应使用测试线可靠短接主变压器低压侧电流回路端子后，方可划开电流回路端子连接片，防止 TA 二次回路开路。

3. 典型样票

为进一步说明主变压器升流及单相接地试验安全措施、安全注意事项及危险源控制措施，编制了试验样票，见表 6-16。

表 6-16　　　　　　　　　　主变压器升流、单相接地试验样票

序号	主变压器升流、单相接地试验工作票	
	安全措施	风险分析
1	解除发电机出口开关送至调速器、励磁系统的合闸信号	（1）主变压器高压侧单相接地点的选取要考虑实现方式和对一、二次设备的影响，防止接地开关壳体形成悬浮电位异常放电导致一、二次设备损坏。 （2）升流回路电流过大烧毁设备
2	机组交流灭磁开关断开	
3	机组直流灭磁开关断开	
4	主变压器高压侧隔离开关在分位，接地开关在分位，并断开其操作电源	
5	落进水口闸门流程退出，保留手动落门回路，监控紧急停机流程退出	
6	机组快速停机流程投入	
7	机组电气制动开关操作电源、动力电源断开	
	安全注意事项及危险源控制	

（1）主变压器高压侧单相接地点的选取宜选取开关后的接地开关，气体绝缘开关设备接地开关接地回路经过设备壳体，正常情况下，接地连片禁止解开；接地连片解开后，若接地开关需进行合闸操作，应仔细复核导电回路通路，避免接地开关壳体形成悬浮电位异常放电导致设备损坏。

（2）升流过程中注意按试验要求控制回路电流，防止电流过高导致试验失败或烧毁设备。

（3）利用残压或小电流时检查升流试验范围内所有 TA 二次通流情况，严格检查确保试验范围内 TA 不得开路。

（4）单相接地试验进行中，相应开关仅合需要接地的一相。升压过程中注意控制机端电压，升流试验注意监视检查通流设备温升情况

（十）厂用高压变压器升流试验

1. 试验概述

厂用高压变压器升流试验主要是检验厂用高压变压器 TA 二次回路的完好性、正确性和

对称性，检查电气一次设备有无异常。试验主要使用残压产生的电流检查 TA 回路，测量厂用高压变压器各 TA 二次电流幅值和相位关系，检查厂用高压变压器差动保护电流极性和差流值。

2. 关键点及风险控制

（1）为防止厂用高压变压器负荷过大损伤主回路设备，应利用发电机残压对厂用变压器进行升流。

（2）如果残流过小，在灭磁开关分闸、他励电源断开的情况下，可在转子回路加低压直流，使二次电流满足相位校核要求。

（十一）发电机及变压器短路热稳定试验

1. 试验概述

发电机及变压器短路热稳定试验是模拟发电机和主变压器带负荷运行，检查发电机、主变压器主接线连接正确性，检查发电机、主变压器三相电流的对称性，录取发电机和主变压器短路特性，检查发电机至主变压器 TA 电流回路和保护相量的正确性以及核定保护定值；检查发电机、封闭母线、主变压器在额定电流下，热稳定性是否满足要求。

2. 关键点和风险控制

（1）应加强主变压器低压侧短路板及端子罩温度监测，防止主变压器低压侧端子罩法兰面绝缘垫有金属异物，导致主变压器低压侧短路板及端子罩形成环流过热；应在试验过程中加强一次设备各短路板及绝缘部件周围温度监测，发现温度异常后及时处理，避免故障扩大，保障设备安全稳定运行。

（2）应加强开关进线设备支架与管母法兰连接螺栓温度监测，防止支架与法兰连接螺栓缺失绝缘垫片导致设备外壳与支架形成环流过热；应在试验前逐一检查气体绝缘金属封闭开关设备各支架与设备连接部位螺栓绝缘套管及绝缘垫片是否安装到位。试验过程中加强气体绝缘金属封闭开关设备各部位红外测温工作，发现温度异常后及时处理，避免故障扩大。

（3）试验前应逐一检查固定螺栓隔离和绝缘情况，检查接地引下线搭接面积是否符合标准，排查各个连接部位是否存在环流可能；屏蔽板安装过程中应加强工艺控制，避免屏蔽板发生局部过热现象；应加强发电机出口屏蔽板温度监测，热稳定试验中应及时发现过热点，并在试验结束时立即处理，避免机组运行期间出现局部过热缺陷。

（十二）主变压器、厂用高压变压器升压试验

1. 试验概述

主变压器、厂用高压变压器升压试验主要是检查主变压器、厂用高压变压器升压范围内所有 TV 二次回路是否正确，各保护、测量、计量、录波、安全自动化装置采样是否正确，发电机、变压器、厂用高压变压器等电气一次设备有无异常。该试验须腾空厂用高压变压器低压侧母线，并合上厂用高压变压器低压侧进线开关。

2. 关键点及风险控制

（1）未加励磁合发电机出口开关，在残压下使用伏安相位表检查主变压器低压侧、厂用高压变压器低压侧进线柜 TV 二次侧电压回路正确后，方可加励磁升压试验。

（2）应缓慢从 0% 升压至发电机额定电压，并持续关注带电范围内一次设备工作情况，若有异常，则断开灭磁开关及发电机出口开关。

（十三）调速器空载试验

1. 试验概述

调速器空载试验分为空载扰动试验和空载摆动试验。空载扰动试验是在机组空载运行时，选取不同的控制参数，模拟频率阶跃，记录调速器动态调节过程曲线。测量水轮机调节系统的动态特性，优选机组空载运行调节参数，使得调节过程中既满足动态稳定指标，又满足速动性要求。空载摆动试验是在调速器机手动和自动控制状态下，记录机组频率波动的峰谷值，并记录频率和导叶的调节过程。检查调速器在手动时，由于水力振荡而引起的机组转速波动情况，然后再检查调速器在自动时的机组稳定性情况，比较两者转速波动大小，判断是否符合国家标准中有关要求。

2. 关键点及风险控制

（1）空载扰动时，频率阶跃值按试验方案进行，防止误操作输入过大阶跃，导致调速器大幅度调节导叶开度。

（2）涉及操作导叶的各项试验，须确保导叶动作部位附近无人员作业，避免导叶动作伤人事件发生。

（十四）发电机励磁系统空载试验及电气制动试验

1. 试验概述

发电机励磁试验主要是检查并调节励磁系统参数，检验励磁系统调节能力、抗扰动能力、响应速度。试验时启动机组自动开机流程至空转态，将励磁系统控制方式设置为"电压闭环"方式，再现地手动增磁使得机端电压逐步升高，每上升 10% 记录一次当前运行参数。待发电机机端电压达到额定值，按照试验方案及相关标准规范要求逐一完成定子电压阶跃、转子电流阶跃、励磁调节器切换试验、TV 断线试验、功率柜投切试验、调节器故障模拟试验、自动起励逆变、电压/频率限制试验、空载灭磁试验、电气制动试验等项目。

2. 关键点及风险控制

（1）TV断线试验，断开当前主用套调节器机端电压输入信号，观察主用套调节器应能切换至"电流闭环"模式并报警，调节器应能切换至备用套以"电压模式"运行，恢复机端TV输入信号后，该调节器应能自动切换回"电压模式"。

（2）比较电气制动投与不投时发电机停机时的制动效果，试验时测定投入电气制动时的转速、励磁及定子电流，投入电气制动和机械制动时的转速、总制动时间等参数，电气制动功能及效果应符合设计要求。

（十五）机组电源切换及计算机监控系统试验

1. 试验概述

机组电源切换试验是通过对机组自用电两段母线进行电源切换，检查机组各个配电柜进线电源能否自动进行主备切换，保证其供电的可靠性。检查运行中的辅控系统的油泵、电机等设备，在机组自用电切换后，能否切换到另一台泵运行。

计算机监控系统试验是在电源切换时，检验机组现地控制单元电源冗余系统功能，保证电源供电可靠性，检验计算机监控系统以及自动控制流程在电源断电、切换、恢复时能否保持正常工作，设备控制是否正常，能否按要求进行主备切换。

2. 关键点及风险控制

（1）机组电源切换试验，备自投动作时间应符合要求，当断开电源恢复后，进线开关动作与备自投动作配合时间应符合要求，防止线路非同期。

（2）进行油泵主备泵电源切换时，在主泵运行时断开电源，控制系统应能立即启动备用泵并切换主备。若控制系统无法启动备用泵，应检查控制程序。

（3）进行现地控制单元控制电源消失试验后，恢复电源时，检查现地控制单元有无异常开出命令。在恢复电源时，应检查确保所有开出模块无异常开出后，方可恢复开出继电器电源。

（4）现地控制单元通信试验，在通信恢复后，检查通信应立即恢复且数据正常无跳变。若通信中断恢复后，数据未即时恢复，应检查通信及数据处理程序。

（十六）选相合闸试验

1. 试验概述

选相合闸试验主要是验证选相合闸装置能否准确地根据系统电压波形的指定相角进行开关动、静触头的分合操作，以确保开关在投入或切除时对自身和系统冲击最小。该试验是通过选相合闸装置控制开关进行五次合闸及分闸，查看装置动作报告并记录开关电气合、分闸时间及偏移角度。在五次操作过程中，根据之前的目标角度偏移情况，微调开关分合闸时间参数，并根据故障录波文件进行验证。

2. 关键点及风险控制

（1）确认选相合闸装置型号正确，软件版本、程序校验码与出厂时确认的一致。

（2）正向操作时，实际合闸策略建议将 A、B、C 相合闸角度分别设定为 90°、1620°、1620°。

3. 典型样票

为进一步说明选相合闸试验的操作步骤、危险源预控措施，编制了试验样票，见表 6-17。

表 6-17　　　　　　　　　　主变压器选相合闸试验样票

主变压器选相合闸试验原则操作票		
序号	操作步骤	风险分析
1	核实主变压器已消磁	（1）未经调度许可，擅自操作 500kV 设备。 （2）冲击合闸造成人身和设备损坏。 （3）主变压器冲击合闸有可能产生操作过电压
2	检查主变压器高压侧断路器充电保护已启用	
3	将主变压器由冷备用转热备用	
4	退出主变压器高压侧短引线保护	
5	投入主变压器高压侧断路器选相合闸装置	
6	合上主变压器高压侧断路器对主变压器冲击合闸	
7	检查主变压器无异常后开展剩余主变压器冲击合闸试验	
危险源预控措施清单		

（1）500kV 相关操作，须调度下令方可操作。
（2）隔离开关、开关操作须现场检查机械位置与电气指示位置一致。
（3）冲击合闸试验时，工作人员退出主变压器室。
（4）试验过程相关人员与高压设备保持足够安全距离。
（5）试验区域做好隔离，防止其他人员误入试验区。
（6）在监控系统上进行分合开关时，严格执行操作监护制，仔细核对设备点名，确认无误后再确定下令。
（7）冲击合闸检查正常后再进行下次冲击合闸，并注意相邻两次之间的时间间隔。
（8）电网调度控制电源侧母线运行电压值。
（9）电站主变压器高压侧开关加装选相合闸装置。
（10）变压器相关高压试验后充分做好消磁工作

（十七）机组同期并网及带负荷甩负荷试验

1. 试验概述

机组同期并网试验分为假同期试验和真同期试验。假同期试验是在机组空载运行、发电机出口隔离开关分闸时，对发电机出口断路器进行合闸操作，检查同期回路接线的正确性及发电机出口断路器合闸导前时间是否符合要求。真同期试验是在机组空载运行、发电机出口隔离开关合闸时，对发电机出口断路器进行合闸操作，检查发电机出口断路器能否正常合闸、机组能否正常并网运行并进行负荷调节。检查机组并网运行后，安全稳定控制装置、同步相角测量和故障录波等所有保护设备的 TA 二次电流相位、幅值，全面核查电压、电流相位关系。带负荷甩负荷试验是机组带负荷运行时，直接断开发电机出口断路器，检查甩负荷后调速器调节能力。

2. 关键点及风险控制

（1）核对同期并网试验条件均满足，假同期试验前，应核对确保出口隔离开关处于分闸位，检查确保实际位置与监控信号一致。

（2）检查假同期合闸过程波形，根据波形检查导前时间是否符合要求，若导前时间不符合要求，修改同期装置导前时间参数，重新试验选择最优参数。

（3）在机组带负荷运行过程中，检查各系统测量功率、电压、电流是否正确一致。若出现偏差较大的情况，应检查变送器参数设置及外部接线是否正确。

（4）甩负荷试验过程中，监视机组过速时的最大转速。在甩大负荷过程中，若出现机组转速超过二级过速仍未触发事故停机或水机后备保护停机，应手动按下停机按钮停机。

（十八）调速器负载试验、负荷下事故低油压停机试验

1. 试验概述

调速器负载试验目的是在机组并网带负荷运行时调整机组负荷，观察和分析机组的负荷调节过程，从而选择最佳调节参数，以满足机组带负荷过程中调速系统速动性和稳定性的要求；模拟调速器的各种故障信号，检查并网状态下机组的导叶控制及扰动情况是否符合要求。负荷下事故低油压停机试验是机组并网运行时，使压油罐压力下降至事故压力值，检查调速器液压系统油压下降到事故压力时，机组保护控制及水机后备保护能否正常动作停机。

2. 关键点及风险控制

（1）功率调节时，应避免将机组调节至振动区，功率调节范围控制在允许范围内。功率调节过程选择电网频率稳定在基准值时进行。

（2）进行负荷下事故低压油排油时要时刻关注液压系统压力值，不能将排油阀开得过大，否则将导致系统失压过快，造成导叶失控。

（十九）一次调频试验

1. 试验概述

一次调频试验是在机组并网带负荷运行时，模拟电网频率快速变化，使机组负荷快速跟随模拟电网频率变化，检验机组的一次调频能力，在确保机组安全稳定运行的情况下，测试并确定机组的一次调频运行参数，以满足一次调频性能的技术要求。

2. 关键点及风险控制

（1）机组所有保护均投入运行，一次调频功能调试完毕，具备投运条件。

（2）试验过程中要密切监视水机各部温度，如有异常立即停止试验，查明原因后再决定是否继续试验。

（3）试验过程中要密切监视机组有功功率，在进行频率阶跃时，要注意阶跃大小，不能使机组长时间超额定负荷运行。

（二十）机组负载态励磁试验

1. 试验概述

机组负载态励磁试验主要是检验机组负载态下励磁系统控制功能及调节响应特性，确立励磁系统模型和控制参数。检验励磁系统电力系统稳定器性能，验证电力系统稳定器是否具备正常投运条件。主要包括励磁系统负载态模式切换、调节器通道切换试验、过励/欠励限制试验、静差率试验、励磁系统参数测试与建模试验、电力系统稳定器试验。

2. 关键点及风险控制

（1）电力系统稳定器试验，在发电机负载态下，先将电力系统稳定器退出运行，进行小于 4% 的电压阶跃试验，同时启动录波记录有功功率的摆动幅值和次数。将电力系统稳定器投入，在同样工况下重复以上试验，录波观察，电力系统稳定器有阻尼作用时，有功功率的摆动幅值和次数应减少。

（2）电力系统稳定器试验中如发生有功功率振荡，应停止试验，退出电力系统稳定器；如继续振荡则切到手动方式运行或减少有功功率至振荡平息。试验前，运行人员应做好失磁、过电压、发电机跳闸、发电机振荡等事故预想。

（二十一）机组监控系统建模试验

1. 试验概述

电力系统的计算分析、规划运行或控制保护都必须建立在准确可信的数学模型的基础上，这些数学模型包括发电机、励磁系统、调速系统、监控系统以及综合负荷模型等。机组监控系统建模试验分为静态建模和动态建模，通过测试有功功率调节特性、现地控制单元功率给定（含自动发电控制给定）、校验功率死区及限幅、测试脉冲发生环节及调速器开度给定信号、现地控制单元功率闭环与调速器一次调频协调性来检验监控系统的调节模式、涉网功能配置、参数等，确保满足电网对监控系统功率调节模型的要求。

2. 关键点及风险控制

（1）监视机组功率、发电机转速等信号，发现异常立即停止试验。

（2）监视发电机出口电压、励磁电压和电流的变化趋势，发现异常及时处理。

（3）监视机组振动情况，发现异常及时处理。

（二十二）机组自动发电控制/自动电压控制试验

1. 试验概述

机组自动发电控制/自动电压控制试验是通过对软件和硬件进行安全测试，检查安全策略满足设计要求。进行电厂侧单机闭环测试、多机闭环测试、计划曲线闭环测试，检查闭环功能投退正常，负荷分配调节、电压调节功能符合要求。进行集控信息核对及控制功能测试，检查集控侧自动发电控制/自动电压控制各监控信息及控制功能正常。验证自动发电控制/自动电压控制功能、安全策略和控制策略满足设计和运行要求。

2. 关键点及风险控制

（1）动态测试中，自动发电控制调节方式由"开环"向"闭环"切换前，必须确认自动发电控制全厂有功分配值正确，并且已经分配至各投入自动发电控制的机组后，才能进行切换。

（2）动态测试中，除非测试需要，运行值班员应维持未投自动发电控制机组的出力不变。

（3）动态测试中，在涉及全厂总出力变化的测试项目开始前，应与调度联系通报测试可能产生的结果，获得许可后方进行操作。

（4）整个测试过程中，全厂总出力波动幅度控制在方案规定的范围以内；若负荷/频率大范围波动或机组运行异常，运行值班员应立即自行退出全厂自动发电控制，按相关规程采取处理措施，并向调度汇报。

（5）试验中若电网出现异常，由调度发令终止试验，并迅速恢复到正常方式；若试验系统出现异常，由试验总负责人发令停止试验，待原因查明后，发布继续进行或终止试验的指令。

（6）动态试验期间，调度人员应密切关注试验电站及周边厂站的电压情况。

（二十三）机组稳定性试验

1. 试验概述

机组稳定性试验主要是验证发电机在不同负荷下的性能表现，确保其在各种条件下都能稳定运行，满足电力稳定供应需求。试验时启动机组逐步增加负荷至当前水头最大负荷运行再按一定的步长逐步减负荷运行，测量机组各部的振动、摆度、水力参数，确定机组振动区。

2. 试验关键点及控制措施

（1）机组运行工况监视。机组试验过程中，重点检查机组各部的振动、摆度、水力参数，若机组摆度较大，必要时应进行动平衡试验，转子重新配重。

（2）非稳定工况控制。按照厂家提供的水轮机运转特性曲线调节负荷，避免长时间停留在不利工况点。

（二十四）发电机进相试验

1. 试验概述

发电机进相试验的目的是检验机组从电网吸收无功功率的能力，检查发电机-变压器组在不同进相深度时定子端部发热、机组振动摆度和相关设备温度满足要求，同时验证发电机低励限制、失磁保护、失步保护等功能的正确性。试验开始前发电机组在满负荷运行时，主变压器高压侧母线电压、厂用电电压应在合理范围内；发电机组电气量、非电气量等状态量的指示应完整、准确，发电机冷却系统运行应正常；自动发电控制及其他调节发电机有功功率的功能组件应退出运行，除励磁调节器以外的其他影响发电机无功功率调整的功能组件及限制环节应退出或取消。

2. 关键点及风险控制

（1）在发电机进相能力测试过程中，当机组运行参数达到以下指标时，应立即停止减磁。

1）发电机定子电压不得低于额定电压的90％；

2）发电机定子电流不大于额定值；

3）由于有功功率不同时，水轮机的极限功角也不同，试验前应根据水轮发电机及主变压器参数计算出试验条件下的极限功角，在试验过程中应确保功角相对于极限功角有一定（15°～20°）的安全裕度；

4）发电机最大进相无功功率不超过给定值（按照调度要求修改）；

5）发电机定子铁心和端部构件温度不超过120℃；

6）发电机进风温度保持在35～45℃，出风温度不超过75℃；

7）主变压器出线母线电压不得低于额定电压的90％；

8）水电站厂用电不得低于额定电压的90％。

（2）试验前，试验人员应做好机组解列、发电机失磁、厂用电电压过低及备用电源自动投入等事故预想。严密监视发电机运行指标参数，如果出现发电机失磁现象，应立即降低发电机有功功率，增加发电机励磁电流，将发电机拉回迟相运行。

（二十五）动水落门试验

1. 试验概述

动水落门试验是机组在并网带额定负荷运行时，手动操作落门按钮，在负荷降至一定范围内时，手动按紧急停机按钮的停机试验，主要是检查进水口快速门在机组开启时能否正常快速关闭，同时测试机组动水落门时间是否符合要求。

2. 关键点及风险控制

在快速门快闭过程中监视机组负荷与导叶开度变化，在负荷降至特定负荷（根据机组实际试验前讨论确定）时按停机按钮停机。

（二十六）负荷下热稳定试验

1. 试验概述

负荷下热稳定试验检查发电机、轴瓦、变压器、封闭母线等设备热稳定性能，考察机组连续稳定运行能力，检查热稳定性能是否满长期稳定运行要求。试验中主要关注发电机主回路设备外壳及支撑件温度，重点关注定子绕组、定子铁心、轴瓦等关键部件温升情况，避免机组正常并网后出现不可逆温升破坏性故障。

2. 关键点及风险控制

（1）应加强主变压器低压侧短路板及端子罩温度监测，特别关注前期试验出现过热现象的部位，评估处理效果。

（2）应加强开关进线设备支架与设备法兰连接螺栓温度监测，特别关注前期试验出现过热现象的部位，评估处理效果。

（3）应加强发电机出口屏蔽板温度监测，特别关注前期试验出现过热现象的部位，评估处理效果。

（4）加强滑环装置电刷温度监测，对异常温升电刷进行处理，若具备监测条件，应关注滑环装置电刷电流分流情况。

（二十七）机组72h试运行

1. 试验概述

机组72h试运行是针对机组机械和电气部分的连续运行可靠性而开展的考核性试验，其目的是确认机组能否安全、正常地连续运行，判断机组是否已具备投入商业运行条件，该项试验合格也是机组安装调试单位向运行单位移交有关机电设备的必要条件之一。试验过程中记录发电机中性点至主变压器主回路导体温度、屏蔽板温度、集电环温度、电刷温度、主回路设备外壳及支撑件温度、定子绕组温度、定子铁心温度、空气冷却器出风口温度、主变压器绕组温度等关键设备及部位温度值，确保各部件温升能达到稳定运行值。

2. 关键点及风险控制措施

（1）应加强主变压器低压侧短路板及端子罩、开关进线设备支架与管母法兰连接螺栓、发电机出口屏蔽板、滑环装置电刷等关键部位温度监测，特别关注前期试验出现过热现象的部位，验证处理效果是否达到要求。

（2）此试验为过热缺陷处理效果验证的最后窗口期，应确保所有过热部位全部处理完成，防止机组带病运行。

三、白鹤滩水电站实例分析

白鹤滩电厂全面深入参与机组设备无水调试、有水调试、并网试验等调试工作，在组织措施和技术措施上均提前做了大量工作。

首批机组投产发电前，为保障 GIS 开关站接入系统和首批机组调试顺利实施，调试、接管做到无缝衔接，编制了《首批机组设备调试方案》《首批机组调试运行配合无缝衔接方案》《白鹤滩电站涉网相关工作计划》，成立了由 78 名技术骨干组成的调试攻关小组，采用"两班倒"模式，24h 不间断参与调试。

（一）主要举措

（1）提前熟悉掌握开关站各断路器、隔离开关的机械本体指示位置、微动开关位置辅助判别标识、电机储能位置、开关动作次数查询、SF_6 气体压力指示、避雷器动作次数查询等常用判别指示装置的位置及显示读取方法，了解 GIS 保护、发电机-变压器组保护各保护压板的含义及正常应投退状态，以及各试验阶段相关保护的投退状态，了解机组各系统盘柜的液晶屏画面含义及各辅助系统盘柜对应相关辅助设备对应的方式把手正常投入状态，及现地手动情况下如何启动相关辅助设备。

（2）提前熟悉调试方案及调度方案，熟悉现场设备及位置，核对设备状态，根据 GIS 接入系统调试方案提前准备了 232 张操作票，模拟演练调试方案涉及的所有操作，确保了系统倒送电过程中所有操作准确无误，调试攻关小组内部人员分配合理，确保了调试准备工作有序进行。

（3）在 GIS 系统倒送电之前分别组织进行了左、右岸 GIS 系统倒送电的模拟实战演练，全面检验了运行值班负责人的中央控制室调度能力、调试攻关小组的现场操作能力、相关一二次设备及监控系统是否正常、维护人员的响应速度等，为正式倒送电积累了经验、提供了保障。

（4）创建调试信息通报群，调试攻关小组及时将调试工作进展发布在调试群内，方便全员实时跟踪调试进度、全面了解调试信息。

（5）职责分工明确，调试攻关小组负责试验方式核实及调整、现场设备操作、与机电局及安装等单位协调、现场调试信息及时反馈、试验过程跟踪总结，中央控制室负责调度联系、生产协调、设备运行状态监视及操作，现场当班人员补充至调试小组，全程跟踪、及时补位，支援班人员根据实际需要补充至中央控制室和现场，随时待令。

（二）工作成效

高效完成了 500kV 系统倒送电试验、机组并网试验、72h 试运行等全部操作，顺利实现了首批机组安全准点投产发电目标。左岸电站接入系统调试仅用不到 38h，右岸电站仅用不到 24h，从 6 月 18 日接入系统调试到 6 月 28 日首批机组投产发电，仅用短短 10 天时间，创下了水电站接入系统调试多项新纪录。

第四节　设备设施接管

设备设施接管是指电厂按相关原则和流程从建设单位接收调试好的设备和建设好的设施。设备设施安全准点接管可以保障水电站按计划转入电力生产阶段，从而发挥工程最大的经济效益。本节介绍了水电站设备设施接管原则、接管条件、接管程序，并分析了白鹤滩水电站设备设施接管实例。

一、接管原则

水电站机组投产一般较为密集，电厂设备设施接管工作强度大、要求高。接机发电的工作目标是安全准点，即实现机组按时投产发电，并确保"接得下、稳得住、发得出"。

为使设备设施接管工作科学规范、安全稳妥，电厂应与工程建设单位加强沟通，选择合适的时机进行接管，且接管前要针对不同设备编制接收表，确认设备设施达到相应验收标准后方可办理接管手续。主要设备设施接管宜遵循表 6-18 所示原则。

表 6-18　　　　　　　　　　　　　　　主要设备设施接管原则

序号	设备类型	设备名称	接管原则
1	机组设备	水轮机、发电机、调速器、机组出口母线等	按发电机-变压器组单元接管
2	输变电设备	主变压器、气体绝缘金属封闭开关设备、气体绝缘金属封闭输电线路、高压电缆、出线场设备等	（1）主变压器随发电机-变压器组单元接管。 （2）气体绝缘金属封闭开关设备调试完毕后整体接管。 （3）气体绝缘金属封闭输电线路或高压电缆设备随机组接管。 （4）出线场设备随气体绝缘金属封闭输电线路或高压电缆设备设施接管。 （5）气体绝缘金属封闭开关设备室电缆廊道随设备接管
3	厂用电系统	10kV、0.4kV 配电室、电缆等	10kV、0.4kV 设备按供电点分批接管，电缆廊道待电缆安装完毕后接管
4	水工建筑物	大坝、引水发电系统、水垫塘、二道坝、泄洪洞、边坡等	（1）设备间建筑物随设备接管。 （2）非设备间建筑物按区域接管。 （3）大坝安全监测系统整体接管
5	起重金结设备	闸门、启闭机、桥机、门机、台车、电梯等	按台（套）接管，同一设备间内的多套设备尽量一批次接管
6	监控系统设备	监控系统现地控制单元、监控系统上位机、电站主设备状态监测/趋势分析及电能量管理系统、机组状态在线监测等	（1）计算机房随首批机组接管。 （2）其余设备随所属系统（设备）接管
7	自动化设备	水轮发电机辅助控制系统、调速系统、技术供水系统、液压启闭机控制系统、排水系统、压缩空气系统	随发电机-变压器组成套接管

序号	设备类型	设备名称	接管原则
8	保护设备	发电机-变压器组保护、故障录波、开关站保护、线路保护、安稳与失步解列、PMU、主变压器冷却器控制柜等	（1）发电机-变压器组保护、故障录波、PMU采集柜、主变压器冷却器控制柜等随发电机-变压器组接管。 （2）开关站保护、线路保护、安稳与失步解列、PMU随输变电设备接管。 （3）厂用电10kV保护随电气一次设备接管
9	测控/励磁设备	励磁、直流、EPS、电能量计量、图像监控、消防火灾报警等	（1）机组励磁、直流等设备按发电机-变压器组单元接管，公用直流及EPS分区域接管。 （2）电能量计量调试完成后接管。 （3）图像监控整体验收通过后接管。 （4）消防火灾报警设备按区域先接管运行，消防验收通过后接管整个系统
10	公用辅助系统	油、气、水、暖通、消防、门禁设备等	（1）油系统透平油库、气系统空压机房随首批机组接管，油系统、气系统管路分段接管。 （2）暖通系统先接管空调机房，管网分区域接管。 （3）消防系统随主设备接管运行，通过消防验收后接管。 （4）门禁设备分区域接管

二、接管条件

电厂接管水电站设备设施后，即将其状态转为正式运行，接管前必须确保设备设施具备良好的运行管理条件。

（一）基本条件

（1）设备设施安装（施工）、调试工作全部完成，满足设计及合同技术要求，并符合国家相关规范；其功能及完整性应满足长期稳定运行需要，移交时已完成调试并通过试运行，调试记录完整，试运行记录齐备。

（2）交接设备设施相关的劳动安全卫生设施与主体工程同时设计、同时施工、同时投入生产和使用。

（3）设备制造、安装、调试、试运行期间存在的缺陷处理完毕，遗留尾工项目清理完毕、处理要求明确。

（4）接管的设备/区域具备封闭管理条件。

（5）交接的设备设施应标识清晰，各部位照明完好，区域内施工人员、物资已撤出，应封闭的通道、区域已按要求封闭，具备运行管理条件。

（6）随设备设施交接的备品备件和专用工器具、仪器等完整无缺失。

（7）随设备设施交接的文件等资料完备。

（二）输变电设备设施接管条件

（1）输变电设备安装调试完成，各项电气、机械指标满足机电安装标准及《电气装置安

装工程 电气设备交接试验标准》（GB 50150）、《电气装置安装工程 盘、柜及二次回路接线施工及验收规范》（GB 50171）、《继电保护及二次回路安装及验收规范》（GB/T 50976）等要求。

（2）输变电设备经过 24h 试运行，由启动验收委员会组织了启动验收鉴定并出具输变电设备通过启动验收的证明材料。

（三）发电设备设施接管条件

（1）发电设备安装调试完成，各项电气、机械指标满足机电安装标准及《电气装置安装工程 电气设备交接试验标准》（GB 50150）、《水轮发电机组安装技术规范》（GB/T 8564）、《水轮发电机组启动试验规程》（DL/T 507）等要求。

（2）机组经过 72h 试运行，由启动验收委员会组织了启动验收鉴定并出具发电机组通过启动验收的证明材料。

（四）厂用电设备设施接管条件

（1）厂用电设备安装调试完成，各项电气、机械指标满足机电安装标准及《电气装置安装工程 电气设备交接试验标准》（GB 50150）、《电气装置安装工程 盘、柜及二次回路接线施工及验收规范》（GB 50171）、《继电保护及二次回路安装及验收规范》（GB/T 50976）等要求。

（2）设备外罩、锁、门、护栏完备，接地可靠，设备防护等级符合国家、行业和合同有关标准要求；在电缆进出盘柜的底部或顶部以及电缆管口处的防火封堵已全部完成；可能损坏或影响到已安装设备的装饰施工全部结束。

（五）公用系统设备设施接管条件

（1）公用系统能实现现地操作和远方监控，区域环境满足投运要求。

（2）公用系统设备已全部或分段投入运行。

（3）消防系统的交接应确定消防系统已依法通过政府主管部门验收，取得验收合格证。

（六）二次系统接管条件

二次系统的设备分区、安全防护等符合《电力二次系统安全防护规定》（国家电力监管委员会令 第5号）、《电力监控系统安全防护规定》（国家发改委〔2014〕14号）、《电力监控系统安全防护总体方案等安全防护方案和评估规范》（国能安全〔2015〕36号）和《电力行业信息系统安全等级保护基本要求》等。

（七）泄水设施接管条件

（1）泄水设施整体安装调试完成，能实现现地操作和远方监控，具备正常运用的功能。

（2）临空面、孔洞部位、爬梯、楼梯上永久防护措施完善，未设计永久安全防护设施的部位，应安装可靠的临时防护设施。

（3）泄水设施经过试运行，完成试运行后联合检查和缺陷处理。

（八）特种设备接管条件

（1）已提交符合特种设备安全技术规范要求的设计文件、产品质量合格证明、安装及使用维修说明、监督检验证明等文件资料。

（2）新安装的特种设备经过质量技术监督部门技术检验，且取得特种设备使用合格证（标识）。

三、接管程序

接管程序标准化可保障设备设施接管工作有序开展，其总体程序包括接收移交通知、文件资料审查、现场检查等，详见图 6-2。

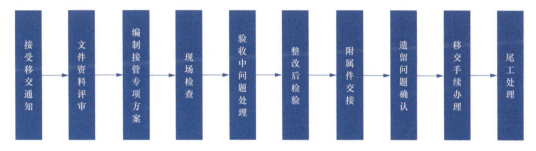

图 6-2　设备设施接收程序

（1）接收移交通知。电厂接收到设备设施移交通知后，根据待接收的设备设施类型，成立相应的接管工作组，明确责任人，工作组负责设备设施接管过程中的文件资料审查、专项方案编制（如有必要）、现场检查、问题整改协调和移交手续办理等工作。

（2）文件资料评审。接管工作组拟定所需待接管设备设施的文件资料清单，交由设备移交方整理后提供，接管工作组对移交方所提供资料的完整性、真实性、准确性、规范性进行复核。

（3）编制接管专项方案。接管工作组根据实际需要，结合设备设施安装调试合同、国家及行业有关设备验收标准、移交方提供的文件资料和现场实际条件，必要时针对具体设备设施编制专项接管方案。专项方案应包括外观检查和功能试验项目，严防关键验收项目缺失或接管设备质量不满足要求。

（4）现场检查。电厂应安排专业技术人员参与设备的安装和调试试验，熟悉安装调试方案，了解施工进度，关注关键过程，记录重要数据，梳理并跟踪设备缺陷处理情况，提前做好设备设施接管准备。

设备设施接管前，接管工作组根据需要，和移交方一起对设备设施进行测量、检查和功能试验，并做好记录。测量、检查和功能试验项目应严格按照质量标准进行，不得缺项、漏项，特别是影响设备设施安全运行的项目。另外，还应核对设备整定值，检查待接管设备设施安全环境、施工人员及施工设备设施撤离情况，查看运行维护记录，做好封闭管理准备。

（5）验收问题处理。接管工作组根据现场检查和资料评审情况，列出所发现的问题清单，交与移交方处理。对于须在设备设施接管前处理的问题，应要求移交方及时处理完毕；对于不影响设备设施安全运行且整改时间较长的，可列为遗留问题和尾工，待设备设施接管后处理，但接管过程中应尽量减少遗留问题和尾工。

（6）整改后检验。移交方将问题处理完成后，接管工作组应到现场对设备设施重新进行测量、检查和试验，并做好记录。参加验收人员要提出验收中发现的问题，明确是否同意接收的意见，对于存在影响性能、危及安全质量缺陷的设备设施，应待整改完成后再予接收。

（7）附属件交接。接管工作组依据设备合同，检查合同内备件及专用工具清单与实际库存情况，办理移交手续，并做好记录。对不符合合同要求的，应在补齐后办理移交手续。

（8）遗留问题确认。列入遗留问题的项目须经各相关方确认，并确定处理期限、逾期未处理的解决办法等。

（9）移交手续办理。根据设备的重要程度，由设备设施接管领导小组及工作组签署设备设施接管意见，移交手续办理后，工作组须汇总接管过程中形成的有关文件、资料和验收记录，汇编整理后归档备查。

（10）尾工处理。设备设施接管后，电厂应督促并配合设备设施移交方按计划进行尾工处理，做好过程跟踪、质量验收和现场安全管理。

设备设施接管后，电厂应根据接管设备的安装调试、试运行情况及遗留尾工情况，明确设备设施接管初期运行管理要求，提示注意事项，确保设备安全稳定运行。同时应建立接管设备清单并持续更新，及时发布生产通知，明确已接管设备及区域明细，汇总设备设施接管相关情况，及时通报、共享信息。

四、白鹤滩水电站实例分析

针对白鹤滩水电站机组高密度集中投产、设备设施接管时间紧、任务重的特点，白鹤滩电厂组织编制了《设备设施接管方案》，梳理了1342项质量标准，编制随机备件、工具、技术资料清单，提前做好待接管机组设备运行标识安装和安全技术隔离措施，并与建设方就设备设施接管具体标准、要求进行了充分沟通，为顺利实现设备设施接管做好准备。接管过程中严格执行设备接管程序，编制《机组接管前设备状态检查要求》，组织开展待接管设备状态检查，确保各系统设备状态满足接管条件，编制设备定值单并完成整定，对重要定值逐一核查，对设备状态、尾工处理、安全隔离等情况进行全面梳理，对接管区域安全风险进行评估，在试运行前后全面检查，确保设备具备安全稳定运行条件，同时积极开展接管区域环境整治，不断改善设备运行环境。图 6-3 所示为白鹤滩水电站接管部分机组后左岸电站发电机层全景。

图 6-3　白鹤滩水电站接管部分机组后左岸电站发电机层全景

另外，白鹤滩电厂结合工程建设实际，创新设备接管模式，针对具体情况灵活采用了"设备与区域同时接管""接管设备不接管区域""接管区域不接管设备"等方式。坚持以"零尾工"接管为目标，推动建立尾工处理协调机制，将尾工管控关口逐步前移至设备安装调试期，多台机组实现机电设备"零尾工"接管。白鹤滩电厂在一年半时间内安全顺利接管全部 16 台百万千瓦机组。机组各项运行指标优异，均达到三峡集团"精品机组"标准要求，优于国家及行业相关标准。

第七章　保　障　措　施

保障措施贯穿水电站电力生产准备全过程，对于推动水电站电力生产准备工作顺利开展、保障电站长周期安全稳定运行具有重要作用，主要包括人力资源保障、后勤资源保障、信息化保障、文化保障及安全保卫等方面内容。本章结合白鹤滩水电站实例，对电力生产准备主要保障措施进行了介绍。

第一节　人 力 资 源 保 障

水电站电力生产准备工作离不开有力的人力资源支撑。人力资源工作应当与水电站建设和电力生产准备工作的需要和进展相匹配。本节结合白鹤滩电厂及相关单位实例，系统阐述了电厂三定方案编制思路，介绍了员工选拔、调配及培养开发工作思路、方法等。

一、三定方案及员工选拔

从计划成立电厂时起，管理者就应考虑电厂实际需求人数、所需人才类型及人才应具备的技能条件，以及如何将这些人合理组织起来，既能满足生产和工作要求，又能人尽其才、才尽其用、用有所成。首先需要对电厂定编、定岗、定员，然后根据"三定"和当前的人力资源现状进行员工选拔。电厂的"三定"方案是电厂编制生产经营计划、组织生产、配置人力资源、进行人工成本核算的重要基础。"三定"方案应当适应电厂及所属公司的战略发展需要，遵循科学、精简、高效的原则，形成定位明确、分工合理、协同高效、权责对等的工作体系和运转机制。

（一）组织机构设置

定编是指根据组织发展和组织战略规划的要求，选择合适的组织结构模式，合理布局和设置各种职能部门和业务机构。在企业发展的历史上，企业的组织结构出现过直线制、职能制、直线职能制、事业部制等多种形式。目前，国内大型水电厂的组织结构大都是直线职能制。直线职能制是以直线制结构为基础，在厂长等领导下设置相应的职能部门，实行厂长统一指挥与职能部门参谋、指导相结合的组织结构形式。直线职能制组织机构图如图 7-1 所示。

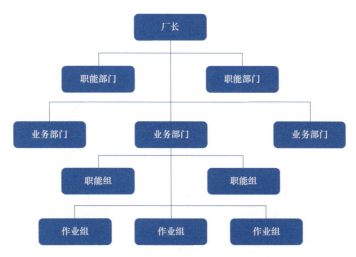

图 7-1　直线职能制组织机构图

直线职能制的主要特点是厂长对业务和职能部门均实行垂直式领导，各级直线管理人员在职权范围内对直接下属有指挥和命令的权力，并对此承担全部责任。职能部门是厂长的参谋和助手，没有直接指挥权，其职能是向上级提供信息和建议，并对业务部门进行指导和监督，它与业务部门的关系只是一种指导关系，而非领导关系。直线职能制是一种集权和分权相结合的组织结构形式，它在保留直线制统一指挥优点的基础上，引入管理工作专业化的做法，既保证统一指挥，又发挥职能管理部门的参谋指导作用，弥补领导人员在专业管理知识和能力方面的不足，协助领导人员决策。使用直线职能制时，部门的设置力求精简，不冗余，也不缺位。

电厂的组织机构设置与电站的生产管理模式密切相关。关于水电站的典型生产管理模式、电厂的组织机构设置细分类型及其优势，本书第二章第一节中已作介绍，此处不再赘述。

（二）岗位体系设计

定岗是在生产组织合理设计以及劳动组织科学化的基础上，从空间上和时间上科学地界定各个工作岗位的分工与协作关系，并明确地规定各个岗位的职责范围、人员的素质要求、工作程序和任务总量。电厂应当以本单位及其所属公司的发展战略目标为指引，以价值为导向，与市场接轨，建立统一的岗位序列标准，合理划分岗位层级，按照业务工作流程科学定岗、合理定员，建立规范的岗位任职资格体系。

进行岗位体系设计主要需完成三方面工作：一是充分进行岗位调查取得相关信息，首先要对岗位存在的时间和空间范围作出科学的界定，然后再对岗位内在活动内容进行系统的分析，即对岗位的名称、性质、任务、权责、程序、工作对象和工作资料，以及本岗位与相关岗位之间的联系和制约方式等因素逐一进行比较、分析和描述，并作出必要的总结和概括。二是在界定了岗位的工作范围和内容以后，应根据岗位自身的特点，明确岗位对员工的素质要求，提出本岗位员工所应具备的，诸如知识水平、工作经验、道德标准、心理品质、身体状况等方面资格和条件。三是将上述岗位分析的研究成果，按照一定的程序和标准，用文字和图表的形式加以表述，最终制定出岗位说明书、岗位规范等文件。

电厂的岗位体系设计与电厂的组织机构、劳动环境、工作条件等多重因素密切相关，具体要一企一策。此处以组织机构为直线职能制的国内某电厂为例，简要说明其岗位体系、任职资格设置情况，并提供其岗位说明书模板供参考。岗位设置示例见表 7-1，水电厂岗位基本任职资格示例见表 7-2，岗位说明书示例见表 7-3。

表 7-1　　　　　　　　　　　　　　　　某电厂岗位设置示例

岗位层级	管理序列		生产序列			工勤序列
一	厂长（主任）、党委书记					
二	副厂长（副主任）、副书记、总工程师、纪委书记					
三	副总工程师、职能部门主任		生产技术	生产部门主任		
四	职能部门副主任、设备管理主任			生产部门副主任		
五	职能部门主任师			生产部门主任师、分部（运行值）主任		
				分部（运行值）副主任		
六	职能部门业务主管			技术主管		
				高级技术师、主值班		
七	职能部门业务主办	Ⅰ级	生产作业	技术师、副值班	Ⅰ级	
		Ⅱ级			Ⅱ级	
八	职能部门业务助理	Ⅰ级		技术助理、助理值班	Ⅰ级	
		Ⅱ级			Ⅱ级	
九	职能部门业务协理	Ⅰ级		技术协理、协理值班、一级技工	Ⅰ级	
		Ⅱ级			Ⅱ级	
十				二级技工	Ⅰ级	
					Ⅱ级	
十一				三级技工	Ⅰ级	辅助管理员、车辆调度员
					Ⅱ级	车辆驾驶员

表 7-2　　　　　　　　　　　　某电厂岗位基本任职资格示例

岗位层级	岗位名称	岗位基本任职资格
一	生产单位厂长（主任）、党委书记	执行集团公司党组管理干部有关规定
二	生产单位副厂长（副主任）、党委副书记、总工程师、纪委书记	
三	生产单位副总工程师、部门主任	本科及以上学历，中级职称，8 年工作经历，次一层级岗位 2 年相关专业工作经历
四	生产单位部门副主任、设备管理主任	本科及以上学历，中级职称，6 年工作经历，次一层级岗位 2 年相关专业工作经历。其中，在分部（运行值）副主任岗位工作满 3 年，或者在主任师、分部（运行值）主任岗位工作满 1 年且此层级累计满 2 年，视同符合条件
五	生产单位部门主任师，生产分部（运行值）主任、分部（运行值）副主任	本科及以上学历，中级职称，5 年工作经历，次一层级岗位 1 年相关专业工作经历
六	生产单位部门业务主管，生产分部（运行值）技术主管、高级技术师（主值班）	本科及以上学历，4 年工作经历，次一层级岗位 1 年相关专业工作经历，初级专业技术（技能）资格；或专科学历，6 年工作经历，次一层级岗位 1 年相关专业工作经历，初级专业技术（技能）资格
七	生产单位部门业务主办，生产分部（运行值）技术师（副值班）	本科及以上学历，3 年工作经历，次一层级岗位 1 年相关专业工作经历，初级专业技术（技能）资格；或专科学历，5 年工作经历，次一层级岗位 1 年相关专业工作经历，初级专业技术（技能）资格
八	生产单位部门业务助理，生产分部（运行值）技术助理（助理值班）	本科及以上学历，2 年工作经历，次一层级岗位 1 年相关专业工作经历，初级专业技术（技能）资格；或专科学历，4 年工作经历，次一层级岗位 1 年相关专业工作经历，初级专业技术（技能）资格
九	生产单位部门业务协理，生产分部（运行值）技术协理（协理值班、一级技工）	协理：本科及以上学历，1 年相关专业工作经历； 一级技工：专科学历，3 年工作经历，次一层级岗位 1 年相关专业工作经历
十	生产单位生产分部（运行值）二级技工	专科学历，2 年工作经历，次一层级岗位 1 年相关专业工作经历
十一	生产单位生产分部（运行值）三级技工，辅助管理员、车辆调度员、车辆驾驶员	三级技工：专科学历，1 年相关专业工作经历。 辅助管理员：专科学历。 车辆调度员、车辆驾驶员：高中（中专、技校）及以上学历，机动车驾驶证 B2 及以上资格

表 7-3　　　　　　　　　　　　某电厂岗位说明书示例

基本信息	岗位名称	分部高级技术师（发电）	所属部门	电气维修部
	岗位序列	生产序列	岗位层级	六
	岗位编制		岗位工资起点系数	
岗位概述	负责本分部生产技术类工作，通过对所辖设备的精细维护、检修，保证所辖设备安全正常运行，确保安全生产目标的实现			
主要职责	（1）负责组织并参与所辖设备的检修、维护和消缺处理工作，担任大型生产作业工作负责人，负责作业面的组织协调，完成分部下达的任务。 （2）负责分管设备检修、维护、运行管理各种资料收集工作，填写检修履历和记录，编写设备的技术方案、整理检修报告、图纸、竣工报告。 （3）负责分管设备检修工作的阶段性验收，参与最终验收。 （4）负责分管设备外包项目的现场管理和监理工作。 （5）参与编写、修编分管设备的检修作业指导书与检修规程。 … （11）执行质量、环境、职业健康安全管理标准。 （12）完成领导交办的其他工作			

工作关系	直接上级	本分部负责人
	直接下级	无
	对内协作部门及岗位	无
	对外协作单位及部门	无
任职资格	学历与工作经历	本科及以上学历，4年工作经历，次一层级岗位1年相关专业工作经历；或专科学历，6年工作经历，次一层级岗位1年相关专业工作经历
	专业知识	电力工程类，熟悉环境及职业健康安全的相关规定，掌握电气一次设备的结构、性能和工作原理
	业务技能	熟练掌握电力生产管理系统、办公软件操作，具有一定的设备检修或维护技能，具有一定的英语应用能力
	能力素质	协调沟通能力、组织能力、分析判断能力、表达能力、学习能力、执行能力
	职称或资格证书	初级专业技术（技能）资格
	执（职）业资格要求	无
	其他要求	具备履行本岗位职责所需的身体和心理素质
工作条件	工作时间特征	标准工时制结合24h待命值班制；集中休假
	工作设备	普通办公设备、生产操作设备
	工作场所固定性	固定
	工作危险因素	交通、常用电器及办公设备操作，高压、高温、粉尘、噪声等

（三）定员标准

定员是在定编、定岗的基础上，按照一定素质要求，对配备各类岗位的人员所预先规定的限额，从而保证组织生产经营活动的正常进行。电厂定员应以精简、高效、节约为基本原则，各类人员的比例关系要协调。对不是电厂核心业务或者业务外包不会削弱核心竞争力的岗位，可不设置定员，而是采取劳务派遣用工、外包等市场化方式配置，以降低电厂管理成本，提高工作效率。

制定定员的方法主要有：①按劳动效率定员，就是根据生产总量、员工的劳动效率，以及出勤率来核算定员人数；②按设备定员，就是根据机器设备需要开动的数量和开动班次、员工看管定额以及出勤率来计算定员人数；③按岗位定员，根据岗位的多少、岗位的工作量大小以及劳动者的工作效率来计算定员人数；④按比例定员，按照与企业员工总数或某一类服务对象的总人数的比例，确定某种人员的定员人数；⑤按组织机构、职责范围和业务分工定员。电厂涉及多种类型的岗位，在制定定员时往往要综合运用多种定员制定方法。

鉴于制定电厂定员应综合考量生产组织模式、生产条件、劳动条件、专业及技术发展趋势、专业分工细致度、电站类型、机组台数、员工素质与技能、地理位置和交通便利度等因素，具体要一厂一策。故以国内某大型水电公司及其下属某电厂为例，说明定员制定需要考虑的具体因素以及该电厂的定员水平，以供参考。

案例——某电厂定员制定

（1）基本情况：某公司下属有多家水力发电厂，各电厂总装机台数均在 8 台及以上、单机容量达 70 万 kW 及以上的机组超过 80％，平均单机容量为 66 万 kW 以上。电厂是电力生产管理单位和生产成本控制中心，对所辖电站范围内设备、设施实施全电站管理，是所辖电站电力生产安全第一责任单位。电厂采取"以设备管理为主线，以设备主任为中心"，技术层与作业层相对分离、自主维修、调控一体化的生产管理模式。

（2）电厂管理的设备设施：大坝、厂房水工建筑物与金属结构、泄洪机电设备设施；水轮发电机组及其辅助设备、输变电设备；电站计算机监控系统、继电保护与安全自动装置、直流系统、远动装置、计量测量装置等电气二次设备或系统；厂（站）用电系统、保安电源设备、通风空调系统及公用油、气、水、排污系统；图像监控系统、生产区域门禁系统；生产设备区域消防设备及火灾报警系统；门机、桥机、电梯等起重设备；电站照明系统等。

（3）电厂主要管理职责：负责电站生产成本控制和固定资产实物管理；负责所辖设备设施的运行管理、日常维护、C 级及以下检修、事故处理和技术改造、电气二次设备的大修；组织管辖范围内水工、机械、电气一次设备的大修；负责管理范围内设备设施的技术管理；负责组织编制电站的年度预算计划、检修计划、备品备件计划；负责电站生产区域的消防、保卫、物业及供电、供水管理；负责组织桥机、门机的运行维护和调度；负责油化试验及绝缘油处理；负责电站日常维护所需的小型机加工，大型及批量部件加工外委当地社会资源；负责或参与大坝安全监测管理和数据分析；负责安全工器具、表计校验工作的归口管理；负责电站对内、对外协调联系；参与电站枢纽工程建设等。

该电厂组织机构形式为直线职能制，按厂、部门、分部（值）三级设置机构，机构设置类似图 2-9，岗位体系设置同表 7-4。

表 7-4 定员设置情况及考量因素表

定员对象	设置情况及考量因素
电厂领导	厂领导班子 5～6 人（实施两地办公或集中休假的偏远地区按 6 人配置），包括厂长、党委书记、纪委书记、副厂长、总工程师等岗位。副总工程师 3 人。 电厂领导的配置及分工统筹兼顾各职能管理业务面的平衡，保证电厂电力安全生产和各项经营管理工作的正常、有序开展
部门负责人	一般按 1 正 2 副配置（设置党总支的部门，1 副职兼任党总支书记）；生产管理部主任由电厂总工程师兼任，生产管理部副主任由副总工程师兼任；安全监察部负责人按 1 人配置；坝区管理部负责人按 1 正 1 副配置

续表

定员对象	设置情况及考量因素
分部（值）管理人员	运行值负责人按1正2副配备，另设置技术主管1名，其他分部负责人根据分部管理人员规模配置。分部人数在30人以下的，分部负责人按1正1副配置，另设置技术主管1名；分部人数在30人及以上的，分部负责人按1正2副配置，另设置技术主管1名；实施两地办公或集中休假的偏远地区，电厂分部另增设1名技术主管
其他管理人员	（1）综合（党群、纪检）部：一般按文秘、人力资源、行政、党群等业务面设置岗位及定员，每个业务面一般设置主任师1人、主管1～3人。 （2）生产管理部：一般按技术管理、成本控制、科技创新、标准化、信息、资料等业务面设置岗位及定员。技术管理专业分为电气一次、自动、监控/信息安全、保护、励磁/直流、机械、水工专业（含金结）、运行方式，各设置设备管理主任1人，设置主任师/主管0～2人。成本控制设置管理主任1人、主任师及主管5人。科技创新设置管理主任1人、主任师1人。标准化、信息、资料等业务面根据工作量大小设置主任师/主管/主办1～6人。 （3）安全监察部：设置安全监察主任师2人、安全监察主管2人。 （4）坝区管理部：设综合主管1人，一般按安全保卫、消防管理、公共资产与基地管理等业务面设置岗位和定员，每个业务面一般设置主任师1人、主管1～2人、主办0～2。 （5）生产维护部门：设置主任师2人（含安全监察主任师1人）、党群主管1人、行政主办1人。结合生产维护部门现场检修控制、方案审查、质量验收等工作，生产维护部门增设专业主任师1人。 （6）工勤序列辅助管理人员：结合管理实际需要，可采用属地化用工形式少量配置
单个运行值	（1）电厂左、右岸电站实行统一集中监控的，中控室（现场或远方）运行人员按3人配置；由于技术、设备等原因限制，电厂左、右岸电站实行分别集中监控的，左岸、右岸中控室运行人员合计按5人配置。 （2）电厂各电站值守点（包括左岸、右岸、地下等），以管辖4台机组为基础，运行人员按4人配置。 （3）电厂各电站值守点管辖机组每增加2台，原则上增加运行人员1人，单个值守点管辖机组台数达到10台以上的，考虑人员共用等因素，值守点运行人员在原计算基础上乘以0.75的调节系数
发电分部（其他分部的定员计算规则与此类似，取值稍有不同）	（1）定员基础及考量。 1）一组检修人员在一个完整岁修周期内完成8台机组相关一次设备的检修任务考虑。 2）以8台机组为基础，按照在岁修过程中一台机组C修和一条线路停电检修（含主变压器、GIS等设备）同时进行这一时段的饱和工作量所需人工进行测算，同时考虑巡检、消缺、事故处理人员的预留。最高按4台机组及线路并行检修进行人力资源配置。 3）多台机组及线路并行检修时，经合理安排工序及进度，检修人员可在并行检修期间实现共用，从而实现人力资源精简配置。 4）岁修期间分部可使用少量外协及劳务用工从事设备清扫等检修维护配合工作。 （2）定员计算公式为 $$S = K_x \times (K_n \times B + K_m \times M) + G$$ 式中：S——分部总定员； K_x——地域调节系数，考虑公司各电厂地理位置、交通条件、两地办公等因素，取值为1.0～1.25不等； K_n——并行检修系数，计算规则为一台机组和一条线路同时检修 K_n 取值为1，两台次机组和线路并行检修 K_n 取值为1+0.8，3台次 K_n 取值为1+0.8+0.6，4台次 K_n 取值为1+0.8+0.6+0.4，不足8台的部分按比例取值； B——单台机组和线路同时检修人员基数，取值为13； K_m——巡检消缺人员调节系数，根据各电厂装机台数数量、巡检线路长短及设备运行年限等因素综合确定，取值1～2不等； M——发电分部巡检消缺人员基数，取值为2； G——分部管理人员，取值为3～5
分部岗位结构	各分部（值）高级技术师（主值班）、技术师（副值班）、技术助理（助理值班）及以下等岗位原则上按4:4:2结构比例设置，即高级技术师（主值班）岗不超过40%，技术助理（助理值班）及以下岗不低于20%

　　该公司下属的某电厂共有18台水轮发电机组，总装机容量为1386万kW，按照上述规则测算，定员为412人，人均装机3.4万kW，达到了行业内先进水平。

（四）新电厂员工选拔

　　在电力生产准备初期，明确"三定"方案之后的重要工作就是根据定员和岗位设置选拔员工、组建团队。新电厂的员工主要有内部和外部两个来源，选拔途径包括企业内部选拔、应届毕业生招聘、社会成熟人才招聘等，其优势和不足见表 7-5。

表 7-5　　　　　　　　　　　　　不同选拔方式的优势和不足

选拔类型	优势	不足
内部选拔	(1) 人岗匹配的准确性高，招聘的信效度高。 (2) 员工适应较快。 (3) 对员工的激励性强。 (4) 选拔成本较低。 (5) 增强组织活力	(1) 内部竞争产生矛盾。 (2) 高层管理者年龄偏大。 (3) 可能出现裙带关系等不良现象。 (4) 团体思维僵化，不利于改革创新
外部补充：应届毕业生招聘	(1) 带来新思想和新方法。 (2) 应届生可塑性强，忠诚度高。 (3) 有利于提升电厂影响力	(1) 筛选难度大、时间长。 (2) 选拔成本高。 (3) 缺乏经验，培训成本高。 (4) 需要专业的人员甄选方法以确保招聘的信效度和准确性
外部补充：社会成熟人才招聘	(1) 上手快、培养成本低。 (2) 带来新思想和新方法。 (3) 有利于提升电厂影响力	(1) 需要专业的人员甄选方法以确保招聘的信效度和准确性。 (2) 招聘成本高，决策风险高。 (3) 影响内部员工的积极性。 (4) 价值观已成型，难以重塑，忠诚度不高

内部选拔的优势十分突出，新电厂组建团队时，应优先考虑内部选拔方式，视情况考虑联合采用应届毕业生招聘、社会成熟人才招聘等方式。新电厂的团队需要不同岗位和技能层次、不同专业、不同年龄段的员工合理搭配。具体采取的选拔方式要视所属公司当前的人力资源供需情况、人才梯队建设情况而定，具体要分专业从数量、质量、结构三个方面分析人力资源现状。数量方面，结合定员分析是缺员、超员还是数量适宜。结构方面，主要分析年龄结构和性别结构，重点是年龄结构，因为年龄在一定程度上代表了员工的岗位层次、经验和技能。质量方面，主要评估员工的素质、技能。基于电厂的组织机构设置和专业划分，为提升人力资源现状分析的精准性，建议按照专业来逐一分析。表 7-6 简要展示了所属公司某专业不同的人员数量和年龄结构情况下，新电厂组建该专业团队时建议采取的人力资源补充策略。

表 7-6　　　　　　　　　　　　　新电厂专业团队组建策略参考表

某公司某专业人员情况	缺员	达到定员且有适量储备	超员
平均年龄偏小/低岗位层级员工多	(1) 社会成熟人才招聘。 (2) 强化人才的快速培养。 (3) 应届毕业生招聘	(1) 内部选拔。 (2) 社会成熟人才招聘。 (3) 强化人才的快速培养	(1) 内部选拔。 (2) 强化人才的快速培养
年龄/岗位层级梯次合理	(1) 应届毕业生招聘。 (2) 强化人才的快速培养	(1) 内部选拔。 (2) 应届毕业生招聘	内部选拔
平均年龄偏高/中高岗位层级员工多	(1) 应届毕业生招聘。 (2) 社会成熟人才招聘。 (3) 强化人才的快速培养	(1) 内部选拔。 (2) 应届毕业生招聘。 (3) 强化人才的快速培养	(1) 内部选拔。 (2) 应届毕业生招聘

人力资源补充策略确定后，开始进行人员甄选。现代人力资源管理中，甄选是指运用一定的工具和手段对招募到的求职者进行鉴别和考察，从而最终挑选出最符合组织需要的、最为恰当的职位空缺填补者的过程。甄选的过程是复杂的，管理者需要在较短的时间内，在信息不对称的情况下完成甄选。采取科学的人员甄选方法，对确保甄选的可靠性和有效性十分重要。人员甄选的主要方法及其适用情形见表7-7。

表 7-7　　　　　　　　　　　　　　　人员甄选的主要方法及其适用情形

方法大类	方法小类	方法说明	适用情形
心理测试	能力测试	认知能力测试、运动与身体能力测试等	用于挑选出具备完成招聘岗位工作职责所需的基本能力和身体素质的人
	人格测试	自陈量表法、评价量表法、投射法等	反映求职者的兴趣、态度、气质、性格、行为方式
	职业兴趣测试	霍兰德职业兴趣类型	了解职业偏好与招聘岗位是否匹配
成就测试	知识测试	综合知识测试、专业知识测试、外语测试等	考察求职者掌握招聘岗位所需知识、技能、能力的情况
	工作样本测试	在一个对实际工作的一部分或全部进行模拟的环境中，让求职者实地完成某些具体的工作任务的一种测试方法	
评价中心技术	公文筐测验	对管理人员在实际工作中需要掌握和分析的资料、处理的信息以及作出的决策等所作的一种抽象和集中。模拟管理者处理文件	测试管理能力和人际交往能力，包括领导能力、沟通能力、判断能力、组织能力、承压能力等
	无领导小组讨论	采用情境模拟的方式让一组求职者进行集体讨论，然后观察他们在讨论过程中的言行	
	角色扮演	要求被测试者扮演一位管理者或某岗位员工，让他们根据自己对角色的认识或担任相关角色的经验来表达和展示	

案例——白鹤滩电厂团队组建

长江电力在组建白鹤滩和乌东德电厂团队时，主要采取了定向招聘应届毕业生和企业内部招聘两个途径。通过与电站周边高校开展联合培养、到电站周边高校定向宣讲、明确应聘毕业生户籍地优先条件等方式，提升定向招聘应届毕业生的精准性，长江电力在 2016—2019 年间为乌东德水电站、白鹤滩水电站定向招聘应届毕业生近 200 人。长江电力在成立乌东德和白鹤滩电力生产筹备组之后的 3 年内，超前选拔储备电站管理及运维人员，通过内部分岗位层级选拔的方式补充新电厂干部、管理人员、技术骨干，采用公开竞聘等方式从长江电力各所属单位分层、分类、分批选拔员工 650 余人，一方面为高标准、高质量、高水平接管、运行、维护好两座电站提供了可靠的人力资源保障，另一方面也间接优化了长江电力各下属单位人力资源队伍。

电厂一般待遇稳定、工作地点相对固定，大部分员工都在工作地附近的城市安家落户，如果要到新电厂工作，员工可能会面临配偶就业、家庭居住地和子女上学的调整。长江电力为增强老员工投身新电厂建设的积极性，主要做了三方面的工作。

（1）多维度制定激励机制，切实增强员工获得感。长江电力在开展白鹤滩电厂储备人员公开招聘时，在岗级晋升、薪酬待遇、岗位资质条件等方面制定了一系列打破常规的激励性措施。

（2）广泛组织动员，全方位答疑解惑。长江电力在开展白鹤滩电厂储备人员招聘时，组织层面从水电情怀的角度进行了广泛动员，贴心地站在普通员工的视角，细致整理形成《相关问题解答清单》，通过举例问答等方式让员工准确了解招聘政策。

（3）多方面做好后勤保障，切实增强员工幸福感。长江电力从2016年上半年开始推进昆明基地建设，积极协调各方获取资源，组织集体户口转迁、购房需求统计、子女上学需求统计、单身员工交友联谊等工作，引导员工尽早考虑安家落户、婚恋等生活安排，为员工在乌东德水电站、白鹤滩水电站及昆明安居乐业做好准备。

二、员工调配及培养开发

新电厂完成"三定"和员工选拔之后，工作的重点将转移到员工的适时调配和培养开发上。科学合理地按需制定员工调配计划——调配时间、专业、岗位层次、人数，是电厂人力资源得以充分运用的基础。同时还要重点关注员工的培养和开发，电力生产准备工作对新电厂员工的知识技能和能力素质提出了新要求，实施科学系统的员工培养和开发举措，可以使员工潜力充分发挥，更好地服务于电力生产准备工作。

（一）员工调配

新电厂员工调配要以电力生产准备工作需要为出发点，结合工程建设施工计划及主要工程建设节点适时适量、分专业、分批次进行。早调配有利于员工提前熟悉环境，但可能会导致员工过早脱离具体生产工作，导致技术生疏；晚调配有利于节约人力资源，但员工要承担起新岗位工作可能会面临较大压力。

电力生产准备工作包括组织机构及队伍建设、参与工程建设、生产与技术管理体系建设、安全管理、设备设施接管及运行管理、后勤保障等。按照工作的性质和开展的先后顺序，可以梳理出员工调配的大致顺序和时机，见表7-8。

表 7-8　　　　　　　　　　　　新电厂组织机构设立及员工调配顺序参考表

设立/调配对象	设立/调配时机	主要任务/目的
成立电力生产筹备组	距投产发电约 5 年	建立电力生产前期准备工作的组织机构
成立电厂筹建处	距投产发电约 2 年	电厂各部门开始运转磨合，全面开展电力生产准备工作
成立电厂	距投产发电约 1 年	准备机组系统调试和接管
筹备组负责人	成立电力生产筹备组时	统筹组织电力生产准备工作
综合管理部门负责人及员工	筹备组负责人到位后	（1）人资：编制电厂团队组建方案、员工招聘和选拔。 （2）文秘：筹备组的公文、会议、保密、印章管理等工作。 （3）行政：围绕办公、住宿、食堂、通勤等方面进行后勤资源准备。 （4）党群：开展党组织、工会、共青团、企业文化、宣传等前期准备工作
生产管理、安全管理、其他部门负责人、各专业技术负责人	开始进行电力生产准备方案编制时，距投产发电约 2.5 年	（1）牵头编制电力生产准备方案各板块。 （2）参与员工招聘和选拔
分部负责人	部门负责人到位后	参与编制电力生产准备方案、团队人才培养、参建人员管理等
水工金结专业技术人员	截流完成后	参与工程建设，掌握大坝等水工建筑物全过程的地质条件以及工程结构、防渗排水、监测等设计施工情况
机械、电气、运行专业技术人员	设计文件开始审查前	（1）参与设备设计审查、设备监造、关键设备联合开发、安装监理、调试等。 （2）在设计文件审查阶段，运行专业参与人员主要为值长/副值长，其他运行专业员工可在联合调试前夕调入

注　1. 表内的距投产发电的时间供参考，电站规模越大，准备工作越多，该时间提前量应更大。
　　　2. 表内的主要任务为简要概况，具体见本书其他章节。

案例——白鹤滩电厂成立及员工调配

白鹤滩电厂组织机构和团队建设与电站建设计划和进展相适应，坚持满足工作需要、适当超前准备、避免人力资源浪费的基本原则，细致测算不同时期的人力资源需求，编制员工分批次调配计划。电力生产准备各阶段，通过储备人员和培养锻炼员工调入、支援人员引入、新员工招聘等举措，人员配置满足了电力生产准备工作需要。从 2018 年 3 月白鹤滩电厂筹建处成立至 2021 年 6 月白鹤滩水电站首批机组投产发电，3 年多时间里，白鹤滩电厂团队人数从 52 人增长至 384 人。白鹤滩电厂成立及员工调配历程见表 7-9。

表 7-9　　　　　　　　　　　　白鹤滩电厂成立及员工调配历程

调配工作	主要时点	主要目的
乌东德和白鹤滩电力生产筹备组成立	2015 年 12 月	成立组织机构，搭建领导团队
招聘录用综合管理部门负责人	2016 年 3 月	辅助领导团队开展工作
招聘录用一批水工/金结专业人员	2016 年 5 月	派驻电站参与水工建筑物工程建设
招聘录用一批生产部门及分部（值）主任/副主任	2016 年 7 月	搭建部门、分部（值）管理团队，参与储备人员选拔准备工作

续表

调配工作	主要时点	主要目的
招聘录用一批储备人员，乌东德和白鹤滩电力生产筹备组共 300 余人	2017 年 3 月	明确储备人员，并进行超前培养
白鹤滩电厂筹建处成立，首批 52 人调入筹建处，发文明确储备人员和培养锻炼人员名单	2018 年 3 月	为全面开展各项电力生产准备工作奠定基础，派驻参与设备设计选型、招标采购、驻厂监造等工作
分 2 批调入约 20 人，主要为职能部门员工及部门、分部管理骨干	2018 年 5 月、10 月	编制电力生产准备方案，落实员工培养等日常管理工作
分 2 批调入约 90 人，主要为部门主任师、机械专业分部主管及高级技术师、运行值副值长等岗位员工	2019 年 5 月、10 月	参与设计审查、驻厂监造、机电安装、系统联合开发等工作
分 3 批调入约 160 人，主要为分部（值）技术师及以下岗位员工，其中 12 月调入运行值员工约 40 人	2020 年 5 月、10 月、12 月	参与机电设备安装、监理、系统联合开发、系统安装调试等工作，跟踪落实各类技术优化建议
白鹤滩电厂成立	2020 年 12 月	为机组系统调试和接管奠定基础
首批机组投产发电	2021 年 6 月 28 日	

（二）员工培养和开发

被选拔到新电厂的员工需要通过科学系统全面的教育、培养和训练，使他们的职业品质、专业素养和操作技能不断提高，潜力得到充分发掘，从而更好地服务于电力生产准备工作。教育主要是对员工进行职业道德教育、企业文化输入，使其树立正确的价值观，尽快地融入电厂团队和各项工作中；培养主要是对各类生产、技术、经营、管理等专门人才精准培养，造就专业化的生产经营管理队伍；训练主要是通过岗位练兵、现场操练，提高员工各种操作技艺、技法。

新电厂的员工队伍主要通过内部选拔、应届毕业生招聘、社会成熟人才招聘三种途径组建。内部选拔的员工、应届毕业生和社会成熟人才各有特点，故其培养侧重点和方式各不相同，具体见表 7-10。

表 7-10　　　　　　　不同类型员工的培养侧重点和方式参考表

类型	培养侧重点	培养方式
内部选拔的员工	符合新岗位要求的知识技能、能力素养，具体培养内容因岗而异	（1）职能管理类岗位：所属公司职能部门轮岗。 （2）生产管理类岗位：标杆生产单位挂职学习。 （3）生产作业类岗位：干中学、导师制
应届毕业生	（1）初识期：入职 1 个月内，企业文化和职业素养导入。 （2）磨合期：入职 1～3 个月内，夯实专业基础知识和作业技能。 （3）成长期：入职 3 个月之后，提升专业知识和技能、提升综合素养	（1）初识期：集中通识培训。 （2）磨合期：集中讲授、自学、理论及实操测验，安排到具有成熟培训体系的电站培养锻炼。 （3）成长期：干中学、导师制
社会成熟人才	（1）初识期：入职 1 个月内，企业文化和职业素养导入。 （2）成长期：入职 1 个月之后，对标岗位要求的知识技能、能力素养补短板	（1）初识期：集中培训。 （2）成长期：干中学、导师制、轮岗、挂职

无论是哪类员工，其教育、培养和训练应当以电厂的工作目标为导向，以岗位职责和工作需要为出发点，才能做到精准高效。建立基于岗位体系的岗位知识技能标准和培训大纲是一种较好的方式，即对照岗位职责梳理员工应当具备的知识标准、技能标准及对应的培训内容和培训方式。电厂技术人才典型知识和技能参考表见表7-11，某电厂岗位知识技能标准和培训参考大纲见表7-12，供参考。

表 7-11　　　　　　　　　　　电厂技术人才典型知识和技能参考表

大类	小类	释义	典型内容
知识	基础知识	从事某某岗位所必须掌握的最基本的知识	安全基础与消防（各专业必备）、电工学知识、电子学知识、电磁学知识、微机原理与应用、仪器仪表及传感器知识、金属材料及热处理知识、力学原理、机械制图
	专业知识	从事某某岗位所必须掌握的专业知识，是开展岗位工作的基础	行业法规及标准（各专业必备）、专业理论知识（因专业而异）、管理知识（仅涉及管理岗位）
	相关知识	为保证本岗位工作顺利开展，应了解的与工作岗位相关的知识	机械液压原理与设计等，因岗而异
技能	基本技能	从事某某岗位所必须具备的最基本的操作技能或对知识的应用能力	各类办公系统使用（各专业必备），识图、绘图，工器具使用和保养，技术文档编写能力，钳工技能
	专门技能	从事某某岗位所必须具备的专业方面的操作技能或对知识的应用能力	各专业所需的设备安装、调试、检修、故障及事故处理等技能，新技术、新工艺、新产品的推广与应用
	相关技能	为保证本岗位工作顺利开展，应具备的与工作岗位相关的技能	外语，常用办公软件的使用

表 7-12　　　　　　　　　　　某电厂岗位知识技能标准及培训参考大纲

岗位名称	主任		所属部门	电气维修部自动分部		
岗位编号	××××-××-××-ZD-ZR		岗位层级		岗位起点系数	
类别		内容	知识与技能标准	培训内容	培训方式	
知识标准	基础知识	1. 安全基础与消防	（1）熟练掌握电力安全工作规程。 （2）掌握触电急救的方法。 （3）掌握消防安全的基本知识	（1）电力安全基本技能。 （2）电力安全工作规程。 （3）电力设备典型消防规程	讲课与实际操作	
		2. 电工学基础知识	（1）熟练掌握电工学基础知识。 （2）熟练掌握直流、交流电路的基本知识。 （3）熟练掌握电磁感应原理，电动机、变压器原理和结构	电工基础	自学	
		…				

类别		内容	知识与技能标准	培训内容	培训方式
知识标准	专业知识	1. 发电厂一次、二次设备	（1）掌握发电厂（变电站）电气一次系统接线。 （2）掌握发电机、变压器、断路器以及互感器等电气设备的基本工作原理。 （3）掌握发电厂（变电站）电气二次设备基本工作原理。 （4）掌握发电厂（变电站）设备控制、信号监测原理	发电厂与变电站电气设备	讲课与自学
		2. 运行知识	（1）掌握本厂所在电网的一次设备运行方式。 （2）掌握电厂电力生产过程	发电厂与变电站运行	讲课与自学
		…			
	相关知识	机械液压原理与设计知识	（1）结合机组调速器的机械设备，了解基本机械液压原理与设计相关知识。 （2）初步了解常用机械传动和机械连接原理。 （3）初步了解常用液压阀的基本概念、形式和工作原理。 （4）初步了解电-机转换、电-液转换实现原理和常用执行元件应用方法	机组调速器机械及液压知识	讲课与自学
		…			
技能标准	基本技能	读图与制图	（1）熟练掌握电气二次图纸的读图方法、制图原理及制图方法。 （2）能够读懂并绘制简单的设备制造及安装图	（1）标准电气工程图。 （2）电气二次回路图基本知识。 （3）水利水电工程CAD	讲课与自学
		…			
	专门技能	设备检修、试验的工作安排及协调能力	能够对本部门检修和试验进行合理组织、安排、质量验收及协调		自学、实操
	相关技能	英语及专业英语口语、阅读与写作能力	（1）能够进行简单的专业英语会话。 （2）具备英文技术文档的阅读以及简单的英语写作能力	电气工程及其自动化专业英语	讲课与自学
		…			

注 1. 精通是指对知识点和技能必须有透彻、深入的理解，能够进行专业性很强或技术要求较高的工作，并能高效、高质量地完成工作。

2. 熟练掌握是指对知识点和技能有深入的理解，能迅速开展工作，并高效、高质量完成工作。

3. 掌握是指对知识点和技能有深入的理解，能顺利完成工作。

4. 了解是指仅需对知识点或技能有大致的认知，在实际工作过程中较少用到这些知识点或技能，即使用到，使用程度也较浅。

在编写岗位知识技能标准及培训大纲时，要注意四点：①要与工作实际紧密结合，培训内容以提高员工的实际工作技能和工作质量为主要目的；②坚持现实性与长远性相统一的原则，在满足目前工作要求的同时，要适当考虑未来发展形势对人员业务素质的新要求，与时俱进；③坚持对岗不对人的原则，按照岗位工作的客观要求进行编写，不受现有人员能力素质的制约与影响；④坚持量化、细化、准确、具体的原则，重在对生产人员应知、应会的内容及要达到的标准，提出较为规范统一的要求。

员工的培养和开发是一项系统工程，涉及需求分析、课程设计、培训方法选择、师资和平台选择、组织实施、效果评估、学习成果转化运用、激励约束等工作，开展这些工作不仅需要以岗位知识技能标准及培训大纲为基准，还需要依靠一套科学的员工培养和开发体系，包括组织体系、制度体系、平台体系、课程体系、师资体系和激励约束体系等。建立该体系是提升员工培养和开发成效的基础。

案例——白鹤滩电厂的员工培养和开发

电力生产准备期间，白鹤滩电厂员工的培养和开发总体分为两个阶段：原单位培养锻炼、新电厂培养锻炼。

原单位培养锻炼：通过内部选拔的白鹤滩电厂储备人员暂时留在原单位工作，由原单位实施培养和管理。长江电力为白鹤滩电厂招聘的应届毕业生，在入职后分配到溪洛渡电厂、向家坝电厂等单位培养锻炼。为确保储备人员和培养锻炼人员在各单位的培养锻炼效果，白鹤滩电厂多方式参与员工的培养和管理工作，主要包括选派部门负责人赴相关单位挂职、与培养单位定期沟通交流、筹备组领导层定期调研、部门或分部（值）不定期组织学习交流会等，及时了解员工的工作和思想情况，引导员工积极加强学习实践，不断提升能力素养。

新电厂培养锻炼：员工调入白鹤滩电厂后按照电厂的人才培养体系进行培养。白鹤滩电厂建立了源头培养、跟踪培养、全程培养的素质培养体系。着力加强人才培养基础保障体系建设，将电厂员工按照技术技能人才、复合型管理人才、科技创新人才分层分类，进行针对性培养。

第二节 后 勤 资 源 保 障

后勤资源主要包括办公、住宿、就餐、交通、仓储等资源，后勤资源保障是顺利推进电力生产准备工作和电站运行管理工作的基础保障。本节介绍了水电站后勤资源规划原则、建设注意事项等，并介绍了白鹤滩水电站实践经验。

一、后勤资源规划原则

水电站地理位置一般较为偏僻，距离中心城市较远，可用社会资源有限。因此在规划水电站后勤资源时，应结合工程规模、地理位置、对外交通、气候条件等，同时考虑工程建设不同时期的后勤资源需求，做到统筹兼顾、系统全面。

电力生产准备时期，后勤资源规划一般包括办公生活营地、道路交通、仓储等。其中办公生活营地规划尤为重要，应按照有利生产、方便生活、易于管理等基本原则，既要充分考虑办公、会议、住宿、就餐、体育活动等功能需求，又要考虑与生产区域距离远近、进出交通、封闭管理等因素。在工程建设相关单位退场前，营地资源会相对紧缺，电厂可根据需求在主体工程周边规划临时过渡营地。

二、后勤资源规划布置

（一）营地资源

根据营地建设规划，由设计单位根据业主单位要求，结合营地建设选址情况，开展营地布局设计。设计过程中，应根据营地功能定位——永久或临时，合理设置办公、住宿、就餐、活动等场所，同时要从经济性的角度考虑房屋建设等级标准，以满足不同阶段、不同人群的使用需求。业主营地和承包商营地，根据现场地质条件，可布置在同一区域，也可分开布置。

业主营地规模除满足工程建设期办公、生活、会议、接待、娱乐、健身等要求外，还应考虑电站投产后的管理需求。业主营地需考虑永临结合，对周围环境的要求相对较高，占地面积较大，位置相对独立，对外交通和场内交通要便利，结合场地布置条件，距离坝址不宜太远，同时考虑施工期噪声、粉尘等影响。因此，业主营地一般按永久建筑物规划，其布置建设应和水电站枢纽建筑及其他永久建筑物相协调。

承包商营地规划建设需要充分考虑水电站工程筹建期项目和主体工程各标段分年度人员规模，主要为施工单位提供办公生活场所，根据枢纽建设区场地条件，以便于集中管理和施工为原则，适当考虑施工分区，结合主体工程分标规划和各标段特点，合理布局。考虑文明施工需要，在主体工程承包商营地具备入住条件之前，尽量将前期项目承包商临时营地集中建设、统一管理，施工人员前期入住临时营地或自行解决生活办公问题，后期一般搬迁至承包商营地内。

为保障水电站运行管理关系顺利转接，电厂需要在电站投产前整体入驻工区，此阶段与建设单位存在交叉，各项后勤资源相对紧张。大部分工程项目业主单位在前期规划后勤资源时，对电厂和相关服务保障单位（如检修配合单位、安保单位、车队等）的资源需求考虑不足。电厂应尽早关注并介入营地规划设计，提出自身及服务保障单位的资源需求，在整体入驻工区后，积极沟通协调业主单位和相关参建单位，提前掌握各单位退场计划，做好办公、住宿、就餐等各类资源的梳理摸排和统筹规划。建设高峰期资源有限的情况下，也可通过租赁等形式借助周边社会资源解决部分资源缺口。

（二）生产区域资源

由于地理条件限制，大部分水电站生活营地和生产区域距离较远，为满足现场生产实际需要，在后勤资源规划布置时，需统筹考虑生产现场配套后勤资源，一般是在大坝附近和厂房内部人员较为集中地点规划办公室、会议室、休息区、工具间、现场就餐用房等，具体根据实际需要确定。

生产区域后勤资源规划布置主要考虑便于现场工作开展，有利于提高应急响应速度等，一般在离机组厂房较近的副厂房或者交通支洞中合适的位置予以规划布置，结合厂房、副厂房和交通支洞的装修情况整体考虑。此部分资源需要在首批机组投产发电前投入使用，为电站运行维护人员现场办公、加班等提供后勤资源保障，也能在工程建设高峰期部分解决生活营地办公资源紧张问题。

（三）道路交通

道路交通是后勤资源保障的重要方面，水电站道路交通一般分为对外交通、场内交通和车辆通勤。

1. 对外交通

水电站建设期外来物资运输量大、运输强度高且持续时间长，重大件运输难度大，对外交通规划的基本原则是要考虑交通设施建设费用的合理性、建设物资和设备运输的可靠性、运输费用的经济性等，同时还需统筹考虑与地方交通建设规划和电站建设对地方经济的带动作用。具体规划应考虑以下因素。

（1）经济性。对外交通线路的选择不仅与线路工程本身投资有关，且与将来的主体工程物资运输的可靠性、运输费用等有关。

（2）可靠性。外来物资应按多流向考虑，相应协调规划多方向、可靠度高的对外交通线路；交通设施的设计标准、运输方案的选择必须满足施工需要。

（3）优先性。研究制约工程施工条件所必须克服的困难，提前解决，为电站筹建工程准备和主体工程开工创造条件。

2. 场内交通

水电站一般施工周期较长、同期施工工作面数量多、运输强度大，场内交通路网是场内施工运输的生命线，关系着工程建设的正常运转和施工进度，合理的交通路网不仅能加快场内工程项目的施工进度，为主体工程开工打下良好的基础，还能为主体工程施工建设提供顺畅、可靠的运输通道。

场内交通规划根据枢纽建筑物布置和施工区地形地质条件，结合施工总布置规划进行。在满足施工总布置规划的前提下，通过分析各路段物资运输流向、流量和施工运输强度，使交通路网总体运输线路顺直、短捷，在各种工况下均能满足水电站建设物资运输要求，达到各施工作业要求。场内交通规划不仅要能在各施工阶段与对外交通公路衔接顺畅，还应使外来物资能直接运抵各需求点和仓库。考虑大部分场内公路具有临时性的特点，场内交通应在满足水电站筹建工程开展和主体工程顺利实施前提下，同时考虑永久与临时的有机结合，兼顾电站建设前期与后期运输任务的需求差异，尽量提高临时道路的利用率，减小路网规模，降低工程投资。

根据水电站坝址区地形地质条件、枢纽建筑物永久交通和施工交通要求，在施工区域内一般按照不同高程设置主干道路，各层主干道路之间通过连接公路相互连通，坝址两岸公路分别通过布置于坝址上游或下游的跨江大桥连通。地下洞室群也是工程建设的关键线路，用较短的隧道，布置合适的施工支洞连接至地下厂房和进厂交通洞，并尽量与永久运行通风洞结合。

3. 车辆通勤

水电站对外交通和场内交通规划布置完成后，施工车辆通行和员工交通通勤也需要充分规划和考虑，主要考虑各主要施工地点的运输强度、运输时间和员工现场工作车辆通勤需求，需规划合适路线并制定管控措施，做到施工车辆和员工通勤车辆尽量互不干扰。对于难以和社会车辆完全隔离、路况复杂的道路，充分考虑社会车辆、摩托车、行人等进入水电站施工道路时对运输和通勤的影响，根据路况制定限速、分流、设置检查点、开展安全巡逻等措施确保交通安全，保障施工进度不受影响。在各营地、厂房、大坝等人员集中的区域设置固定地点，规划便于人员乘车、候车和车辆调头、停放的场地。

（四）仓储规划

水电站电力生产准备所需物资、设备、工器具等品种繁多、数量巨大，需要根据坝址周边的地形地质条件合理规划，设置数量和容量足够的仓储用地。一般设置有业主仓库、承包商仓库。业主仓库包括爆破器材库、燃油库、永久机电设备物资库、筹建期综合仓库等，选址一般离坝址各施工面不宜过远。其中，危爆仓库按照安全管理相关要求建设和布置；因工程施工车辆较多，且水电站距离市县城镇较远，还需在施工现场设置油库和加油站，向所有施工车辆提供柴油、汽油等成品油；永久机电设备物资库用于储存业主采购的机组机电设备、大型施工设备及其备品备件、各类五金化工器材及其他物资，要具有恒温防尘封闭库、普通室内库、棚库、露天堆场等不同功能的仓储场地，部分室内库和露天堆场需配置桥机等起重设备。永久机电设备物资库需考虑建设期和运行期不同需求，按照永久运行考虑容量和布置。主体工程需要的水泥、钢材、木材等建筑材料和承包商生活物资仓库一般由承包商自行建设，根据分标方案于相应标段施工场地分别设置。

三、白鹤滩水电站实例分析

下面介绍白鹤滩水电站营地、道路交通、绿色低碳坝区建设等后勤资源建设方面的经验做法。

（一）营地建设

白鹤滩工程施工设施和营地总布置格局采用以上游为主、下游为辅、偏重左岸的总体布置格局。白鹤滩业主营地（上村梁子营地）位于工程施工中心的外围，位置相对独立，紧邻进场公路，进入施工场地和对外联系交通便利，兼有功能区划分清楚、内外交通比较方便、距离工程枢纽较近的优点。白鹤滩工程承包商营地分别在左岸上游新建村营地、六城营地、右岸上游半坡营地及右岸下游大桥营地集中设置了四个主体工程承包商营地。由于所处高程较低，六城和大桥营地在电站蓄水后逐步退场或搬迁至新建村营地和半坡营地。

业主单位在进行白鹤滩水电站资源整体规划时，已充分考虑电站建设期资源需求，但由于工程建设周期较长、项目规模庞大、参与单位多、建设者人数多等原因，对运行期的资源需求考虑相对较少或估算不足，这导致建设施工高峰期，白鹤滩电厂整体入驻工区后，办公、住宿、就餐等房屋资源极为紧缺。面对这种情况，白鹤滩电厂根据人员调入计划，组织制定了详细的后勤保障方案，不断排查摸底，采取"点对点、人盯人"的沟通机制，全力保障了电厂入驻人员办公、食宿需求，尽管如此，电厂人均办公面积也较小，员工住宿大多为2人间，食堂就餐只能采取错峰就餐方式，这种情况一直持续到全部机组投产发电后，工程建设和参建单位逐步退场后才有所缓解。

白鹤滩水电站前期按900人规划建设业主营地，按施工期高峰人数约17670人、年平均人数约12640人规划承包商营地。业主营地办公楼按8.5～20m²/人，食堂按2.5～4m²/人，宿舍按15～45m²/间（合理布置单人间、双人间、三人间、四人间等），会议室、资料室、档案室、仓库、开水间、卫生间等按照需求合理设置。

（二）道路交通

白鹤滩水电站建设对外交通运输相关的主要公路线路均经过葫芦口大桥进入坝区，主体工程施工期从葫芦口至坝区的主要公路为新建的左岸高线进场公路，公路等级为三级，施工期辅助进场公路主要为从葫芦口至坝区的左、右岸低线沿江公路。根据白鹤滩水电站对外交通运输规划，电站施工期外来物资主要从四川省经葫芦口镇进入白鹤滩施工区，葫芦口镇至白鹤滩施工区的进场专用公路（也称葫白公路）是电站施工期和永久运行期的主要交通通道，上游起于葫芦口大桥，下游止于白鹤滩镇矮子沟大桥，该专用公路在电站主体工程开始建设前通车。

白鹤滩水电站场内交通主要由7条干线公路、33条支线公路和4座交通桥，以及连接左右岸交通的 2 组临时索道桥、1 座悬索桥、1 座悬索钢桥和 2 座永久交通桥组成，总长约 77km，其中明路 35km，隧洞 42km，部分交通道路在施工结束后予以废弃。场内永久交通道路干线长 44km。

（三）绿色低碳坝区

为响应国家"双碳"号召，白鹤滩电厂从办公生活营地的能源系统、生产系统、建筑系统、交通系统、基础设施系统和智慧管理系统切入，建立多层次、多角度的引导机制和监管体系，实时监测和分析坝区耗能与碳排放情况，创建白鹤滩水电站坝区"双碳"目标实现路径，以此构建水电行业具有示范效应的绿色低碳坝区。

第三节　信 息 化 保 障

信息化在电力生产准备工作中发挥着重要保障作用，加强信息化建设也是提高水电站运行管理水平的重要途径之一。本节分析了水电站信息化建设现状、路径，介绍了白鹤滩水电站电力生产准备期信息化工作概况和特色信息系统建设情况。

一、水电站信息化建设现状

水电站信息化建设是水电站发展的必然趋势和重要方向，已成为推动水电行业转型升级和高质量发展的重要驱动。越来越多的水电站建设和运行管理单位积极探索信息化与水电实际业务的深度融合，以实现更高效、更精准的信息化管理，进而提升运营效率和管理能力。

（一）机遇挑战

1. 发展机遇

主要体现在以下几个方面：一是信息化技术的应用可以提高水电站的运营效率和管理水平，降低人力成本和维护成本，提高水厂竞争力；二是信息化技术的应用可以促进水电站的可持续发展，通过优化设计和运营，降低能源消耗和环境污染，实现绿色、低碳的能源生产方式；三是信息化技术的应用可以提高水电站的智能化水平，实现智能感知、智能控制、智能运维和智能决策等功能，提高水电站的安全性和稳定性。

2. 面临挑战

水电站信息化建设面临着诸多挑战：一是水电站信息化建设的投资成本较高，包括建设成本、设备成本、人力成本等，这对于一些资金紧张的水电站来说是一个不小的负担；二是水电站信息化建设需要涉及多个领域的知识和技术，如计算机科学、通信技术、自动化技术等，这对于水电站的技术人员和管理人员来说也是一个巨大的挑战；三是水电站信息化建设还需要考虑信息安全和保密问题，避免信息泄露和攻击事件的发生。

（二）未来展望

随着科技的不断进步和信息化技术的深入应用，水电站信息化建设将会迎来更加广阔的发展前景。未来，水电站信息化建设将更加注重数据的整合和共享，实现信息资源的最大化利用；更加注重技术创新和人才培养，推动水电站信息化技术的不断进步和应用；更加注重生态保护和可持续发展，实现水电站与生态环境的和谐共生。

另外，随着智能电网建设的不断推进，作为能源供给侧的智能电站建设也已经成为新的发展趋势和共识，很多电厂都在这方面进行积极探索实践。《智能水电厂技术导则》（GB/T 40222—2021）、《智能水电厂一体化管控平台技术规范》（GB/T 39264—2020）、《智能水电厂主设备状态检修决策支持系统技术导则》（GB/T 39324—2020）等一批智能水电厂技术导则的陆续出台，也为智能水电站建设提供了技术规范支撑。根据智能电站相关系统主要特点和实现方式，可将智能电站建设内容分为两大类。

（1）电站生产技术智能化。其主要通过电力生产设备与系统本身的通信网络化、数据化实现生产数据整合挖掘、智能监控分析与预警，最终实现智能化生产。

（2）电站生产管理智能化。其主要通过图像识别技术、声音识别技术、数字孪生、三维仿真、智能穿戴等技术实现安全生产环境、设备状态及人员安全行为的辅助监测，最终实现智能化安全生产管理。

二、水电站信息化建设路径

水电站信息化建设是一项系统工程，涉及多个方面和层次的工作，包括系统规划与设计、基础设施建设、数据采集与集成、应用系统开发、信息安全保障、运维管理等方面。具体的建设内容可能因水电站的规模、地理位置、业务需求等因素而有所不同。在实际建设中，应根据具体情况进行规划和设计。

按照结构层次，水电站信息化建设实施路径从低到高分为五层，分别是数字设备层、网络层、数据汇聚层、系统平台层和高级应用层。

（一）数字设备层

在水电站信息化建设的宏大蓝图中，数字设备层是至关重要的基石。

1. 核心作用

数字设备层的主要作用在于将水电站的传统模拟设备替换为数字化的智能设备。这些智能设备不仅具备传统设备的基本功能，更通过内置传感器和控制器，实现了数据的实时采集和传输。这一转变不仅极大地提升了水电站的运营效率，还为后续的信息化处理提供了丰富、准确的数据基础。

2. 建设内容

数字设备层的建设涵盖了多个关键环节，包括设备选型、安装、调试和运维等。

（1）设备选型。在设备选型阶段，电厂需要根据自身的实际情况和需求，选择适合的数字设备。这要求决策者充分考虑设备的实用性、稳定性、可靠性、兼容性等因素，确保所选设备能够满足水电站的长期运行需求。

（2）设备安装。设备安装是数字设备层建设的关键环节。在安装过程中，需要确保设备的位置、角度、固定方式等符合设计要求，以确保设备的正常运行。此外，还须注意安装过程中的安全问题，防止意外事故的发生。

（3）设备调试。设备调试是确保数字设备正常运行的关键步骤。在调试过程中，需要对设备进行全面的检查、测试和验证，确保其各项功能正常且性能稳定。同时，还需对设备的参数进行调试和优化，以满足水电站的运行需求。

（4）设备运维。在运维过程中，需要定期对设备进行检查、维护、保养和升级，以确保设备的稳定、可靠运行。同时，还需建立完善的运维管理制度和应急预案，以应对可能出现的设备故障和突发事件。

（二）网络层

网络层如同桥梁，连接着数字设备层与应用层。

1. 核心作用

网络层在水电站信息化建设中起着承上启下的作用。在数字设备层的基础上，网络层通过构建高效、稳定的通信网络，将各个设备紧密地连接在一起，形成一个有机的整体。这一层不仅实现了数据的实时传输和共享，更为水电站提供了强大的数据支撑和决策依据。

2. 关键要素

（1）网络拓扑结构。网络拓扑结构是网络层建设的基础。合理的拓扑结构能够确保网络高效稳定运行。在水电站信息化建设中，需要根据实际情况选择合适的拓扑结构，如星型、环型、总线型等，以满足不同场景下的需求。

（2）通信协议。通信协议是网络层的核心。它规定了设备之间如何进行数据交换和通信。在水电站信息化建设中，需要选择适合的通信协议，如 TCP/IP、UDP 等，以确保数据的准确传输和高效处理。

（3）网络安全。网络安全是网络层建设不可忽视的重要方面。水电站信息化建设中涉及的数据和信息都具有极高的价值，因此必须采取严格的安全措施来保护数据的完整性和机密性。这包括防火墙、入侵检测、数据加密等多种技术手段。

（三）数据汇聚层

水电站信息化建设的核心在于数据汇聚层。

1. 核心作用

数据汇聚层的建设不仅为水电站提供了统一的数据平台，还为后续的应用提供了强大的数据支持。通过数据汇聚层，电厂可以更加准确地掌握设备运行状态、生产情况等关键信息，为优化生产调度、提高运营效率提供有力保障。同时，数据汇聚层也为数据分析和数据挖掘提供了基础，帮助电厂更好地发现潜在问题，预测未来趋势，为决策提供更加科学的依据。

2. 建设要点

（1）首先需要确保各类设备的数据能够准确、及时地传输到这一层次。这需要建立一个高效、稳定的数据传输网络，确保数据的完整性和实时性。同时，为了应对日益增长的数据量，数据汇聚层还需要采用先进的数据处理技术，如大数据、云计算等，对海量数据进行高效处理和分析。

（2）在数据处理方面，数据汇聚层需要具备强大的数据整合能力。来自不同设备、不同格式的数据需要在这里进行统一转换和整合，形成标准化的数据格式。这一过程中，数据清洗也是不可或缺的一环。通过数据清洗，可以去除冗余数据、纠正错误数据，确保数据的准确性和可靠性。

（3）在数据汇聚层的建设中，还需要注重数据的安全性和保密性。水电站的数据涉及到生产安全、设备运行等重要信息，一旦泄漏或被篡改，将带来严重的后果。因此，在数据汇聚层中需要采用严格的数据安全措施，如数据加密、访问控制等，确保数据的安全可靠。

（四）系统平台层

系统平台层是水电站信息化建设的载体。

1. 核心作用

系统平台层不仅关系水电站监控、调度、管理等关键功能的实现，更涉及水电站运营效率的提升和未来发展的战略布局。

2. 建设要点

（1）整合各独立信息系统。形成统一的信息化系统平台，涵盖监控、调度、管理等多个子系统，确保水电站能够实时监控运行状态，高效调度资源，以及实现全面、精细化的管理。

（2）注重系统的可扩展性。随着水电站业务的不断发展和技术的不断更新，信息化系统需要能够灵活地适应新的需求和技术变革。因此，系统平台层必须采用模块化、组件化的设计方式，使得系统能够方便地扩展和升级，以满足未来发展的需要。

（3）注重系统的可维护性。水电站信息化系统需要长期稳定运行，一旦出现故障或问题，必须能够迅速定位并解决。因此，在系统平台层的设计和实现过程中，我们需要注重系统的健壮性和容错性，采用先进的监控和诊断技术，确保系统能够稳定运行并易于维护。

（4）注重系统的易用性。电厂工作人员通常没有专业的信息技术背景，因此信息化系统需要具备直观、简洁、易用的特点，以便他们能够快速上手并熟练掌握。在系统平台层的设计和实现过程中，我们需要注重用户体验，采用人性化的界面设计和交互方式，提高系统的易用性。

（五）高级应用层

高级应用层是水电站信息化建设的最高层次。

1. 核心作用

作为水电站信息化建设的最高层次，高级应用层承载着水电站向智能化转型的重要使命，能够进一步提高水电站的运营效率和安全性，降低运维成本，是水电站提升竞争力，实现可持续发展的关键之一。

2. 建设要点

（1）开发系列高级应用。故障诊断系统则能够实时监测水电站的运行状态，及时发现并诊断出潜在故障，为维修人员提供准确的故障信息，缩短故障处理时间。预测维护系统则能够通过对水电站设备的运行数据进行分析，预测设备的维护周期和可能出现的故障，提前制定维护计划，降低设备故障率。

（2）强调应用的创新性。只有不断创新，才能确保水电站的应用始终走在行业前列。电厂需要不断探索新技术、新应用，为水电站提供更多高效、便捷、安全的信息化解决方案。

（3）注重人才队伍建设。通过加强培养或人才引进等方式，建设一支高素质、专业化的信息化人才队伍，为水电站的信息化建设提供坚实的人才保障。

三、白鹤滩水电站实例分析

白鹤滩电厂将信息化工作作为电力生产准备工作的重要内容，以智能化建设为目标，积极开展白鹤滩水电站信息化规划。

（一）电力生产准备期信息化工作

白鹤滩电厂电力生产准备期间，信息化工作主要目的有两个，一是为白鹤滩水电站信息化、智能化建设打好基础，二是为电力生产准备工作高效有序推进提供保障。基于以上目的，白鹤滩电厂在电力生产准备初期，就将信息化建设和电力生产准备工作同研究、同部署、同推进。

在为水电站信息化、智能化建设打基础方面，白鹤滩电厂在电力生产准备期间，主要做好信息化规划与设计，明确信息化建设指导思想、发展目标、基本原则、总体框架、重点任务以及保障措施等，为信息化建设提供方向和路径；要开展基础设施建设，包括有线网络建设、无线网络建设、数据中心建设、服务器配置等，为信息化建设提供支撑。

在保障电力生产准备工作高效有序推进方面，白鹤滩电厂主要是做好有线网络、无线网络、通信专用网络、视频会议专用网络和相关基础设施建设，为信息化创造基本条件，同时结合电力生产准备工作特点和水电站运行管理需求开发相关信息化系统，以提升工作效率和精细化程度。

（二）管理信息系统建设

管理信息系统在白鹤滩电厂电力生产准备工作推进中发挥了重要作用，分为主要管理信息系统和辅助管理信息系统，主要管理信息系统为电力生产管理系统，辅助管理信息系统包括智能管控平台、技术标准管理平台、技术建议管理平台、智慧物资管理系统等，下面对白鹤滩电厂特色辅助管理信息系统进行介绍。

1. 智能管控平台

白鹤滩电厂在开展标准化管理体系建设时，同步开展标准化信息化思考和规划，组织开发智能管控平台。智能管控平台与标准化管理体系高度融合，以"任务分发、智能预警、辅助决策"为核心功能，实现"管理标准化、业务流程化、任务信息化、进程可视化、审查自动化、改进持续化"，可满足电厂员工办公协同、任务管理、生产运行、安全环保等管理要求，在白鹤滩电厂电力生产准备工作中得到了高效应用，有效降低标准执行过程中的提醒、监督、考核等管理成本。智能管控平台基本原理示意图见图7-2。

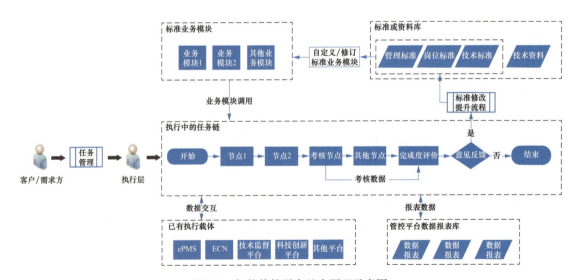

图 7-2　智能管控平台基本原理示意图

2. 技术建议管理平台

白鹤滩电厂主动参与白鹤滩水电站设计与技术协调，组织对枢纽建筑物通道、结构设计及设备布置情况等进行系统性梳理，广泛收集、学习、了解白鹤滩水电站前期设计成果，并从电站运行管理的角度出发，发现问题及时向相关方提出改进建议，将各电站运行管理中发现的问题系统反馈到设计、制造、安装、调试等工程建设各个环节。为确保每一条技术建议的过程控制、闭环管理，白鹤滩电厂组织建设了技术建议管理平台，实现每一条技术建议的过程控制、闭环管理，在工程质量、风险管控及后期设备稳定运行等方面发挥了重要作用。

3. 智慧物资管理系统

白鹤滩水电站电力生产过程中要使用大量的物资和工具，由不同部门、不同岗位的人员操作和使用，工作交叉多，物资管理工作量大、难度高，易出现管理死角。无论从管理还是使用角度上来看，通过人工盘点形成电子表格台账的物资管理方式效率较低，而物资管理效率的高低直接影响到电站的运行维护效率。白鹤滩电厂开发了智慧物资管理系统，有效解决生产部门物资管理中存在的人力消耗大、管理效率低等突出问题。白鹤滩水电站智慧物资管理系统功能模块图见图 7-3。

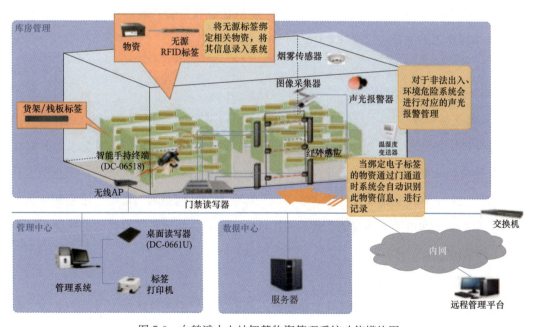

图 7-3　白鹤滩水电站智慧物资管理系统功能模块图

第四节　文 化 保 障

企业文化是推动企业发展的不竭动力，企业文化建设在电力生产准备过程中发挥着重要保障作用。本节将从模式的构建、文化的构建、文化的传播及文化的实践四个方面阐述水电站电力生产准备工作中的企业文化建设思路，并以白鹤滩电厂企业文化建设为实例，介绍企业文化建设的探索实践过程。

一、企业文化的内涵

企业文化是指企业在长期生产经营和管理活动中形成的，具有企业特色的精神财富和物质形态的总和，并为所有员工遵循的共同意识、职业道德、价值观念、行为准则和规范。企业文化存在主次之分，主文化代表着企业大部分员工共同拥有、认可和遵循的核心价值观，次文化则反映部分员工共同面对的问题、情况或经验。

企业文化建设是一个长期且持续性的工程，是企业文化相关理念形成、塑造、传播的过程。水电站在建设过程中应不断适应新发展需要，构建一套适合并推动电站高质量发展的文化体系。水电站建设中所指的企业文化一般指的是主文化，包括企业的使命、愿景、核心价值观、经营理念、管理哲学、行为规范、企业精神等多方面的内容。企业文化的形成在电站电力生产准备期间发挥着重要作用，能够增强员工的归属感和认同感，使员工与企业形成命运共同体；能够吸引和留住优秀人才，提升企业的核心竞争力；能够引导企业长期稳定发展，确保企业在不断变化的市场环境中保持竞争力和活力。

二、企业文化建设思路

（一）模式的构建

电力生产准备初期，企业文化模式的构建应传承上级公司企业文化理念、地方文化特色，将多种文化元素融入企业文化建设，并通过特色文化的辐射和品牌效应，将企业文化通过多种宣传工具、宣传途径和宣传方式培育员工对企业的认同感和归属感，进而转化为员工在电力生产准备工作中的行动自觉，最后通过机制、体制、制度将已取得的文化建设成果固化于制，并用以指导工作实践。

1. 核心层

在电力生产准备初期，企业精神文化创建过程中，电厂应坚持传承上级公司企业文化理念、地方文化特色或特有的精神文化，弘扬上级公司文化，把为国担当的精神属性和传承的企业基因理念深植于企业文化，并充分发挥文化的导向、约束、激励和辐射作用，营造出自信、积极、向上的企业氛围。

2. 制度层

精神文化创建后，电厂应进一步将企业文化建设体系与企业规章制度管理体系建设有机融合，将企业文化融入电厂的经营管理。应用文化理念重新审视各项规章制度，对各种规范和各项制度中与文化理念不相符的部分，按照文化理念的精神实质，重新修改和完善，并作为全体职工的办事规程和行为准则，潜移默化地让员工在日常工作中贯彻企业文化的内涵，进而建成新电厂企业文化理念体系，并将文化体系与电厂规章制度管理体系建设有机融合，根据自身特色和实际需求逐步修订完善相关管理制度。

3. 行为层

制度文化建设离不开文化行为建设，在文化行为建设过程中，电厂应坚持以人为本理念，鼓励全员参与。例如组织全体员工参与企业文化大研讨，共同商议企业属性与本质特征，动员全体员工参与到企业文化建设中来，充分调动全厂各层级员工的积极性，深入参与企业文化的建设，同时，电厂充分发挥各级党组织和群团组织作用，分批次、多层次开展企业文化培训和宣贯，推动特色企业文化入脑入心。

4. 表现层

在文化外化过程中，电厂应丰富传播载体，完善视觉识别系统，使文化理念演变为以媒介为载体的信息传播。可以充分利用企业网站、公众号等媒介平台塑造积极进取的企业形象；通过宣传册等文创产品广泛传播企业文化，展现企业魅力；通过培育子文化和衍生文化，不断扩大和加深文化共识，以更多元的特色企业文化完善厂区布置，进一步推动特色企业文化深入人心。

（二）文化的构建

（1）文化元素融入主文化建设。电厂可以结合公司文化精神，专题研究企业文化建设工作，做好顶层设计，把特有文化元素融入水电站企业文化理念，最终以特有文化元素为基础提炼形成新的企业精神和口号。在长期电力生产准备、接机发电的探索和实践中，沉淀形成特有核心文化、企业愿景和企业使命。

（2）多元化培育子文化。电厂企业文化建设应以主文化为中心，多元化培育子文化，加强文化在制度中的引领作用。电厂各部门可以以电厂企业文化理念为指引，并结合自身特点、员工队伍风貌等，传承提炼形成各具特色的子文化理念。

（3）多渠道涵育融合文化。在电站建设中后期，电厂应不断提升文化认同感和归属感，积极对外拓展文化、涵育融合文化。可以通过党建联建共建、群团活动等多种方式，将特色企业文化融入工作、融入亲情、融入业余文化生活，进一步延伸和拓展文化建设成果。

（三）文化的传播

在文化传播中应聚焦不同领域、不同业务、不同阶段特点，挖掘身边的先进人物及鲜活事迹。常态化开展先进典型选树，促进文化认同，将先进典型与长期性和阶段性工作相结合，产生从短期少数先进到长期批量规模辐射效应，鼓舞员工在接机发电中接续涌现先进典型，不断增强企业文化辐射和感召效果。

创作宣传文化产品。在企业文化传播过程中，文化理念标识能达到文化无处不在、无时不有的提醒激励作用，为广大员工在电力生产准备工作中提供强大的精神动力。电厂在电力生产准备期间可以把文化理念元素融入员工日常工作生活，以文创产品为媒介，通过潜移默化的视觉宣传，不断地激励、鼓舞、提升员工的干事创业热情。在企业文化传播过程中可以将企业文化与中心工作、成果总结有机结合，创新设计一批品宣类文化产品，以提高员工对企业文化的接受度。音视频作品往往能以最直观、生动的方式，快速吸引眼球，高效传播企业文化。电厂应积极鼓励员工集体创作，对日常文化小故事进行再策划、再创作，瞄准真实情感故事和水电工作场景，通过自编自导自演自唱，拍摄谱写独具新生电站特色的音视频作品等。

搭建宣传媒介平台。为宣传贯彻好特色企业文化，电厂可以在内部网站开设宣传专栏，广泛动员党员群众积极参与宣传工作，持续向外部选推优秀稿件；积极在员工工作、生活区营造企业文化氛围；打造多形式文化研讨舞台，以班组为基本单元，以班组学习、主题党日、主题团日、青年讲堂等为基本载体，开展企业文化研讨活动。通过丰富的文化展示交流平台，让员工更深层次地理解我们的文化是什么、我们作为新生电站员工应该干什么。

（四）文化的实践

以文化人，凝聚电力生产准备力量。通过企业文化进部门、进班组、进现场、进岗位的传播方式，将企业文化融入电厂员工血脉基因，使员工真正理解企业文化内涵，切实做到将企业文化入脑、入心，将口号、愿景内化于心，外化于行，凝聚起干事创业的强大力量。这种力量突出体现在面对困难挑战时，干部员工勇于担当的奋斗姿态。

以精神铸魂，锻造优秀运维团队。通过文化提炼、研讨、宣贯等，将企业文化注入电力生产准备实践中，转化到员工队伍日常生活和工作程序上，潜移默化淬炼一支技术精湛、作风优良、能打胜仗的干部员工队伍。

以理念赋能，创造经营管理成果。在接机发电的实践过程中，一大批先进经营管理经验先后积累沉淀，成为打造本质安全型电站、创建世界一流水电站的宝贵经验。

三、白鹤滩水电站实例分析

白鹤滩电厂从建立现代企业发展的实际需求出发，多角度挖掘先进典型，以身边的榜样生动诠释特色企业文化精神；以多元化文创产品为载体，拓宽企业文化传播途径，将文化理念元素深度融入企业员工的工作和生活；用特色企业文化塑造员工，多维度加深企业员工对企业文化的思考，强化理念认同、情感认同、行动认同，进而形成了独具白鹤滩特色的企业文化。

在模式构建中，白鹤滩电厂企业文化以习近平总书记致金沙江白鹤滩水电站首批机组投产发电贺信精神为引领，将贺信精神、领袖嘱托、三峡精神、长江电力企业文化融入白鹤滩电厂企业文化。并通过多种宣传工具、宣传途径和宣传方式培育员工对企业的认同感和归属感，进而转化为员工接机发电的行动自觉，最后通过机制、体制、制度将已取得的文化建设成果固化于制，并用以指导工作实践。贺信精神引领下的企业文化架构见图 7-4，贺信精神引领下的企业文化构建模式见图 7-5。

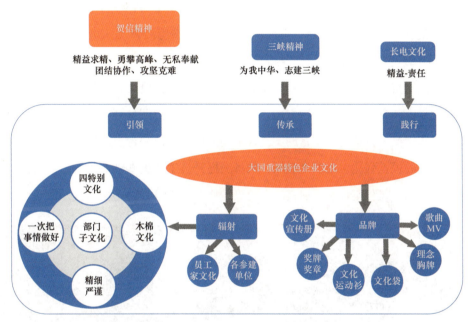

图 7-4　贺信精神引领下的企业文化架构

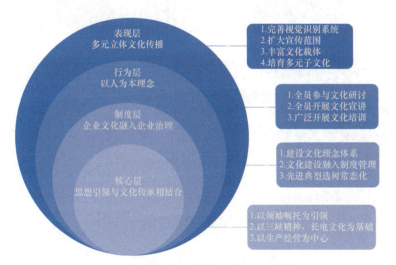

图 7-5　贺信精神引领下的企业文化构建模式

在文化构建中，白鹤滩电厂把学习贯彻贺信精神与弘扬三峡精神、传承长电文化结合起来，融入白鹤滩大国重器企业文化理念，最终提炼形成富有时代特色、极具三峡烙印的"精益求精、勇攀高峰、无私奉献"的企业精神。而在长期高强度接机发电和勇攀水电新高峰的探索和实践中，沉淀形成核心文化、愿景、口号和使命等。在电力生产准备的探索实践中，白鹤滩电厂各部门以电厂特色企业文化理念为指引，并结合自身特点、员工队伍风貌等，传承提炼形成了各具特色的班组文化。

在文化传播中，白鹤滩电厂把文化理念元素融入员工工作生活日常，制作了普遍适用的带有企业文化理念标识的办公产品。在音视频创作方面，白鹤滩电厂积极鼓励员工集体创作，对日常文化小故事进行再策划、再创作，瞄准真实情感故事和水电工作场景，通过自编自导自演自唱，谱写拍摄了独具白鹤滩特色的厂歌、微视频等。在文创产品方面，白鹤滩电厂结合员工日益丰富的精神文化和物质文化需求，制作了一批既贴合当下年轻人审美，又实用性极强的文化创意产品。在宣传平台方面，白鹤滩电厂在内部网站开设宣传专栏，广泛动员党员群众积极参与投稿，打造一套丰富的文化宣贯阐述展示交流平台。白鹤滩电厂通过多种宣传方法，潜移默化的视觉强化，不断地激励、鼓舞、提升员工的干事创业热情，真切让广大员工深层次地理解我们的文化是什么、白鹤滩人应该干什么，如图7-6～图7-8所示。

图7-6 《接百万机组 守大国重器》文化册

在文化实践中，白鹤滩电厂通过文化氛围布置、文化理念宣贯、文化多元化的传播等凝聚起员工打赢接机发电战役的精神丰碑，通过联建共建、群团活动等多种方式，将特色企业文化融入工作、融入亲情、融入业余文化生活，进一步延伸和拓展了文化建设成果。将文化

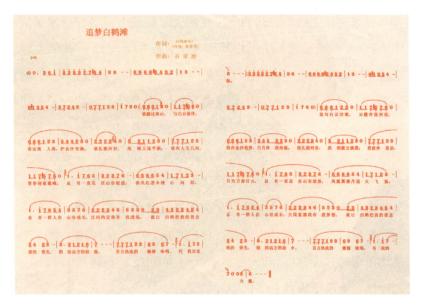

图 7-7 厂歌《追梦白鹤滩》

图 7-8 机组全面投产前企业文化海报

融入亲情，助力员工家文化建设，白鹤滩电厂在施工区开展形式多样的家属活动，员工家属通过走进"大国重器"，现场感受员工工作环境和文化氛围，增添了对家人对员工工作的理解、支持和自豪感；将文化融入业余生活，白鹤滩电厂在施工区设计了一批饱含白鹤滩文化元素的运动衫，来自不同参建单位的员工，身着特色文化运行衫，拉近了不同参建单位员工之间的距离；将文化融入工作，白鹤滩电厂在设备监造、安装监理、机组调试等工作中，把热爱三峡、珍惜三峡、发展三峡作为立身之本，积极维护好与工程参建各方的良好关系，将特色企业文化深入践行到打造精品工程、接管运行百万机组的一点一滴中。针对电力生产准备工作中涌现出的先进典型，电厂针对性以常态化先进典型选树机制促进文化建设，将先进典型选树与长期性和阶段性工作节点相结合，日积月累，产生从短期少数先进到长期批量规模辐射效应，接续涌现的先进典型，以不同方式、不同角度、不同层面、不同环境实现全方位多角度的文化诠释，不断增强企业文化辐射和感召效果。

第五节 安 全 保 卫

水电站安全保卫工作是通过人力防范、实体防范、电子防范等系列措施，保障水电站生产运行安全，保护周边环境安全，维护人民生命财产安全，预防社会治安事件发生。本节介绍了水电站安全保卫主要工作内容，并分享了白鹤滩水电站电力生产准备期间的安全保卫工作实践和经验。

一、安全保卫概述

水电站安全保卫工作需要多个部门和单位共同努力、协同配合，采取多种措施来确保水电站的安全和稳定运行。电厂应当遵守国家有关安全生产法律、行政法规以及技术规程和规范，切实履行安全保卫主体责任，建立安全保卫制度体系，建设安全保卫设施，配备与实际需要相适应的专业管理人员，提供必需的安全保卫资金，加强计算机信息系统安全保护工作，落实信息安全等级保护制度和技术标准，与属地政府有关部门建立联防、联动、联治工作机制，做好安全保卫情报信息共享、矛盾纠纷排查、突发事件应急处置等工作。

二、安全保卫规划

安全防范系统应与主体工程同步规划、同步设计、同步建设、同步验收、同步运行。安全保卫工作主要围绕人力防范、实体防范、电子防范等防范系统的建设开展，防范范围包含水域、陆域、低空空域，水域、陆域按管理要求和重要程度从外向内均划分为监视区、防护区、禁区，各个分区的人力防范、实体防范、电子防范保卫措施从外向内逐层提高保卫要求。电力生产准备过程中，电厂宜以预防为主、分区防范、纵深管理的思路做好安全保卫规划，从人力、实体、电子防范三方面，做好临时防范措施动态调整、永久防范措施及时规划建设。

（一）管理制度

管理制度的编制主要考虑六方面因素。

（1）安全保卫整体要求及职责划分。

（2）各防范区域及出入口的管理措施，各防范系统的维保和巡查。

（3）人员、车辆通行和物资运输的管理。

（4）无人驾驶航空器管理。

（5）结合工程建设施工与电力生产运行在不同阶段的特点，编制针对某个特定区域的管理规定。

（6）涉及通航的还需编制通航管理制度。常见的管理制度文件主要包含安全保卫管理细则、电子防范系统管理规定、人员和车辆通行管理规定、大坝通行管理规定、接管区域管理规定、保安管理规定等，保障各区域治安稳定。

（二）人力防范

根据国家法律法规、行业规定、水电站规模和电厂管理需要，配置安全保卫管理人员、值班保安人员，以及相关执法人员。安全保卫管理人员主要负责组织开展水电站安全保卫工作，执行各项管理要求，落实安全防范措施，协调解决相关问题；保安人员主要负责守卫各出入口秩序，巡查管控辖区内治安；执法人员主要负责辖区治安维稳、反恐防暴、目标守卫、交通安全、纠纷查处等工作。

（三）实体防范

水电站首批机组投产发电时，其他机组仍在安装调试，主体工程仍在建设，电力生产区与工程建设区交叉。因此，发电机组、升压（开关）站等各电力生产区域周界需要及时建设周界围栏等封闭隔离设施，在出入口设置保安值班室、防暴器材、出入控制装置、车辆阻挡装置、警示标识等防范设施，避免无关人员私自进入电力生产区误碰发电设备。

（四）电子防范

施工现场、电力生产区及办公生活营地需要设置视频监控装置，并将所有监控视频汇集到独立的监控室，监控室24h有人值守，作为临时电子防范措施。在主体工程进入收尾阶段，满足电子防范系统建设条件后，电厂要全面做好电子防范建设。水电站电子防范建设主要包含安全防范监控中心、入侵报警系统、视频监控系统、出入口控制系统、电子巡查系统、反无人机主动防御系统、公共广播系统等，确保电子防范装置全覆盖，保障 24h 监管水电站安全状态。

三、白鹤滩水电站实例分析

白鹤滩水电站工程规模为大（1）型，是治安反恐防范一级重点目标。从电力生产准备到运行管理各阶段，白鹤滩电厂聚焦不同阶段的实际情况，建设安全保卫力量和防范设施，保卫电力生产外部环境安全。下面对安全保卫工作成效进行简要介绍。

（一）管理人员培养

白鹤滩电厂在白鹤滩水电站首批机组投产发电的三年前，选派了 3 名人员在业主方参与工程建设过程中的安全保卫工作，熟悉水电站及其周边环境，提前培养专业能力，从而提前储备安全保卫管理人员，保证了安全保卫工作高效衔接。选派的人员参照安全防范要求，结合工程建设过程中遇到的问题，提前规划安全防范建设。随着机组逐渐投产发电，电厂成立专业管理部门，构建安全保卫管理制度体系，推动建设永久防范设施，做好各区域的安全保卫工作。

（二）值班保安储备

白鹤滩水电站首批机组投产发电前 3 个月，白鹤滩电厂编制电力生产区域安全保卫方案，购置防暴器材，储备满足电力生产区域出入口管理要求的值班保安人员和数量，组织保安开展培训教育、值勤训练和应急演练。通过组建保安值勤示范岗、督察巡逻岗等方式，促进保安人员快速掌握值勤要求；再以少数带动多数，提升保安队伍的整体值勤能力，保障出入口管理的规范性。

（三）出入口管理

白鹤滩电厂编制安保岗点值勤手册，指导保安规范开展出入口管理。各出入口设置保安岗点，配置防暴器材和出入口控制装置，人员、车辆凭通行证或工作票等有效证件方可通行各岗点。各岗点值班保安对出入人员、车辆及转运物资进行逐一核查登记，保障生产区环境安全。

（四）接管区域封闭

白鹤滩电厂每接管一处区域，便在该区域周界建设临时围栏，并悬挂醒目的安全标识牌。随着接管的机组增加，相应移动围栏扩大封闭区域，做到接管一片封闭管理一片。其他建设单位人员凭工作票或工作联系单方可进入接管区域施工，从而在电力生产区与施工区域之间建立起有效的隔离。

（五）周界封闭

白鹤滩水电站水域、陆域周界较长，禁区紧邻 3 个乡镇，安全防范管理范围广、难度大。因此在陆域周界建设钢筋混凝土实心围墙或金属围栏等实体屏障，对枢纽区周界实行封闭管理；同时在枢纽区内部的禁区、水域岸边建设金属围栏，进行二次封闭隔离，起到了较好效果。

附录　首批机组投产倒计时一周年工作计划

2020 年 7 月应完成的重点工作				
工作内容	责任部门	责任人	开始时间	完成时间
调入新员工后勤准备	综合管理部 党群工作部	×××	2020.07.01	2020.07.20
新员工入职培训策划及实施		×××	2020.07.19	2020.07.31
向公司党委请示成立筹建处党委、纪委		×××	2020.07.01	2020.07.31
运行、检修规程结构化录入审核	生产管理部 安全监察部	×××	2019.07.01	2020.07.31
应急预案体系内部审核		×××	2020.02.20	2020.07.31
标准化管控平台开发（第一阶段）		×××	2020.06.09	2120.07.31
机械伤害、有限空间作业、压力容器、油品库火灾、油品泄漏等事故处置方案编制	机械水工 维修部	×××	2020.04.01	2020.07.30
高处作业人员资格取证		×××	2020.06.01	2020.07.31
第一批备品备件定额编制		×××	2020.04.30	2020.07.31
第一批备品备件定额编制	电气维修部	×××	2020.04.30	2020.07.31
2020 年 7 月应启动的重点工作				
工作内容	责任部门	责任人	开始时间	完成时间
"十四五"发展规划编制	综合管理部 党群工作部	×××	2020.07.01	2020.11.30
公寓后勤资源分配		×××	2020.07.01	2020.08.30
向公司党委请示成立筹建处党委、纪委		×××	2020.07.01	2020.07.31
文化理念总结提炼及宣贯		×××	2020.07.01	2020.09.30
设备接管方案与计划编制	生产管理部 安全监察部	×××	2020.07.01	2021.04.10
2021 年度预算申报组织		×××	2020.07.01	2020.09.10
保护整定值计算		×××	2020.07.01	2021.03.31
"1＋N"管理手册编制（包括安全手册、巡检巡屏手册、文化手册、操作手册）	运行部	×××	2020.07.01	2020.10.30
值守及办公点定置管理实施细则编制		×××	2020.07.10	2020.11.01
运行规程编制		×××	2020.07.01	2021.03.31
系统图册、培训教材、操作指南等材料编制		×××	2020.07.01	2021.01.08
应急处置卡编制		×××	2020.07.01	2020.12.21
参考操作票编写		×××	2020.07.01	2021.03.01
现场值守准备		×××	2020.07.01	2021.03.31
配合 2021 年项目预算申报		×××	2020.07.01	2020.09.15

2020 年 7 月应启动的重点工作

工作内容	责任部门	责任人	开始时间	完成时间
配合 2021 年项目预算申报	机械水工维修部	×××	2020.07.01	2020.09.15
设备接管方案编制配合		×××	2020.07.01	2021.04.10
机械设备重点问题梳理		×××	2020.07.01	2021.06.30
机械设备图册整理		×××	2020.07.01	2020.12.31
机械作业指导书编制		×××	2020.07.01	2020.12.31
设备接管方案编制配合	电气维修部	×××	2020.07.01	2021.04.10
配合 2021 年项目预算申报		×××	2020.07.01	2020.09.15
典型检修工单编制		×××	2020.07.01	2021.05.31
监控系统智能报警梳理		×××	2020.07.01	2020.10.31
人力资源调配		×××	2020.07.10	2020.10.31
员工特种作业资格取证		×××	2020.07.10	2020.11.30

2020 年 7 月应关注的重点工作

工作内容	责任部门	责任人	开始时间	完成时间
向公司党委请示成立筹建处党委、纪委	综合管理部党群工作部	×××	2020.07.01	2020.07.31
标准化管控平台开发（第一阶段）	生产管理部安全监察部	×××	2020.06.09	2120.07.31
持续参与工程建设		×××	2020.07.01	2021.06.30
高处作业人员资格取证	机械水工维修部	×××	2020.06.01	2020.07.31
持续参与工程建设		×××	2020.07.01	2022.06.30
监控系统智能报警梳理	电气维修部	×××	2020.07.01	2020.10.31
持续参与工程建设		×××	2020.07.01	2022.06.30

2020 年 8 月应完成的重点工作

工作内容	责任部门	责任人	开始时间	完成时间
公寓后勤资源分配	综合管理部党群工作部	×××	2020.07.01	2020.08.30
"三标"管理分体系首次外审	生产管理部安全监察部	×××	2020.08.24	2020.08.26
首台机组转子吊装跟踪		×××	2020.08.18	2020.08.18
2021 年发电计划、首轮设备检查检修策略研究		×××	2020.08.01	2021.08.31
白鹤滩区域 ePMS 系统开发与上线		×××	2019.08.01	2021.08.17
应急预案编制与内部审核组织		×××	2020.08.01	2020.08.31
参与监控系统联合开发	运行部	×××	2020.07.10	2020.08.31
应急预案与处置方案编制		×××	2020.08.01	2020.08.31
应急预案与处置方案编制	机械水工维修部	×××	2020.08.01	2020.08.31
首批备件定额录入		×××	2020.08.01	2020.08.31
金结闸门重要部位螺栓梳理		×××	2020.08.01	2020.08.31

续表

2020 年 8 月应完成的重点工作

工作内容	责任部门	责任人	开始时间	完成时间
应急预案与处置方案编制		×××	2020.02.01	2020.08.31
设备巡检路线制定	电气维修部	×××	2020.08.01	2020.08.31
首批备件定额录入		×××	2020.08.01	2020.08.31

2020 年 8 月应启动的重点工作

工作内容	责任部门	责任人	开始时间	完成时间
电厂成立揭牌仪式准备		×××	2020.08.01	2020.09.30
电力生产筹备工作总结材料起草		×××	2020.08.20	2020.09.20
2021 年预算和项目计划编制	综合管理部党群工作部	×××	2020.08.01	2020.09.10
"白鹤讲坛"系列活动组织及实施		×××	2020.08.01	2021.06.30
电力生产筹备回顾专题片策划及拍摄		×××	2020.08.01	2020.10.20
趋势分析系统第二阶段联合开发		×××	2020.08.01	2021.06.30
标准化管控平台开发(第二阶段)	生产管理部安全监察部	×××	2020.08.03	2020.11.27
2021 年接机发电物资申报		×××	2020.08.01	2020.12.31
设备设施标识安装准备	运行部	×××	2020.08.03	2021.06.30
巡回检查路线、二维码、PDA 等布置		×××	2020.08.15	2021.02.28
首批备件定额录入		×××	2020.08.01	2020.08.31
金结闸门重要部位螺栓梳理	机械水工维修部	×××	2020.08.01	2020.08.31
技术装备采购计划编制		×××	2020.08.01	2020.09.15
维护材料及小型工器具计划编制		×××	2020.08.01	2020.09.15
设备巡检路线制定		×××	20200.08.01	2020.08.31
备品备件清单梳理和编制	电气维修部	×××	2020.08.01	2020.12.31
维护材料及小型工器具计划编制		×××	2020.08.01	2020.09.15
技术装备采购计划编制		×××	2020.08.01	2020.09.15

2020 年 8 月应关注的重点工作

工作内容	责任部门	责任人	开始时间	完成时间
文化理念总结提炼及宣贯		×××	2020.07.01	2020.09.30
2021 年预算和项目计划编制	综合管理部党群工作部	×××	2020.08.01	2020.09.10
筹建处"十四五"发展规划编制		×××	2020.07.01	2020.11.30
技术标准体系建设	生产管理部安全监察部	×××	2019.10.01	2022.12.31
2021 年度预算申报组织		×××	2020.07.01	2020.09.10
系统图册、培训教材、操作指南等材料编制	运行部	×××	2020.07.01	2021.01.08
设备设施标识安装准备		×××	2020.08.03	2021.06.30
新到岗开展人员培训	机械水工维修部	×××	2020.06.01	2020.10.31
参建人员轮换、物资采购		×××	2020.07.01	2020.08.31

续表

2020 年 8 月应关注的重点工作

工作内容	责任部门	责任人	开始时间	完成时间
监控系统智能化建设推进	电气维修部	×××	2020.07.01	2021.05.31
监控系统流程优化		×××	2020.07.01	2020.09.30

2020 年 9 月应完成的重点工作

工作内容	责任部门	责任人	开始时间	完成时间
电厂成立揭牌仪式准备	综合管理部 党群工作部	×××	2020.08.01	2020.09.30
电力生产筹备工作总结材料起草		×××	2020.08.20	2020.09.20
2021 年预算和项目计划编制		×××	2020.08.01	2020.09.10
2020 年班组长能力提升专项培训		×××	2020.09.01	2020.09.09
首批机组接机发电专项宣传方案编制		×××	2020.09.01	2020.09.30
2021 年度预算申报组织	生产管理部 安全监察部	×××	2020.07.01	2020.09.10
应急预案体系外部评审		×××	2020.09.01	2020.10.30
临时油化验室建设	电气维修部	×××	2020.06.01	2020.09.15
维护材料及小型工器具计划编制		×××	2020.08.01	2020.09.15
技术装备梳理及采购计划编制		×××	2020.08.01	2020.09.15

2020 年 9 月应启动的重点工作

工作内容	责任部门	责任人	开始时间	完成时间
控制楼搬入相关办公设备设施准备	综合管理部 党群工作部	×××	2020.09.01	2020.11.30
首批机组接机发电专项宣传方案编制		×××	2020.09.01	2020.09.30
监控系统报警策略优化研究	生产管理部 安全监察部	×××	2020.09.01	2020.11.30
机组涉网试验跟踪		×××	2020.09.01	2021.06.30
GIS、GIL 安装跟踪		×××	2020.09.08	2020.12.31
趋势分析系统开发		×××	2020.09.01	2021.05.31
参与机电安装及调试	运行部	×××	2020.09.01	2021.06.30
工器具（含地线）布置		×××	2020.09.02	2021.03.31
生产区安全隔离标识定置管理		×××	2020.09.01	2021.06.30
检修配合、转轮无损检测、机加工和空调、消防系统维保等项目准备	机械水工 维修部	×××	2020.09.01	2021.06.30
五大风险（重大人身事故、水淹厂房、大面积停电、重大设备设施事故、网络安全）管控预案编制		×××	2020.09.01	2020.12.31
现场调试验收作业指导书修订与定稿	电气维修部	×××	2020.09.01	2020.10.31
现场参建人员技能培训		×××	2020.09.01	2020.10.31

2020 年 9 月应关注的重点工作

工作内容	责任部门	责任人	开始时间	完成时间
"十四五"规划初稿编制	综合管理部 党群工作部	×××	2020.07.01	2020.10.31
跟踪督促相关方完成通勤车辆采购及驾驶员招聘		×××	2020.05.01	2020.10.31
电力生产筹备回顾专题片策划及拍摄		×××	2020.08.01	2020.10.20
标准化管控平台开发（第二阶段）	生产管理部 安全监察部	×××	2020.08.03	2020.11.27
技术标准体系建设		×××	2019.10.01	2022.12.31

2020 年 9 月应关注的重点工作				
工作内容	责任部门	责任人	开始时间	完成时间
工器具（含地线）布置	运行部	×××	2020.09.02	2021.03.31
新到岗人员培训	机械水工维修部	×××	2020.06.01	2020.10.31
临时油化验室建设	电气维修部	×××	2020.06.01	2020.09.15
监控系统智能报警功能设计及梳理		×××	2020.07.31	2020.10.31
监控系统流程梳理		×××	2020.08.01	2020.11.30

2020 年 10 月应完成的重点工作				
工作内容	责任部门	责任人	开始时间	完成时间
"十四五"规划初稿编制	综合管理部党群工作部	×××	2020.07.01	2020.10.31
跟踪督促相关方完成通勤车辆采购及驾驶员招聘工作		×××	2020.05.01	2020.10.31
电力生产筹备回顾专题片策划及拍摄		×××	2020.08.01	2020.10.20
"1＋N"管理手册编制	运行部	×××	2020.07.01	2020.10.30
厂用电设备带电调试	电气维修部	×××	2020.10.02	2021.06.30
监控系统智能报警功能设计及梳理		×××	2020.07.31	2020.10.31
现场调试验收作业指导书修订与定稿		×××	2020.09.01	2020.10.31
现场参建人员技能培训		×××	2020.09.01	2020.10.31
人力资源调配		×××	2020.07.10	2020.10.31

2020 年 10 月应启动的重点工作				
工作内容	责任部门	责任人	开始时间	完成时间
2020 年工作总结暨 2021 年工作计划编写	综合管理部党群工作部	×××	2020.10.31	2020.11.30
人员、办公、车辆等标识标牌更新		×××	2020.10.01	2020.12.30
2020 年度员工职称评审		×××	2020.10.09	2020.12.25
办公、生活等区域文化环境布置		×××	2020.10.01	2020.12.31
生产区域办公网络建设（第一阶段）	生产管理部安全监察部	×××	2020.10.01	2020.12.31
厂用电设备调试跟踪		×××	2020.10.01	2021.06.30
参与设备调试		×××	2020.10.01	2021.06.30
人员全部到岗	机械水工维修部	×××	2020.06.01	2020.10.31

2020 年 10 月应关注的重点工作				
工作内容	责任部门	责任人	开始时间	完成时间
控制楼搬入相关办公设备设施准备	综合管理部党群工作部	×××	2020.09.01	2020.11.30
办公、生活等区域文化环境布置		×××	2020.10.01	2020.12.31
设备设施接管方案与计划编制	生产管理部安全监察部	×××	2020.07.01	2021.04.10
设备规范与技术参数表编制		×××	2019.12.01	2020.12.31
并网协议签订跟踪		×××	2020.10.01	2020.12.31
趋势分析系统开发		×××	2020.09.01	2021.05.31
持续参与工程建设		×××	2020.07.01	2021.06.30

续表

2020 年 10 月应关注的重点工作

工作内容	责任部门	责任人	开始时间	完成时间
"1＋N" 管理手册编制	运行部	×××	2020.07.01	2020.10.30
持续参与机电设备安装调试		×××	2020.09.01	2021.06.30
持续参与工程建设	机械水工维修部	×××	2020.07.01	2021.06.30
监控系统流程梳理	电气维修部	×××	2020.08.01	2020.11.30
持续参与工程建设		×××	2020.07.01	2021.06.30

2020 年 11 月应完成的重点工作

工作内容	责任部门	责任人	开始时间	完成时间
2020 年工作总结及 2021 年工作计划编写	综合管理部党群工作部	×××	2020.10.31	2020.11.30
部门 2020 年工作总结及 2021 年工作计划编写		×××	2020.11.15	2020.11.30
控制楼搬入相关办公设备设施准备		×××	2020.09.01	2020.11.30
三标管控平台开发（第二阶段）	生产管理部安全监察部	×××	2020.08.03	2020.11.27
监控系统报警策略优化研究		×××	2020.09.01	2020.11.30
岗位标准发布		×××	2020.11.01	2020.11.31
第二批备件定额编制	机械水工维修部	×××	2020.07.01	2020.11.30
水工及监测分部作业指导书编写		×××	2020.03.10	2020.11.30
监控系统流程梳理	电气维修部	×××	2020.08.01	2020.11.30
员工特种作业资格取证		×××	2020.07.10	2020.11.30

2020 年 11 月应启动的重点工作

工作内容	责任部门	责任人	开始时间	完成时间
"十四五" 规划初稿送公司评审	综合管理部党群工作部	×××	2020.11.01	2021.01.31
2020 年关联交易项目进度款结算		×××	2020.11.01	2020.12.30
干部选拔及员工岗位调整		×××	2020.11.01	2021.06.30
庆祝电厂成立职工汇报演出准备与实施		×××	2020.11.01	2020.12.31
三标管控平台开发（第三阶段）	生产管理部安全监察部	×××	2020.11.30	2020.12.12
三标管理分手册修订及发布		×××	2020.11.01	2020.12.31
管理标准修订及发布		×××	2020.11.01	2021.01.31

2020 年 11 月应关注的重点工作

工作内容	责任部门	责任人	开始时间	完成时间
人员、办公、车辆等标识标牌更新	综合管理部党群工作部	×××	2020.10.01	2020.12.30
2020 年度员工职称评审		×××	2020.10.09	2020.12.25
庆祝电厂成立职工汇报演出		×××	2020.11.01	2020.12.31
设备规范与技术参数表编制	生产管理部安全监察部	×××	2019.12.01	2020.12.31
GIS、GIL 安装跟踪		×××	2020.09.08	2020.12.31
趋势分析系统开发		×××	2020.09.01	2021.05.31
参与设备调试		×××	2020.10.31	2021.06.30

2020 年 11 月应关注的重点工作				
工作内容	责任部门	责任人	开始时间	完成时间
值守及办公点定置管理实施细则编制	运行部	×××	2020.07.10	2020.11.01
五大风险（重大人身事故、水淹厂房、大面积停电、重大设备设施事故、网络安全）管控预案编制	机械水工维修部	×××	2020.09.01	2020.12.31
特种作业人员资格取证	电气维修部	×××	2020.01.01	2020.12.31
培训教材、题库编制		×××	2020.01.01	2020.12.31
监控系统智能应用开发		×××	2020.06.01	2021.03.31

2020 年 12 月应完成的重点工作				
工作内容	责任部门	责任人	开始时间	完成时间
2020 年关联交易项目进度款结算	综合管理部党群工作部	×××	2020.11.01	2020.12.30
2020 年度员工职称评审		×××	2020.10.09	2020.12.25
人员、办公、车辆等标识标牌更新		×××	2020.10.01	2020.12.30
办公、生活等区域文化环境布置		×××	2020.10.01	2020.12.31
庆祝电厂成立职工汇报演出		×××	2020.11.01	2020.12.31
应急管理体系建设	生产管理部安全监察部	×××	2020.02.20	2020.12.31
设备规范与技术参数表编制		×××	2019.12.01	2020.12.31
三标管控平台开发（第三阶段）		×××	2020.11.30	2020.12.12
三标管理分手册修订发布		×××	2020.11.01	2020.12.31
生产区域办公网络建设（第一阶段）		×××	2020.10.01	2020.12.31
2021 年接机发电物资申报		×××	2020.08.01	2020.12.31
GIS、GIL 安装跟踪		×××	2020.09.08	2020.12.31
操作指南编写	运行部	×××	2020.07.01	2020.12.30
应急处置卡编制		×××	2020.07.01	2020.12.21
参建人员轮换（第一批）	机械水工维修部	×××	2020.12.01	2020.12.31
五大风险（重大人身事故、水淹厂房、大面积停电、重大设备设施事故、网络安全）管控预案编制		×××	2020.09.01	2020.12.31
机械设备图册整理		×××	2020.07.01	2020.12.31
第二批备件定额编制		×××	2020.12.01	2020.12.31
起重金结分部作业指导书编制		×××	2020.03.10	2020.12.31
机械作业指导书编制		×××	2020.07.01	2020.12.31
培训教材、题库编制	电气维修部	×××	2020.01.01	2020.12.31
技术规范及参数集		×××	2019.06.01	2020.12.31
特种作业取证		×××	2020.01.01	2020.12.31

2020 年 12 月应启动的重点工作				
工作内容	责任部门	责任人	开始时间	完成时间
2020 年度人才培养工作总结及 2021 年工作计划编制	综合管理部党群工作部	×××	2020.12.01	2021.02.28
生产部门设立党总支、分部（值）设立党支部		×××	2020.12.01	2021.01.31

续表

2020 年 12 月应启动的重点工作

工作内容	责任部门	责任人	开始时间	完成时间
2～4 号导流洞下闸封堵跟踪	生产管理部 安全监察部	×××	2020.12.01	2021.05.31
三标管控平台开发（第四阶段）		×××	2020.12.29	2021.04.09

2020 年 12 月应关注的重点工作

工作内容	责任部门	责任人	开始时间	完成时间
"十四五"规划初稿送公司评审	综合管理部 党群工作部	×××	2020.11.01	2021.01.31
2020 年关联交易项目进度款结算		×××	2020.11.01	2020.12.30
庆祝电厂成立职工汇报演出		×××	2020.10.01	2020.12.31
2021 年采购准备	生产管理部 安全监察部	×××	2021.01.01	2021.12.31
保护整定值计算		×××	2020.07.01	2021.03.31
应急处置卡编制	运行部	×××	2020.07.01	2020.12.21
五大风险（重大人身事故、水淹厂房、大面积停电、重大设备设施事故、网络安全）管控预案编制	机械水工维修部	×××	2020.09.01	2020.12.31
机械设备图册整理		×××	2020.07.01	2020.12.31
监控系统智能应用开发	电气维修部	×××	2020.06.01	2021.03.31

2021 年 1 月应完成的重点工作

工作内容	责任部门	责任人	开始时间	完成时间
"十四五"规划初稿送公司评审	综合管理部 党群工作部	×××	2020.11.01	2021.01.31
"十三五"规划 2020 年执行情况报告编写		×××	2021.01.15	2021.01.31
2021 年工作会准备		×××	2021.01.15	2021.01.31
生产部门设立党总支、分部（值）设立党支部		×××	2020.12.01	2021.01.31
2021 年技术监督工作计划发布	生产管理部 安全监察部	×××	2021.01.01	2021.01.20
管理标准修订发布		×××	2020.11.01	2021.01.31
生产区域办公网络建设（第二阶段）		×××	2020.12.01	2021.03.31
系统图册编制	运行部	×××	2020.07.01	2021.01.06
培训教材及题库编写		×××	2020.07.01	2021.01.08

2021 年 1 月应启动的重点工作

工作内容	责任部门	责任人	开始时间	完成时间
接机发电隔离围栏物资采购	综合管理部 党群工作部	×××	2021.01.10	2021.05.31
2021 年劳保用品配置计划制订		×××	2021.01.15	2021.03.20
2020 年党群相关工作总结及 2021 年工作计划编制		×××	2021.01.01	2021.03.31
标准化目标指标下达	生产管理部 安全监察部	×××	2021.01.01	2021.12.31
记录控制模板编制及印刷	运行部	×××	2021.01.01	2021.01.18
标识牌采购	机械水工维修部	×××	2021.01.01	2021.06.30
2021 年度采购计划执行		×××	2021.01.01	2021.06.30

续表

2021年1月应启动的重点工作				
工作内容	责任部门	责任人	开始时间	完成时间
安全教育培训及活动	电气维修部	×××	2021.01.01	2021.06.30
配合开展机组并网安全性评价工作		×××	2021.01.01	2021.06.30
五大风险（重大人身事故、水淹厂房、大面积停电、重大设备设施事故、网络安全）管控隐患梳理及整治		×××	2021.01.01	2021.02.28
2021年度采购计划执行		×××	2021.01.01	2021.06.30

2021年1月应关注的重点工作				
工作内容	责任部门	责任人	开始时间	完成时间
2020年度人才培养工作总结及2021年工作计划编制	综合管理部党群工作部	×××	2020.12.01	2021.02.28
2021年劳保用品配置计划制订		×××	2021.01.15	2021.03.20
设备接管方案与计划编制	生产管理部安全监察部	×××	2020.07.01	2021.04.10
持续跟踪首批机组安装调试进展		×××	2020.07.01	2021.06.30
趋势分析系统开发		×××	2020.09.01	2021.05.31
参与设备调试		×××	2020.10.31	2021.06.30
记录控制模板编制及印刷	运行部	×××	2021.01.01	2021.01.18
系统图册编制		×××	2020.07.01	2021.01.06
机械设备重点问题梳理	机械水工维修部	×××	2020.07.01	2021.06.30
五大风险（重大人身事故、水淹厂房、大面积停电、重大设备设施事故、网络安全）管控隐患梳理及整治	电气维修部	×××	2021.01.01	2021.02.28

2021年2月应完成的重点工作				
工作内容	责任部门	责任人	开始时间	完成时间
2020年度人才培养工作总结及2021年工作计划编制	综合管理部党群工作部	×××	2020.12.01	2021.02.28
五大风险（重大人身事故、水淹厂房、大面积停电、重大设备设施事故、网络安全）管控隐患梳理及整治	电气维修部	×××	2021.01.01	2021.02.28

2021年2月应启动的重点工作				
工作内容	责任部门	责任人	开始时间	完成时间
2021年物业、保安、车辆交通、绿化项目采购	综合管理部党群工作部	×××	2020.02.10	2020.06.30
接机发电专项宣传工作实施		×××	2021.02.01	2021.06.30
大坝登记备案	生产管理部安全监察部	×××	2021.02.22	2021.05.31
工作票负责人、工作票许可人、工作票签发人资格考试及名单发布		×××	2021.02.22	2021.05.31
生产现场危险源、环境因素识别与管控		×××	2021.02.22	2021.04.30
典型检修工单编制	电气维修部	×××	2021.02.01	2021.05.31

续表

2021 年 2 月应关注的重点工作

工作内容	责任部门	责任人	开始时间	完成时间
春节员工安全出行保障	综合管理部 党群工作部	×××	2021.02.01	2021.02.28
筹建处 2021 年劳保用品配置计划制订		×××	2021.01.15	2021.03.20
党群各专业 2020 年工作总结及 2021 年工作计划编制		×××	2021.01.01	2021.03.31
生产区域办公网络建设（第二阶段）	生产管理部 安全监察部	×××	2021.01.01	2021.03.31
生产区域移动、固定通信建设		×××	2020.09.15	2021.04.30
趋势分析系统开发		×××	2020.09.01	2021.05.31
现场调试及设备接管		×××	2020.10.31	2021.06.30
巡回检查路线、二维码、PDA 等布置	运行部	×××	2020.08.15	2021.02.28
持续参与工程建设	机械水工 维修部	×××	2020.07.01	2021.06.30
机械设备重点问题梳理		×××	2020.07.01	2021.06.30
监控系统智能应用开发	电气维修部	×××	2020.06.01	2021.03.31

2021 年 3 月应完成的重点工作

工作内容	责任部门	责任人	开始时间	完成时间
接机发电筹建工作报告	综合管理部 党群工作部	×××	2021.03.01	2021.05.20
2021 年劳保用品配置计划制订		×××	2020.01.15	2021.03.20
党群各专业 2020 年工作总结及 2021 年工作计划编制		×××	2020.01.01	2020.03.31
电站可靠性编码申请	生产管理部 安全监察部	×××	2021.03.31	2021.03.31
保护整定值计算		×××	2020.07.01	2021.03.31
生产区域办公网络建设（第二阶段）		×××	2021.01.01	2021.03.31
参与机电调试	运行部	×××	2020.09.01	2021.03.31
运行规程编制		×××	2020.07.01	2021.03.31
参考操作票编写		×××	2020.07.01	2021.03.01
应急体系建设		×××	2020.07.01	2021.03.31
现场值守准备		×××	2020.07.01	2021.03.31
工器具（含地线）布置		×××	2020.09.02	2021.03.31
参与监控系统智能应用开发	电气维修部	×××	2020.06.01	2021.03.31

2021 年 3 月应启动的重点工作

工作内容	责任部门	责任人	开始时间	完成时间
跟踪督促相关方完成 2021 年度车辆采购和驾驶员招聘	综合管理部 党群工作部	×××	2021.03.01	2021.06.30
党组织接机发电"岗号组"创建		×××	2021.03.01	2021.06.30
成立生产管理专项工作机构	生产管理部 安全监察部	×××	2021.03.01	2021.03.31
生产区域办公网络建设（第三阶段）		×××	2021.03.31	2021.08.31
防汛应急物资采购	机械水工 维修部	×××	2021.03.01	2021.05.31
技术装备采购		×××	2021.03.01	2021.12.20
现场调试及设备接管准备及实施	电气维修部	×××	2021.03.01	2021.06.30

2021年3月应关注的重点工作				
工作内容	责任部门	责任人	开始时间	完成时间
2021年物业、保安、车辆、绿化项目采购及实施	综合管理部 党群工作部	×××	2021.02.10	2021.06.30
党组织接机发电"岗号组"创建		×××	2021.03.01	2021.06.30
三标管控平台开发（第四阶段）	生产管理部 安全监察部	×××	2020.12.29	2021.04.09
生产区域移动、固定通信建设		×××	2020.09.15	2021.04.30
趋势分析系统开发		×××	2020.09.01	2021.05.31
现场调试及设备接管		×××	2020.10.31	2021.06.30
现场值守准备	运行部	×××	2020.07.01	2021.03.31
持续参与工程建设	机械水工 维修部	×××	2020.07.01	2021.06.30
监控系统智能应用开发	电气维修部	×××	2020.06.01	2021.03.31
现场调试及设备接管准备及实施		×××	2021.03.01	2021.06.30

2021年4月应完成的重点工作				
工作内容	责任部门	责任人	开始时间	完成时间
接机发电安保人员、现场送餐准备	综合管理部 党群工作部	×××	2021.04.01	2021.07.31
设备设施接管方案与计划编制	生产管理部 安全监察部	×××	2020.07.01	2021.04.10
副厂房办公区域接管		×××	2021.04.01	2021.04.30
机组蓄水发电初期应急预案报备		×××	2021.04.01	2021.04.30
生产区域移动、固定通信建设		×××	2020.09.15	2021.04.30
生产现场危险源、环境因素识别与管控		×××	2021.02.22	2021.04.30
三标管控平台开发（第四阶段）		×××	2020.12.29	2021.04.09
作业指导书编审		×××	2020.04.01	2021.04.30
组织编制第二批备品备件定额		×××	2021.04.01	2021.04.30

2021年4月应启动的重点工作				
工作内容	责任部门	责任人	开始时间	完成时间
接机发电隔离围栏补充采购	综合管理部 党群工作部	×××	2021.04.01	2021.05.31
接机发电"微故事"MV拍摄及推送		×××	2021.04.01	2021.09.30
水库下闸蓄水跟踪	生产管理部 安全监察部	×××	2021.04.11	2021.05.31
技术监督工作开展		×××	2021.04.01	2021.12.31
接管区域防汛工作		×××	2021.04.01	2021.09.30
三标管控平台开发（第五阶段）		×××	2021.04.10	2021.05.10
右岸厂外生产辅助用房建设协调		×××	2021.04.01	2021.08.31
设备整定值发布		×××	2021.04.01	2021.04.30
图纸及设备资料整理完成	电气维修部	×××	2021.04.01	2021.05.31

2021 年 4 月应关注的重点工作

工作内容	责任部门	责任人	开始时间	完成时间
党组织接机发电"岗号组"创建	综合管理部 党群工作部	×××	2021.03.01	2021.06.30
接机发电专项宣传工作启动与推进实施		×××	2021.02.01	2021.06.30
水库下闸蓄水跟踪	生产管理部 安全监察部	×××	2021.04.11	2021.05.31
接管区域防汛工作		×××	2021.04.01	2021.09.30
现场值守准备	运行部	×××	2020.07.01	2021.03.31
防汛应急物资采购	机械水工 维修部	×××	2021.03.01	2021.05.31
现场调试及设备接管准备及实施	电气维修部	×××	2021.03.01	2021.06.30

2021 年 5 月应完成的重点工作

工作内容	责任部门	责任人	开始时间	完成时间
接机发电筹建工作报告	综合管理部 党群工作部	×××	2021.03.01	2021.05.20
接机发电隔离围栏物资采购		×××	2020.01.10	2021.05.31
首批机组有水调试	生产管理部 安全监察部	×××	2021.06.01	2021.06.30
大坝登记备案		×××	2021.02.22	2021.05.31
工作票负责人、工作票许可人、工作票签发人资格考试及名单发布		×××	2021.02.22	2021.05.31
2~4 号导流洞下闸封堵跟踪		×××	2020.12.01	2021.05.31
趋势分析系统开发		×××	2020.09.01	2021.05.31
参建人员第二批轮换	机械水工 维修部	×××	2021.05.01	2021.05.31
防汛应急物资采购		×××	2021.03.01	2021.05.31

2021 年 5 月应启动的重点工作

工作内容	责任部门	责任人	开始时间	完成时间
全球首台百万千瓦机组投产宣传稿撰写	综合管理部 党群工作部	×××	2021.05.20	2021.06.20
接机发电劳动竞赛及表彰准备		×××	2021.05.01	2021.06.30
首批机组有水调试	生产管理部 安全监察部	×××	2021.06.01	2021.06.30
参与设备设施接管前检查、验收		×××	2021.05.01	2022.06.30
GIS、GIL 设备带电调试跟踪		×××	2021.05.01	2021.06.30
参建人员第二批轮换	机械水工 维修部	×××	2021.05.01	2021.05.31

2021 年 5 月应关注的重点工作

工作内容	责任部门	责任人	开始时间	完成时间
跟踪督促相关方完成 2021 年度车辆采购和驾驶员招聘	综合管理部 党群工作部	×××	2021.03.01	2021.06.30
干部选拔及员工岗位调整		×××	2020.11.01	2021.06.30
接机发电外部协调事项跟踪	生产管理部 安全监察部	×××	2020.01.01	2022.06.30
三标管控平台开发（第五阶段）		×××	2021.04.10	2021.05.10

2021年5月应关注的重点工作				
工作内容	责任部门	责任人	开始时间	完成时间
防汛应急物资采购	机械水工维修部	×××	2021.03.01	2021.05.31
现场调试及设备接管准备及实施	电气维修部	×××	2021.03.01	2021.06.30

2021年6月应完成的重点工作				
工作内容	责任部门	责任人	开始时间	完成时间
组织参加首批机组投产发电仪式	综合管理部党群工作部	×××	2021.06.01	2021.06.30
跟踪督促相关方完成2021年度车辆采购和驾驶员招聘		×××	2021.03.01	2021.06.30
2021年物业、保安、车辆交通、绿化项目采购		×××	2021.02.10	2021.06.30
党组织接机发电"岗号组"创建		×××	2021.03.01	2021.06.30
接机发电专项宣传工作启动与推进实施		×××	2021.02.01	2021.06.30
全球首台百万千瓦机组投产宣传稿撰写		×××	2021.05.20	2021.06.20
接机发电劳动竞赛及表彰准备		×××	2021.05.01	2021.06.30
趋势分析系统第二阶段联合开发	生产管理部安全监察部	×××	2020.08.01	2021.06.30
机组涉网试验跟踪		×××	2020.09.01	2021.06.30
GIS、GIL设备带电调试跟踪		×××	2021.05.01	2021.06.30
首批机组有水调试跟踪		×××	2021.06.01	2021.06.30
参与设备设施接管前检查		×××	2021.05.01	2022.06.30
厂用电设备调试跟踪		×××	2020.10.01	2021.06.30
首批设备接管		×××	2021.06.01	2021.06.30
首批接管设备运行	运行部	×××	2021.06.01	2021.06.30
设备设施标识安装		×××	2020.08.03	2021.06.30
生产区安全隔离标识定置管理		×××	2020.09.01	2021.06.30
标识牌采购	机械水工维修部	×××	2021.01.01	2021.06.30
起重金结维护材料采购		×××	2021.03.01	2021.06.30
机械设备重点问题梳理		×××	2020.07.01	2021.06.30
检修配合、转轮无损检测、机加工和空调、消防系统维保等项目准备		×××	2020.09.01	2021.06.30
安全教育培训及活动	电气维修部	×××	2021.01.01	2021.06.30

2021年6月应启动的重点工作				
工作内容	责任部门	责任人	开始时间	完成时间
组织参加首批机组投产发电仪式	综合管理部党群工作部	×××	2021.06.01	2021.06.30
设备设施接管	生产管理部安全监察部	×××	2021.06.01	2022.06.30
参与首批机组有水调试		×××	2021.06.01	2022.06.30
现场运行点值守	运行部	×××	2021.06.30	2022.07.31

续表

2021 年 6 月应启动的重点工作				
工作内容	责任部门	责任人	开始时间	完成时间
机组及辅助系统接管	机械水工维修部	×××	2021.06.30	2022.07.31
起重、金结设备接管		×××	2021.06.30	2022.07.31
水工建筑设备设施接管		×××	2021.06.30	2022.07.31
设备管理台账建立	电气维修部	×××	2021.06.01	2021.07.31
尾工处理跟踪		×××	2021.06.30	2021.12.31
设备巡检及维护管理		×××	2021.06.30	2021.12.31

2021 年 6 月应关注的重点工作				
工作内容	责任部门	责任人	开始时间	完成时间
组织参加首批机组投产发电仪式	综合管理部党群工作部	×××	2021.06.01	2021.06.30
接机发电专项宣传工作启动与推进实施		×××	2021.02.01	2021.06.30
首批机组有水调试	生产管理部安全监察部	×××	2021.06.01	2022.06.30
设备设施标识安装	运行部	×××	2020.08.03	2021.06.30
机械设备重点问题梳理	机械水工维修部	×××	2020.07.01	2021.06.30

参 考 文 献

［1］《中国电力百科全书》编辑委员会. 中国电力百科全书水力发电卷. 3 版. 北京：中国电力出版社，2014.

［2］国家能源局. 中国水电 100 年（1910—2010）. 北京：中国电力出版社，2010.

［3］《梯级水电站的开发与管理研究》，成都：四川科学技术出版社，1992.

［4］新中国水电发展历程，中国水电网（中国水力发电工程学会），2018 年 6 月.

［5］从小到大到强的跨越-中国水电 100 年发展略记，中国水利报，2010 年 9 月.

［6］BP 世界能源统计年鉴，2021 年.

［7］2021 年全球水力发电报告，中国电力网，2021 年 11 月.

［8］全球水电开发现状及未来发展，高科技与产业化，2020 年 9 月.

［9］国内外水电行业发展概况与发展历程，观研报告网，2017 年 11 月.

［10］葛洲坝水电站-长江干流上第一座大型水电站，河北水利，2018.

［11］水利部：70 年水电之变，中国越来越"亮堂"，中国日报网，2019.

［12］关杰林. 流域梯级大型水电站生产管理体系. 北京：中国三峡出版社，2021.

［13］张诚，等."建管结合、无缝交接"管理模式的探讨. 中国三峡建设，2004（6）：65-67.

［14］刘海波，等. 巨型水电站电力生产准备模式创新与实践. 企业管理，2022.

［15］国家电力公司. 发供电企业劳动定员标准及使用说明汇编. 北京：中国经济出版社，2002.

［16］人力资源社会保障部人事考试中心. 人力资源管理专业知识与实务. 北京：中国人事出版社，2017.

［17］中国就业培训技术指导中心. 企业人力资源管理师（基础知识）. 北京：中国劳动社会保障出版社，2014.

［18］中国就业培训技术指导中心. 企业人力资源管理师（三级）. 北京：中国劳动社会保障出版社，2014.

［19］丁守海. 人力资源管理实操十一讲. 北京：中国人民大学出版社，2019.

［20］夏冰. 浅析水电厂岗位技能工资制度. 青海经济研究，2006（4）：88-90.

后 记

作为编委会成员，能参与《水电站电力生产准备》一书的编撰工作，我们深感荣幸。在本书中，我们不仅系统介绍了水电站电力生产准备工作，同时进行了大量的白鹤滩水电站的实例分析，旨在能为读者提供一份全面、实用的水电站电力生产准备工作指南。

在本书编撰过程中，我们特别注重理论与实践的结合，书中列出的参考实例分析，均来源于白鹤滩水电站电力生产准备工作的实际经验。虽然白鹤滩水电站有其地理环境、气候特点及规模类型等特殊性，但我们仍然希望能够提炼出普遍适用的规律和经验，为读者提供有价值的参考。

需要指出的是，每座水电站都有其独特的地理环境、气候特点、开发目标和规模类型，这些因素都可能影响到电力生产准备工作具体内容。电厂要充分考虑电站所处的地理环境、气候条件、规模类型等个性化特点，以制定出更加科学合理的电力生产准备方案。下面简要分析上述因素对水电站建设和电力生产准备工作的影响。

一、地理环境

在高海拔地区，道路多为盘山公路，路窄弯多，工程进场道路条件复杂，导致物料搬运难度大，对水轮机转轮、发电机定子基座、主变压器等大件设备的运输影响较大，因此在设计制造阶段，在满足技术要求的条件下，要充分考虑此类大件的尺寸、型式及安装方式。比如，大容量三相主变压器为满足绝缘及散热要求，一般尺寸较大，道路运输困难的情况下，可设计为单相组合式变压器，大大减少设备尺寸，消除道路运输影响。另外，高海拔地区对于施工及管理人员进出工区的通勤，应做好充分的准备。

水电站一般地处偏僻，远离城市，工程施工所需的许多建筑材料、设备等，需要从较远地区采购并运输到施工现场，成本相对会增加，特别是高海拔地区，道路交通条件相对较差，大件运输费用较一般地区更高，需要充分考虑成本。此外，偏远地区往往地质复杂、环境恶劣，对于工程建筑面积、场平、地基处理等费用也有显著影响。

二、气候条件

亚热带地区的气候特点是季风气候，夏季炎热潮湿，冬季干燥，容易导致水电站相关涉水设备出现结垢和腐蚀等问题，影响发电设备运行效率和寿命。因此，在亚热带地区建设水电站时，需要重视水轮机的防腐和防垢措施，确保水电站安全稳定运行。

高海拔地区气压较低，高电压条件下易产生电离现象，因此对设备选型有很高要求。对于高压电气设备的选型设计，需要充分考虑放电间隙距离。另外，北方地区冬季气温可能较低（低于零下 25℃），在电缆、绝缘子、密封件、液压机构等设备及材料的选型上应充分考虑低温因素的影响。水电站直流电源系统目前主流方式是采用阀控式铅酸蓄电池作为备用电源，蓄电池的环境温度对其性能和寿命有显著影响。不同类型和品牌的蓄电池有不同的工作温度范围，但一般来说，最适宜的工作温度为 25℃左右，明显低于或高于这个温度，蓄电池的性能就会受到影响：在低温环境下，蓄电池的放电能力和循环能力会降低；高温环境又会加速电池的老化过程。不同气候条件下的水电站蓄电池运行环境条件相差较大，直流电源系统作为机电调试的必备条件往往在现场环境还很差的时候就投入运行，因此特别要注意蓄电池室的环境温度管理。

高海拔地区氧气稀薄，昼夜温差大，环境较恶劣，施工人员施工效率和施工设备机械效率均有一定程度降低。在高海拔地区进行施工时，需考虑防止太阳辐射和防寒保温设计，以及给排水管网系统防冻抗低温设计。部分地区存在季节性大风，户外设备的选型应考虑防风设计，户外施工也应采取防风措施。另外，工程建设人员及电力生产准备人员的防寒保暖、消暑降温、食宿等方面也应充分考虑气候影响因素。

近年来，暴雨、干旱、台风等极端气候事件频发，对水电站的建设和运行构成了严重威胁。暴雨可能导致水库水位迅速上升，超过警戒水位，使水电站出现漫坝、垮坝及水淹厂房风险；干旱可能导致水库蓄水量严重不足，影响水电站的综合效益发挥；台风等极端天气则可能破坏水电站的户外设施，影响设备正常运行。因此，在规划和建设水电站时，需要充分考虑极端气候事件的影响。

三、规模类型

水电站因容量或类型不同，在电力生产物资准备、相关机电设备调试及并网试验项目上也存在一定的差异。如抽水蓄能电站需要建设上下两个水库，布置复杂的输水系统，机组设计复杂，需要考虑双向旋转、高速启停等因素。抽水蓄能电站一般采用水泵水轮机和进水球阀，而且具备传统水电没有的静止变频装置（SFC），因此在无水调试时要增加这些设备的静态调试项目，在并网调试时要增加水泵方向试验、工况转换试验等。在电力生产准备方面，抽水蓄能电站的运行方式比一般水电站更加复杂、灵活，需要在发电和抽水两种方式之间快速转换，因此在保护配置方面也更加复杂，包括低频保护、低功率保护、逆功率保护和低频过流保护等。因此，抽水蓄能电站应重点做好物资、技术及人员技能培训方面的准备。

在规模上，对于装机容量较小的水电站，电力生产准备工作的重点通常在于设备的精细化管理、人员的专业培训和安全生产规范的制定。由于装机容量小，水电站可能不具备大规模生产的能力，因此需要在有限的资源下实现高效、安全的电力生产。在设备管理方面，需要确保设备的正常运行和维护，避免因设备故障导致生产中断。在人员培训方面，由于小型水电站往往人力资源有限，因此需要更加注重人员各方面综合技能和安全生产意识的培养。此外，还需要制定严格的安全生产规范，确保安全。对于大型水电站，电力生产准备工作的重点则在于系统的优化调度、资源的合理配置以及科技创新的应用。由于装机容量大，水电站具有较大的生产潜力，因此需要充分发挥其在电力系统中的作用，实现高效、经济的电力生产。在系统优化调度方面，需要根据电力系统的需求和水电站的水文特性，制定合理的发电计划，确保水电站能够充分利用水资源进行发电。在资源配置方面，需要合理调配人力、物力和财力等资源，确保电力生产的顺利进行。在人员培训方面，需要更加注重人员的专业技能培养。在科技创新方面，需要积极引进新技术、新设备和新工艺，提高电力生产的效率和安全性。

从以上分析可以看出，地理环境、气候条件及规模类型等对水电站建设及运行管理的影响是多方面的，对电力生产准备工作也有较大影响，电厂在开展相关工作时，应充分考虑。

最后，我们要感谢所有参与本书编撰和校审工作的专家和学者，是他们的辛勤付出和智慧输出使本书得以顺利完成。我们也要感谢广大读者的关注和支持，希望本书能为您带来实际的帮助和启示。我们期待在未来的日子里，能够继续为中国水电的发展贡献更多的力量。

本书编委会

2024 年 12 月 20 日